ArcGIS 从 0 到 1

闫 磊 编著

北京航空航天大学出版社

内容简介

本书主要以 ArcGIS 10.5 版本为讲解依托,95% 的内容适合 ArcGIS 10.0 以上的用户。内容共分 16 章,包括 ArcGIS 入门、数据库管理、坐标系统、数据转换、数据处理、数据建模、地图打印到 DEM 制作、三维制作和分析等。书中提供了大量的实际应用案例和 Python 源码,并把很多案例做成了模型。书中附带了作者自己开发的接幅表生成和标准分幅打印工具软件,以及配套数据资源和视频。

本书注重实用性,既深入浅出适合 ArcGIS 初学者,也适合具有一定基础的 ArcGIS 专业人员。同时也可以作为高等院校的地理信息系统、测绘等相关专业的教材,并对 ArcGIS 二次开发的用户也有一定的帮助。

图书在版编目(CIP)数据

ArcGIS 从 0 到 1 / 闫磊编著. -- 北京:北京航空航天大学出版社,2019.7
ISBN 978-7-5124-3038-9

Ⅰ. ①A… Ⅱ. ①闫… Ⅲ. ①地理信息系统-应用软件-教材 Ⅳ. ①P208

中国版本图书馆 CIP 数据核字(2019)第 133762 号

版权所有,侵权必究。

ArcGIS 从 0 到 1

闫 磊 编著

责任编辑 剧艳婕

*

北京航空航天大学出版社出版发行

北京市海淀区学院路 37 号(邮编 100191)　http://www.buaapress.com.cn
发行部电话:(010)82317024　传真:(010)82328026
读者信箱: emsbook@buaacm.com.cn　邮购电话:(010)82316936
三河市华骏印务包装有限公司印装　各地书店经销

*

开本:710×1 000　1/16　印张:29.75　字数:634 千字
2019 年 7 月第 1 版　2021 年 12 月第 6 次印刷　印数:10 500~12 500 册
ISBN 978-7-5124-3038-9　定价:89.00 元

若本书有倒页、脱页、缺页等印装质量问题,请与本社发行部联系调换。联系电话:(010)82317024

前　　言

　　随着信息技术的发展,地理信息系统(GIS)产业异军突起,在国民经济各个行业中的应用日益广泛,物联网、智慧地球、云计算、大数据、人工智能、共享经济等很多都依托 GIS 技术,ArcGIS 作为全球领先的 GIS 平台,发展迅猛。

　　我多年来一直从事 ArcGIS、Mapinfo、MapGIS、AutoCAD 和 Skyline 等 GIS 软件的开发,也从事过国土、水利、规划、电子政务、交通等相关行业,有 20 年的 ArcGIS 使用经验。近 10 年来,在开发 ArcGIS 软件的同时,也从事 ArcGIS 培训工作,与中科院计算研究所教育中心、中科地信(北京)遥感信息技术研究院、51GIS 学院、北京中科云图三维科技有限公司、北京中图地信科技有限公司等机构合作,在全国各地开展与 ArcGIS 应用相关的培训 300 多次。

　　本书配有配套视频课程,以供读者学习。

　　在本书编写的过程中,得到了昆明冶金高等专科学校韩长菊老师、云南云金地杨社锋经理、北京 51GIS 学院领导和北航出版社的大力支持,在此表示衷心的感谢。同时也对参加培训的学员表示感谢,我从学员那里学到了很多东西。本书部分内容来自 ArcGIS 的帮助和 ESRI 公司的官方技术文档,在此表示衷心感谢。

　　由于作者水平有限,时间仓促,技术发展太快,难免有不妥和错误之处,敬请读者和同行批评指正。

闫　磊

2019 年 5 月

数据下载地址:https://pan.baidu.com/s/1YJd_o5b6d1hNUfEHSwPUQg

视频下载地址:https://pan.baidu.com/s/15hQ1cLYF7RfD8dSfkGzz7Q

数据下载二维码

视频下载二维码

目 录

第 1 章　ArcGIS 基础和入门 ……………………………………………… 1
  1.1　ArcGIS 10.5 Desktop 的安装 …………………………………… 1
    1.1.1　安装环境 ……………………………………………… 1
    1.1.2　安装步骤 ……………………………………………… 2
    1.1.3　注意的问题 …………………………………………… 3
  1.2　ArcGIS 概述 ……………………………………………………… 4
    1.2.1　软件体系 ……………………………………………… 4
    1.2.2　ArcGIS Desktop 产品级别 …………………………… 8
    1.2.3　中英文切换 …………………………………………… 10
    1.2.4　各个模块的分工 ……………………………………… 11
    1.2.5　扩展模块 ……………………………………………… 12
  1.3　ArcGIS 10.5 的学习方法和界面定制 …………………………… 14
    1.3.1　学习方法 ……………………………………………… 14
    1.3.2　主要操作方法 ………………………………………… 17
    1.3.3　界面定制 ……………………………………………… 17

第 2 章　ArcGIS 使用和数据管理 ………………………………………… 24
  2.1　ArcMap 简单操作 ……………………………………………… 24
    2.1.1　界面的基本介绍 ……………………………………… 24
    2.1.2　数据加载 ……………………………………………… 26
    2.1.3　内容列表的操作 ……………………………………… 28
    2.1.4　数据表的操作 ………………………………………… 31
  2.2　ArcCatalog 简单操作 …………………………………………… 36
    2.2.1　界面的基本介绍 ……………………………………… 36
    2.2.2　文件夹连接 …………………………………………… 37
    2.2.3　切换内容面板 ………………………………………… 37
  2.3　ArcToolbox 操作 ………………………………………………… 39
    2.3.1　Toolbox 界面的基本介绍 …………………………… 40
    2.3.2　查找工具 ……………………………………………… 42
    2.3.3　工具学习 ……………………………………………… 43

  2.3.4 工具运行和错误解决方法·················· 44
  2.3.5 工具设置前台运行······················ 46
  2.3.6 运行结果的查看······················· 47
 2.4 ArcGIS 矢量数据和存储························ 48
  2.4.1 Shapefile 文件介绍····················· 48
  2.4.2 地理数据库介绍······················· 49
 2.5 数据建库·································· 50
  2.5.1 要素类和数据集含义···················· 50
  2.5.2 数据库中关于命名的规定················· 50
  2.5.3 字段类型··························· 51
  2.5.4 修改字段··························· 52
  2.5.5 修改字段的高级方法···················· 55
 2.6 数据库维护和版本的升降级···················· 57
  2.6.1 数据库的维护························ 57
  2.6.2 版本的升降级························ 58
  2.6.3 默认数据库的设置····················· 61

第 3 章 坐标系······································ 63
 3.1 基准面和坐标系的分类······················· 63
  3.1.1 坐标系的概念························ 63
  3.1.2 基准面介绍·························· 64
  3.1.3 坐标系的分类························ 65
  3.1.4 地理坐标系和投影坐标的比较和应用·········· 66
 3.2 高斯-克吕格投影···························· 67
  3.2.1 几何概念··························· 67
  3.2.2 基本概念··························· 67
  3.2.3 分带投影··························· 68
  3.2.4 高斯平面投影的特点···················· 69
  3.2.5 高斯平面投影的 XY 坐标规定··············· 70
 3.3 ArcGIS 坐标系····························· 72
  3.3.1 北京 54 坐标系文件···················· 72
  3.3.2 西安 80 坐标系文件···················· 74
  3.3.3 国家 2000 坐标系文件·················· 74
  3.3.4 WGS1984 坐标文件···················· 74
 3.4 定义坐标系······························· 75
  3.4.1 定义坐标系·························· 75

         3.4.2　如何判断坐标系正确……………………………………………… 77
         3.4.3　数据框定义坐标…………………………………………………… 79
         3.4.4　查看已有数据的坐标系…………………………………………… 79
         3.4.5　自定义坐标系……………………………………………………… 80
         3.4.6　清除坐标系………………………………………………………… 81
      3.5　动态投影……………………………………………………………………… 84
         3.5.1　动态投影含义……………………………………………………… 84
         3.5.2　动态投影前提条件………………………………………………… 84
         3.5.3　动态投影的应用…………………………………………………… 87
         3.5.4　动态投影的优缺点………………………………………………… 87
      3.6　相同椭球体坐标变换………………………………………………………… 87
      3.7　不同椭球体的坐标变换……………………………………………………… 91
         3.7.1　不同基准面坐标系的参数法转换………………………………… 91
         3.7.2　不同基准面坐标系的同名点转换………………………………… 93
      3.8　坐标系定义错误的几种表现………………………………………………… 96
      3.9　坐标系总结…………………………………………………………………… 98

   第 4 章　数据编辑……………………………………………………………………… 99
      4.1　创建新要素…………………………………………………………………… 99
         4.1.1　数据编辑…………………………………………………………… 99
         4.1.2　捕捉的使用………………………………………………………… 100
         4.1.3　画点、线、面……………………………………………………… 101
         4.1.4　编辑器工具条中的按钮说明……………………………………… 102
         4.1.5　注记要素编辑和修改……………………………………………… 104
         4.1.6　数据范围缩小后更新……………………………………………… 104
      4.2　属性编辑……………………………………………………………………… 105
         4.2.1　顺序号编号………………………………………………………… 105
         4.2.2　字段计算器………………………………………………………… 106
         4.2.3　计算几何…………………………………………………………… 108
      4.3　模板编辑……………………………………………………………………… 110
      4.4　高级编辑工具条按钮介绍…………………………………………………… 111
         4.4.1　打断相交线………………………………………………………… 111
         4.4.2　对齐至形状………………………………………………………… 113
         4.4.3　其他高级编辑……………………………………………………… 115
      4.5　共享编辑……………………………………………………………………… 115

第 5 章 数据采集和处理 ··· 117

5.1 影像配准 ··· 117
5.2 影像镶嵌 ··· 119
5.3 影像裁剪 ··· 122
5.3.1 分割栅格 ··· 122
5.3.2 按掩膜提取 ··· 124
5.3.3 影像的批量裁剪 ··· 125
5.4 矢量化 ··· 127
5.4.1 栅格数据二值化 ··· 127
5.4.2 捕捉设置 ··· 127
5.4.3 矢量化 ··· 129

第 6 章 空间数据的拓扑处理 ··· 131

6.1 拓扑概念和拓扑规则介绍 ··· 131
6.1.1 拓扑含义 ··· 131
6.1.2 拓扑的主要作用 ··· 131
6.1.3 ArcGIS 中拓扑的几个基本概念 ··· 132
6.1.4 建拓扑的要求 ··· 132
6.1.5 常见拓扑规则介绍 ··· 133
6.2 建拓扑和拓扑错误修改 ··· 136
6.2.1 建拓扑 ··· 137
6.2.2 SHP 文件拓扑检查 ··· 138
6.2.3 面层拓扑检查注意事项 ··· 138
6.2.4 拓扑错误修改 ··· 139
6.3 常见的一些拓扑错误处理 ··· 140
6.3.1 点、线和面完全重合 ··· 140
6.3.2 线层部分重叠 ··· 140
6.3.3 面层部分重叠 ··· 141
6.3.4 点不是线的端点 ··· 142
6.3.5 面线不重合 ··· 142
6.3.6 面必须被其他面要素覆盖 ··· 143

第 7 章 地图制图 ··· 145

7.1 专题图的制作 ··· 145
7.1.1 一般专题 ··· 145

7.1.2 符号匹配专题 · 152
7.1.3 两个面图层覆盖专题设置 · 154
7.1.4 行政区边界线色带制作 · 158
7.2 点符号的制作 · 161
7.3 线面符号的制作 · 164
7.3.1 线符号制作 · 164
7.3.2 面符号制作 · 166
7.4 MXD 文档制作 · 169
7.4.1 保存文档 · 169
7.4.2 文档 MXD 默认相对路径设置 · 171
7.4.3 地图打包 · 173
7.4.4 地图切片 · 175
7.4.5 MXD 文档维护 · 181
7.5 标注 · 183
7.5.1 标注和标注转注记 · 184
7.5.2 一个图层所有的对象都标注 · 190
7.5.3 取字段右边 5 位 · 191
7.5.4 标注面积为亩,保留一位小数 · 193
7.5.5 标注压盖处理 · 198
7.6 分式标注 · 200
7.6.1 二分式 · 200
7.6.2 三分式 · 203
7.7 等高线标注 · 205
7.7.1 使用 Maplex 标注等高线 · 206
7.7.2 等值线注记 · 209
7.8 Maplex 标注 · 211
7.8.1 河流沿线标注 · 211
7.8.2 标注压盖 Maplex 处理 · 213

第 8 章 地图打印 · 216

8.1 布局编辑 · 216
8.1.1 插入 Excel 的方法 · 218
8.1.2 插入图片 · 218
8.1.3 固定比例尺打印 · 219
8.1.4 导出地图 · 221
8.2 局部打印 · 222

8.3 批量打印 ······ 226
8.4 标准分幅打印 ······ 228
8.5 一张图多比例尺打印 ······ 230

第9章 数据转换 ······ 232

9.1 DAT、TXT、Excel 和点云生成图形 ······ 232
    9.1.1 DAT、TXT 文件生成点图形 ······ 232
    9.1.2 Excel 文件生成面 ······ 234
    9.1.3 XYZ 点云生成点数据 ······ 238
    9.1.4 LAS 激光雷达点云生成点数据 ······ 239
9.2 高斯正反算 ······ 240
    9.2.1 高斯正算 ······ 240
    9.2.2 高斯反算 ······ 243
    9.2.3 验证 ArcGIS 高斯计算精度 ······ 244
9.3 点、线、面的相互转换 ······ 246
    9.3.1 面、线转点 ······ 246
    9.3.2 面转线 ······ 246
    9.3.3 点分割线 ······ 248
9.4 MapGIS 转换成 ArcGIS ······ 249
9.5 CAD 和 ArcGIS 转换 ······ 250
    9.5.1 CAD 转 ArcGIS ······ 251
    9.5.2 ArcGIS 转 CAD ······ 254

第10章 ModelBuilder 与空间建模 ······ 256

10.1 模型构建器基础知识和入门 ······ 256
    10.1.1 面(线)节点坐标转 Excel 模型 ······ 257
    10.1.2 模型发布和共享 ······ 260
    10.1.3 行内模型变量使用 ······ 262
    10.1.4 前提条件设置 ······ 264
10.2 迭代器使用 ······ 265
    10.2.1 For 循环(循环输出 DEM 小于某个高程数据) ······ 265
    10.2.2 迭代要素选择(一个图层按属性相同导出) ······ 268
    10.2.3 影像数据批量裁剪模型 ······ 270
    10.2.4 迭代数据集(一个数据库所有数据集导出到另一个数据库) ······ 270
    10.2.5 迭代要素类(批量修复几何) ······ 271
    10.2.6 迭代栅格数据(一个文件夹含子文件夹批量定义栅格坐标系) ······ 272

10.2.7　迭代工作空间(一个文件夹含子文件夹所有 mdb 数据库执行
　　　　碎片整理) ·· 274
10.3　模型中仅模型工具介绍 ··· 276
10.3.1　计算值 ··· 276
10.3.2　收集值 ··· 278
10.3.3　解析路径(把一个图层数据源路径名称写入某个字段) ··· 278
10.4　Python ·· 279
10.4.1　为什么要学习 Python ·· 279
10.4.2　用 Python 开发 ArcGIS 第一个小程序 ························· 279
10.4.3　ArcGIS Python 的其他例子 ·· 281
10.4.4　Python 汉字处理 ··· 300

第 11 章　矢量数据的处理 ·· 301

11.1　矢量查询 ·· 301
11.1.1　属性查询 ··· 301
11.1.2　空间查询 ··· 305
11.1.3　实例:县中(随机)选择 10 个县 ································· 308
11.2　矢量连接 ·· 310
11.2.1　属性连接 ··· 310
11.2.2　空间连接 ··· 315
11.3　矢量裁剪 ·· 318
11.3.1　裁　剪 ·· 318
11.3.2　按属性分割 ··· 320
11.3.3　分　割 ·· 320
11.3.4　矢量批量裁剪 ·· 322
11.4　数据合并 ·· 322
11.4.1　合　并 ·· 322
11.4.2　追　加 ·· 324
11.4.3　融　合 ·· 324
11.4.4　消　除 ·· 324
11.5　数据统计 ·· 327
11.5.1　频　数 ·· 327
11.5.2　汇总统计数据 ·· 327

第 12 章　矢量数据的空间分析 ··· 329

12.1　缓冲区分析 ··· 329

12.1.1 缓冲区 ································ 329
12.1.2 图形缓冲 ······························ 337
12.1.3 3D 缓冲区 Buffer3D ················ 339
12.2 矢量叠加分析 ································ 340
12.2.1 相　交 ································ 340
12.2.2 擦　除 ································ 351
12.2.3 标　识 ································ 352
12.2.4 更　新 ································ 354

第 13 章　DEM 和三维分析 ··············· 357

13.1 DEM 的概念 ································ 357
13.2 DEM 的创建 ································ 359
13.2.1 TIN 创建和修改 ···················· 359
13.2.2 Terrain 创建 ························ 363
13.2.3 创建栅格 DEM ····················· 366
13.2.4 LAS 数据集创建 ··················· 370
13.3 DEM 分析 ··································· 372
13.3.1 生成等值线 ························· 372
13.3.2 坡度坡向 ···························· 374
13.3.3 添加表面信息 ······················ 376
13.3.4 插值 Shape ························· 377
13.3.5 计算体积 ···························· 378

第 14 章　三维制作和动画制作 ············ 381

14.1 基于 DEM 地形制作三维 ··············· 382
14.1.1 使用 DOM 制作 ··················· 382
14.1.2 使用矢量制作 ······················ 386
14.1.3 保存 ArcScene 文档 ·············· 387
14.2 基于地物制作三维 ························ 389
14.2.1 面地物拉伸 ························· 390
14.2.2 真实房屋三维 ······················ 391
14.2.3 查看已有三维 ······················ 394
14.3 三维动画制作 ······························· 395
14.3.1 关键帧动画 ························· 396
14.3.2 组动画 ································ 398
14.3.3 时间动画 ···························· 400

14.3.4 飞行动画 …… 403

第15章 栅格数据处理和分析 …… 407

15.1 栅格概念 …… 407
15.1.1 波 段 …… 407
15.1.2 空间分辨率 …… 407
15.1.3 影像格式 …… 409

15.2 影像色彩平衡 …… 410

15.3 栅格重分类 …… 413

15.4 栅格计算器 …… 416
15.4.1 空间分析函数调用 …… 417
15.4.2 栅格计算器内置函数应用 …… 418

15.5 地统计和插值分析 …… 419
15.5.1 地统计 …… 420
15.5.2 插值分析 …… 422

第16章 综合案例分析 …… 430

16.1 计算坡度大于25°的耕地面积 …… 430
16.2 计算耕地坡度级别 …… 432
16.3 提取道路和河流中心线 …… 434
16.4 占地分析 …… 437
16.5 获得每个省的经纬度范围 …… 438
16.6 填挖方计算 …… 442
16.7 计算省份的海拔 …… 444
16.8 异常DEM处理 …… 446
16.9 地形图分析 …… 448

附 录 …… 450

附录一 ArcGIS中各种常见的文件扩展名 …… 450
附录二 ArcGIS工具箱工具使用列表 …… 451
附录三 ArcGIS中一些基本的概念 …… 454
附录四 视频内容和时长列表 …… 456

第 1 章
ArcGIS 基础和入门

1.1　ArcGIS 10.5 Desktop 的安装

1.1.1　安装环境

在安装 ArcGIS 10.5 之前必须先安装 Microsoft . NET Framework 4.5 或更高版本。对操作系统的要求如表 1－1 所列。

表 1－1　ArcGIS 10.5 对操作系统要求

ArcGIS 软件要安装受支持的操作系统	系统软件最低要求
Windows 10 家庭版、专业版和企业版(64 位或 32 位［EM64T］)	
Windows 8.1 基础版、专业版和企业版(32 位和 64 位 ［EM64T］)	
Windows 7 旗舰版、专业版和企业版(32 位和 64 位 ［EM64T］)	SP1
Windows Server 2016 标准版和数据中心版(64 位 ［EM64T］)	
Windows Server 2012 R2 标准版和数据中心版(64 位 ［EM64T］)	
Windows Server 2012 标准版和数据中心版(64 位 ［EM64T］)	
Windows Server 2008 R2 标准版、企业版和数据中心版(64 位 ［EM64T］)	SP1
Windows Server 2008 标准版、企业版和数据中心版(32 位和 64 位 ［EM64T］)	SP2

注：Microsoft 不再支持 Windows 8，请升级至 Windows 8.1 或更高版本。

总　结：

(1) 可以是 Windows 7(必须是 SP1)、Windows 8.1 或者 Windows 10，也可以是 Window Server 版，不支持安卓(Andriond)和苹果公司 iOS 操作系统。

(2) 由于 ArcGIS 10.5 Desktop 是 32 位程序，所以 Windows 系统可以是 32 位

系统,也可以是 64 位系统。

(3) 需要安装 Microsoft Internet Explorer IE 9 以上的版本。

(4) 如果已安装其他 ArcGIS 版本,需先卸载,同一个系统只能安装一个 ArcGIS Desktop 桌面版本,但不同版本的 ArcMap 和 ArcGIS Pro 可以放在一起。

(5) 硬件要求:CPU 最低为 2.2 GHz,建议使用超线程(HHT)或多核;内存/RAM 最低为 4 GB,推荐 8 GB。

1.1.2 安装步骤

ArcGIS Desktop 的安装是一个多步骤过程:

(1) 先安装 ArcGIS License Manager,有关 License Manager 的详细信息,请参阅 License Manager 安装帮助手册。如果是单机个人版则无须安装 ArcGIS License Manager,个人版购买网址:http://www.higis.cn/personaluse,一年只需 960 元,含 ArcMap 和 ArcGIS Pro,包括所有扩展模块,单击如图 1-1 所示的"立即授权",找到对应授权的 *.prvc 文件,导入授权文件。

(2) 安装 ArcGIS Desktop。

(3) 安装汉化包:ArcGIS_DesktopLP_only_1051_zh_CN_156307.exe。

(4) 完成 ArcGIS Administrator 向导以指定产品类型,分配许可管理器(如果使

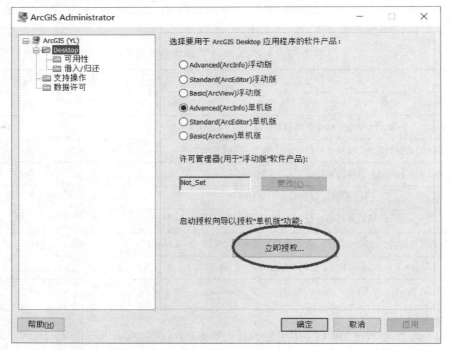

图 1-1 ArcGIS Administrator 个人单机版设置

用浮动版产品）或授权软件（如果使用单机版产品），不需要把 Not_Set 修改成 localhost（本机）。浮动版支持局域网内多台机器使用 ArcGIS，输入的名字就是装 ArcGIS 许可服务器的计算机名称或 IP 地址。

如果打开了 ArcMap 或 ArcScene，ArcGIS Administrator 界面是灰色的，无法操作；反过来如果界面是灰色，可能是因为已打开了 ArcMap 或者独立运行了 ArcCatalog、ArcScene 或 ArcGlobe。要判断是否安装成功，在开始菜单 ArcGIS 中找到 ArcMap 并运行，ArcMap 正常启动且打开，就说明安装成功了。

1.1.3 注意的问题

1. 可能出现的中文问题

（1）不建议安装在中文路径下。
（2）计算机名字不建议用中文。
（3）临时文件所在的 temp 文件夹不建议用中文。

2. 1935 错误

安装提示 1935 错误，说明注册表内存太小，修复方法如下：

（1）在命令行中运行 regedit.exe，找到对应的位置修改注册表：HKEY_LOCAL_MACHINE\System\CurrentControlSet\Control；Key：RegistrySizeLimit；Type：REG_DWORD；Value 修改为：0xffffffff（4294967295）。

（2）需要重启电脑，修改才有效。解决计算机问题的五大法宝：①重启：重启软件是最简单的方式，重启 ArcGIS 就可以解决很多问题，当然重启操作系统更彻底；②杀病毒：装杀毒软件，如 360 安全卫士，保持电脑不要有病毒；③重装系统；④备份，电子数据很容易丢失；⑤网上搜索。

3. 设置不对或无对应授权文体

出现如图 1-2 所示的问题，可能是因为没有对应授权文件，或者设置不对。

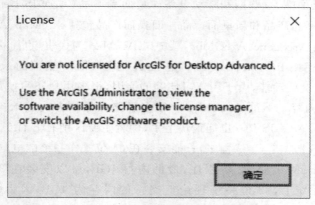

图 1-2　没有 ArcGIS 高级浮动版授权的界面

1.2 ArcGIS 概述

ArcGIS 是美国环境系统研究所公司(Environmental Systems Research Institute,Inc：ESRI 公司)研发的软件。ESRI 成立于 1969 年,总部设在美国加州 Red-Lands 市,是世界最大的地理信息系统(Geographic Information System,GIS)技术提供商。1981 年 10 月到 1982 年 6 月的这几个月里,ESRI 研发出了 ARC/INFO 1.0,这是世界上第一个现代意义上的 GIS 软件,第一个商品化的 GIS 软件,经过多年的研发,目前最新版本是 10.7。本书软件版权归 ESRI 公司所有。

1.2.1 软件体系

ArcGIS 软件体系分：平台入口、访问中枢 Potal 和平台支撑 Server,如图 1-3 所示。

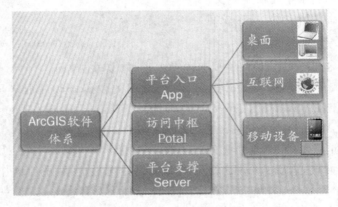

图 1-3 ArcGIS 软件体系

1. ArcGIS 平台入口

App 包括桌面端、互联网和移动设备。桌面端产品(ArcGIS Desktop,也就是个人电脑端)有旧桌面产品和新桌面产品。旧桌面产品包括 ArcMap、ArcCatalog、ArcToolbox 和三维 ArcScene、ArcGlobe,其中以 ArcMap 为代表,也简称 ArcMap；新桌面产品包括 ArcGIS Pro,ArcGIS Pro,是 ArcGIS Desktop 桌面的未来,目前集成了 ArcMap 90％以上的功能,由于用户习惯等的原因,很多用户还是使用 ArcMap 做数据,这也是本书内容。不过 ArcGIS Pro 很多思路和操作方式继承自 ArcMap,熟悉掌握了 ArcMap,ArcGIS Pro 也能很快上手,两者主要区别有下面 6 点：

(1) ArcGIS Pro 是 64 位程序,只能安装在 64 位操作系统的电脑,推荐机器配置内存为 16GB；ArcMap 是 32 位程序,最低内存 4GB,可以安装在 32 位或 64 位的 Windows 操作系统上,32 位系统理论上支持的内存为 4GB,因为 2 的 32 次方是 4GB,64 位系统理论上支持内存为 2 的 64 次方。

（2）ArcGIS Pro 实现了二、三维一体化，在一个界面可以统一建二维、三维工程；ArcMap 是二、三维分离的，ArcMap 是二维地图，ArcScene 和 ArcGlobe 是做三维地图的，ArcScene 是小范围三维，ArcGlobe 是大范围三维。

（3）ArcGIS Pro 界面是 Office 2007 风格的界面，所有操作（含菜单）大多为调用工具箱的工具；ArcMap 是 Office 2003 风格的界面，即按钮菜单方式。

（4）ArcGIS Pro 的授权面向用户，ArcMap 的授权面向机器。

（5）ArcGIS Pro 大部分用 Python 开发，界面如图 1-4 所示；在 ArcMap 中，可以用 VB 或 Python；如果是用工具箱的工具操作，两者基本一致。

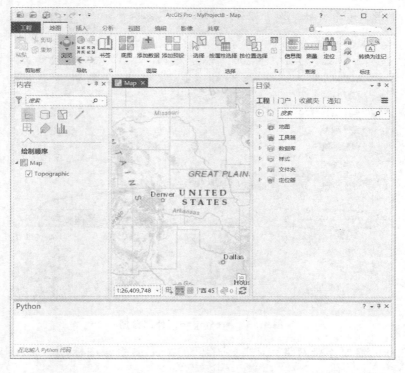

图 1-4　ArcGIS Pro 界面

ArcGIS Desktop 是 GIS 的基础软件，其功能有：收集并管理数据、创建专业地图、执行传统和高级的空间分析并解决实际问题，将影响用户的组织、社区乃至世界，并为其增加有形资产的价值。ArcGIS Desktop 是为 GIS 专业人士提供的用于信息制作和使用的工具。利用 ArcGIS Desktop，可以实现任何从简单到复杂的 GIS 任务。ArcGIS Desktop 包括了高级的地理分析和处理能力、提供强大的编辑工具、完整的地图生产过程，以及无限的数据和地图分享体验。

ArcGIS 移动端主要针对手机和平板电脑。如果平板电脑安装了 Windows 系统，可以直接安装 ArcGIS Desktop 产品，如果是 Andriod 或 iOS 系统，则只能通过

ArcGIS Runtime SDKs For android 或 ArcGIS Runtime SDKs For IOS 开发的 App 程序来使用和展示 ArcGIS 的切片数据和离线数据。

ArcGIS Desktop 和移动端最大的区别在于,Desktop 主要用于做数据：生成数据、建数据库、编辑数据、打印地图；移动端主要是数据应用：浏览、查询和分析数据。就像电脑用于写 Word 文档,手机用于看 Word 文档,用手机写 Word 文档要比在电脑上写困难得多。

2. ArcGIS 访问中枢 Potal

ArcGIS 访问网络数据有两种方式。

(1) 单击主菜单文件→添加数据→添加底图,如图 1-5 所示。

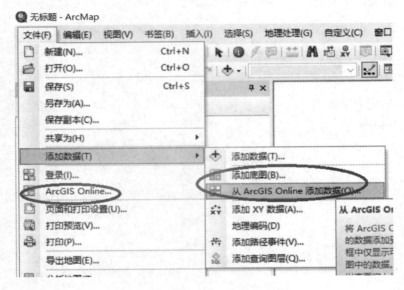

图 1-5　ArcMap 访问外部数据

该操作一定要连接网络和任务栏右下角 ArcGIS 登录图标。ArcGIS 已连接到 ArcGIS Online,如图 1-6 所示。

图 1-6　任务栏右下角 ArcGIS 连接 ArcGIS Online

如若不然菜单是灰色的,不能用。单击添加底图,选择任意一个选项,如图1-7所示。

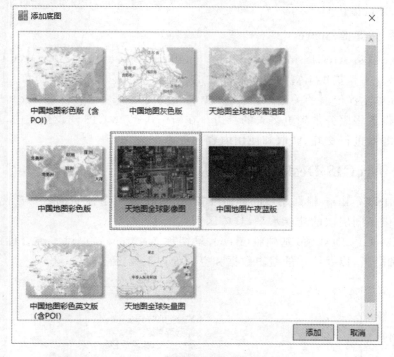

图1-7 ArcMap添加底图界面

最后效果如图1-8所示。

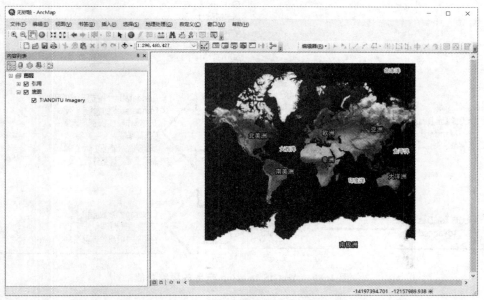

图1-8 ArcMap打开天地图全球影像

（2）单击主菜单文件→ArcGIS Online，如图1-5所示，需要先注册ArcGIS Online 用户，才可以访问。

3. 平台支撑 Server

Server 包括 ArcGIS for Server、Content 和 Services。服务器是 ArcGIS 平台的重要支撑，为平台提供丰富的内容和开放的标准支持。它是空间数据和 GIS 分析能力在 Web 中发挥价值的关键，负责将数据转换为 GIS 服务（GIS Service），通过浏览器和多种设备将服务带到更多人的身边。在新一代 Web GIS 建设模式中，用户通过门户与服务器进行交互，获取和使用内容和资源。

1.2.2 ArcGIS Desktop 产品级别

ArcGIS Desktop 根据用户的伸缩性需求，可作为三个独立的软件产品售卖，每个产品提供不同层次的功能水平，具体区别见图1-9。

（1）ArcGIS Desktop 基础版（Basic，早期称 ArcView）：提供了综合性的数据使用、制图和分析，以及简单的编辑数据和空间处理工具，价格低一点。

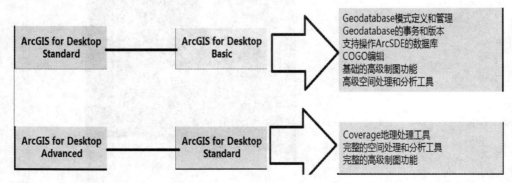

图1-9 ArcGIS Desktop 产品各级别功能

（2）ArcGIS Desktop 标准版（Standard，早期称 ArcEditor）：在 ArcGIS for Desktop 基础版的功能基础上，增加了对 Shapefile 和 Geodatabase 的高级编辑和管理功能。

（3）ArcGIS Desktop 高级版（Advcanced，早期称 Arcinfo）：是一个旗舰式的 GIS 桌面产品，在 ArcGIS for Desktop 标准版的基础上，扩展了复杂的 GIS 分析功能和丰富的空间处理工具，价格高一点。

无论高级版还是基础版，都有很多扩展模块。扩展模块的类别包括分析、数据集成和编辑、发布以及制图。部分扩展模块还可作为特定市场的解决方案。主要如下：

（1）ArcGIS 3D Analyst extension（三维可视化和分析）：其中包括 ArcGlobe 和 ArcScene 应用程序。此外，还包括 Terrain 数据管理和地理处理工具。

（2）ArcGIS Spatial Analyst（空间分析）：具有种类丰富且功能强大的数据建模和分析功能；这些功能用于创建、查询、绘制和分析基于像元的栅格数据。ArcGIS Spatial Analyst extension 还用于对集成的栅格-矢量数据进行分析，并且向 ArcGIS 地理处理框架中添加了 170 多种工具。

（3）ArcGIS Geostatistical Analyst（地统计）：用于生成表面以及分析、绘制连续数据集的高级统计工具。通过探索性空间数据分析工具，可以深入地了解数据分布、全局异常值和局部异常值、全局趋势、空间自相关级别以及多个数据集之间的差异。

（4）ArcGIS Network Analyst extension（网路分析）：执行高级路径和网络分析支持等，如果购买所有扩展模块，操作如图 1-10 所示，单击自定义菜单下的扩展模块。

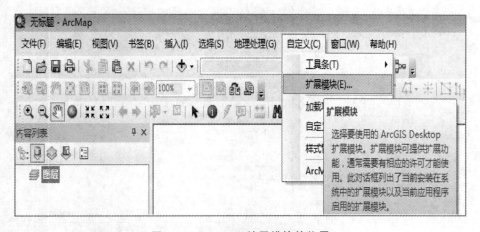

图 1-10　ArcGIS 扩展模块的位置

勾选如图 1-11 所示的扩展模块中的方框。

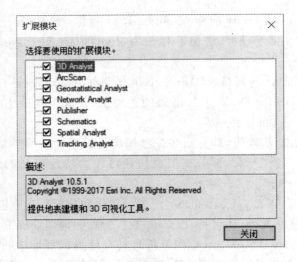

图 1-11 ArcGIS 扩展模块全选

1.2.3 中英文切换

在开始菜单中,在 ArcGIS 下找到 ArcGIS Administartor 并运行,单击高级按钮,如图 1-12 所示。

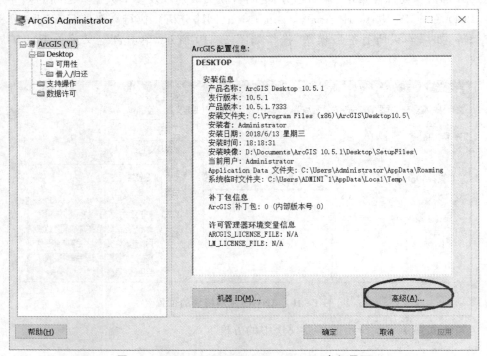

图 1-12 ArcGIS Adminstrator Desktop 高级界面

高级配置中,需要英文时选"English",需要中文时选"显示语言(中文(简体)-中国)",该设置对下次启动 ArcMap 和 ArcScene 等软件有效,如图 1-13 所示。

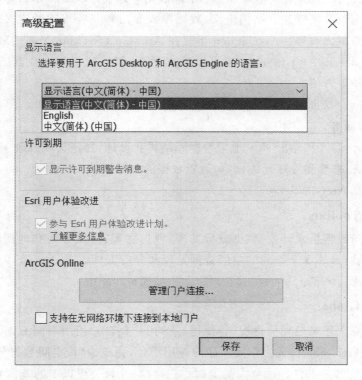

图 1-13　ArcGIS Adminstrator 语言设置

1.2.4　各个模块的分工

1. ArcMap

集空间数据显示、编辑、查询、统计、分析、制图和打印等功能为一体。ArcMap 有两个视图:

(1) 数据视图:可对地理图层进行符号化显示、分析和编辑 GIS 数据集。内容表界面(Table Of Contents)帮助用户组织和控制数据框中 GIS 数据图层的显示属性。数据视图主要是数据显示和编辑,尤其是数据编辑一定要在数据视图中。

(2) 布局视图:你可以处理地图的页面,包括地理数据视图和其他地图元素,比如比例尺、图例、指北针和参照地图等。通常,ArcMap 可以将地图组成页面,以便打印和印刷。

总结:数据视图主要用于数据浏览和数据编辑,布局视图用于地图打印。千万不要在布局视图中编辑数据,也不要在数据视图打印地图。

2. ArcCatalog

ArcCatalog(目录)是一个集成化的空间数据管理器,类似于 Windows 的资源管理器。主要用于数据创建和结构定义、数据导入导出和拓扑规则的定义、检查,元数据的定义和编辑修改等。ArcCatalog 集成在 ArcMap(ArcMap 最右边就是 ArcCatalog)、ArcSence 和 ArcGlobe 中,也可以独立运行,但一般很少独立运行它,毕竟集成在一起操作更方便。

ArcCatalog 帮助用户组织和管理用户所有的 GIS 信息,比如地图、数据集、模型、元数据和服务。主要内容:

(1) 定义、输入和输出 shp、地理数据库结构和设计,如定义和修改字段。
(2) 记录、查看和管理元数据,如设置数据的坐标系。
(3) 管理 ArcGIS Server。

3. ArcToolbox

用于空间数据格式转换、数据分析处理、数据管理、三维分析和地图制图等的集成化"工具箱",有 902 个不同的空间数据处理和分析工具。在 ArcGIS 9.0 以后不是一个独立模块,ArcToolbox(工具箱)集成在 ArcCatalog 中。

4. ArcGlobe

采用统一交互式地理信息视图,使得 GIS 用户整合并使用不同 GIS 数据的能力大大提高。ArcGlobe 将成为广受欢迎的应用平台,完成编辑、空间数据分析、制图和可视化等通用 GIS 工作。适合大范围制作三维(如几百公里以上的范围)。

5. ArcScene

一个适合于展示三维透视场景的平台,可以在三维场景中漫游并与三维矢量与栅格数据进行交互。ArcScene 是基于 OpenGL 的,支持 TIN 数据显示。显示场景时,ArcScene 会将所有数据加载到场景中,矢量数据以矢量形式显示,栅格数据默认会降低分辨率来显示以便提高效率。适合小范围制作三维。

1.2.5 扩展模块

ArcGIS 扩展模块有很多,如 3D 分析、空间分析和网络分析等,都需要单独购买和授权,如果购买了,安装成功后,同时需要选上扩展模块,如果没有则会出现如图 1-14 所示的现象。

有些错误不提示,或者菜单是灰色的,不能用,如图 1-15 所示。类似现象很多,一定切记要把所有扩展模块选中,可通过选择"自定义"→"扩展模块"实现,见图 1-16。这是初学者经常犯的错误。

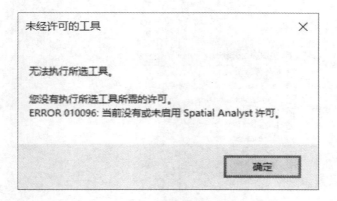

图 1-14　无法执行所选工具,没有启动许可

图 1-15　地统计向导灰色

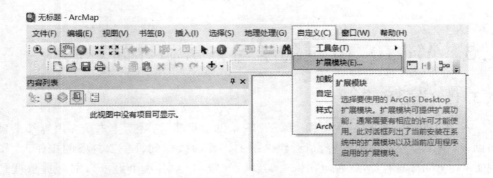

图 1-16　扩展模块位置

要启用某个扩展模块,可选中它旁边的复选框,如图 1-17 所示。

成功启用扩展模块后,其复选框将处于选中状态,建议将所有扩展模块都选中。

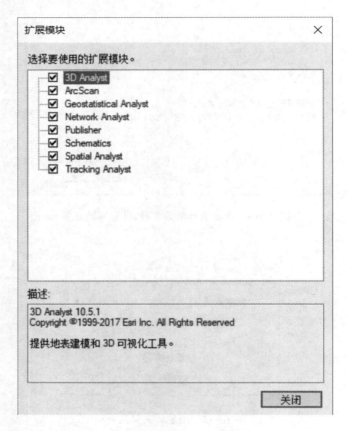

图1-17 扩展模块选中

1.3 ArcGIS 10.5 的学习方法和界面定制

1.3.1 学习方法

  ArcGIS 的学习方法：看帮助。ArcGIS 帮助写得非常详细，本书很多内容都来自帮助，本书未详细讲述的内容，请看软件帮助。移动鼠标到每个工具条的按钮上，如图 1-18 所示，都有提示（ArcGIS 10.1 以后的版本，才有这个提示），那个提示就是"帮助内容"。更详细的内容，可以按 F1 键获得，都是在线帮助，看起来非常方便。

  ArcToolbox（工具箱）中的工具，如相交工具，当然也可以是其他工具，如图 1-19 所示。

  单击相交工具（也可以在主菜单地理处理找到相交工具）后，所得界面如图 1-20 所示。

  单击图 1-20 所示界面右下角的"显示帮助"按钮，所得界面如图 1-21 所示。

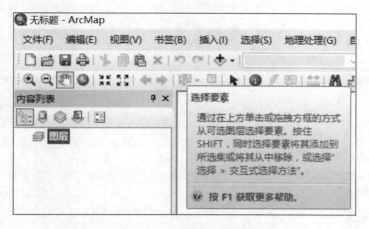

图 1-18　ArcGIS 选择要素按钮帮助提示

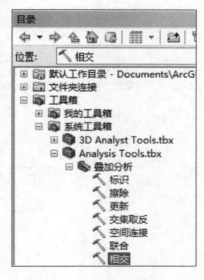

图 1-19　ArcGIS 工具箱相交工具

图 1-21 中,右边就是帮助,单击每个参数,右边就会出现每个参数的帮助,单击空白地方,回到总帮助。单击图 1-21 所示界面右下角的"工具帮助"进入详细帮助,如图 1-22 所示。

单击图 1-22 中的"了解有关'相交'工作原理的详细信息",会发现很多工具都有工作原理,很多应用非常值得我们学习。学习 ArcGIS 的工具,一定要了解工具的工作原理,只有了解工作原理,才能知道什么时候使用这些工具,每个工具有哪些应用。强调一下,最好不要使用 ArcGIS 英文版,专业英文比较难看懂。

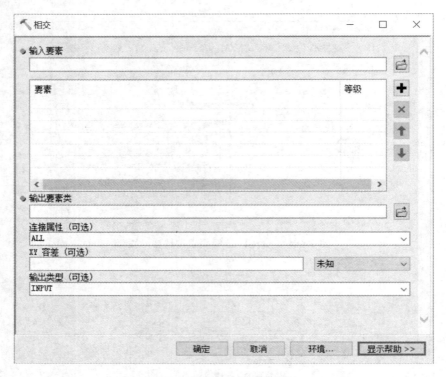

图 1-20 相交运行界面

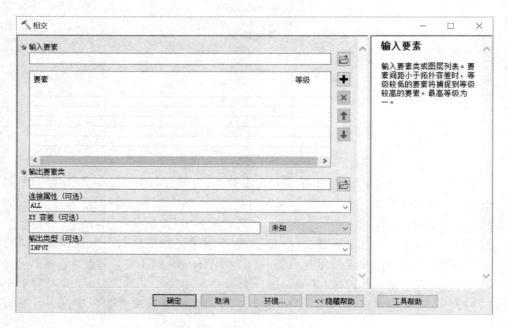

图 1-21 相交右边的帮助界面

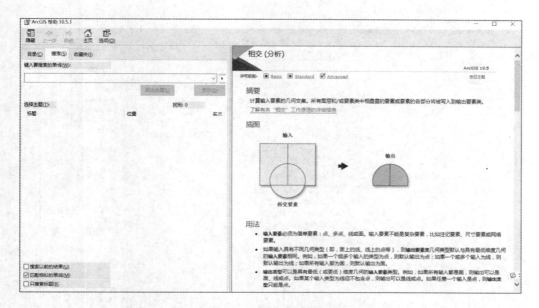

图 1-22　ArcGIS 相交的帮助信息

1.3.2　主要操作方法

（1）右键操作：ArcGIS 很多操作都依靠鼠标右键，只是不同的区域内右击，提示的右键菜单不一样，可以根据右键菜单做不同操作。

（2）拖动操作：ArcGIS 很多操作都可以拖动，如 ArcCatalog 选中一个或多个数据，可以拖动到 ArcMap 的数据窗口和工具的参数中；工具箱中工具加入模型构建器也是依靠拖动操作。

总结：学习方法是"看帮助"，两个重要操作方法是"右键操作"和"拖动操作"。

1.3.3　界面定制

1. 如何加载工具条

三种方法：

（1）在标题栏区域右击，如图 1-23 所示。直接选择添加或去掉该工具条。

（2）菜单：自定义→工具条，如图 1-24 所示。

（3）菜单：自定义→自定义模式，如图 1-25、图 1-26 所示，直接勾选所需工具。

工具条中所有按钮都可以拖动位置，可以把自己需要的几个工具放在一起，不需要直接右击选择删除，如图 1-27 所示。单击自定义界面中的"重置"按钮，可以恢复到工具条的最初状态。

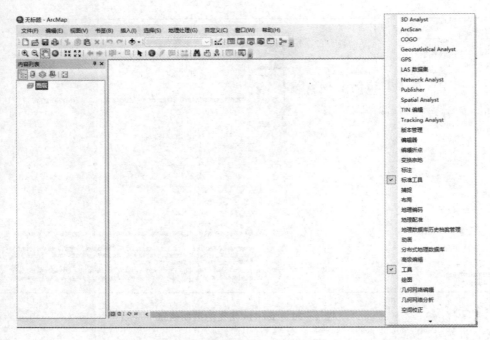

图 1-23　标题栏区域右键菜单

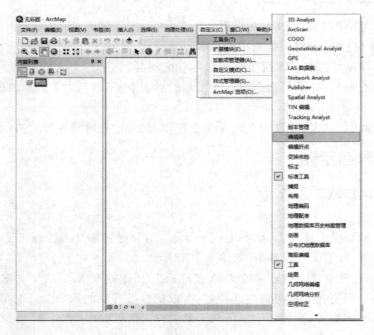

图 1-24　自定义→工具条菜单

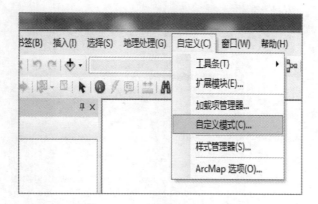

图 1-25　自定义→自定义模式

图 1-26　自定义中加工具条和重置工具条

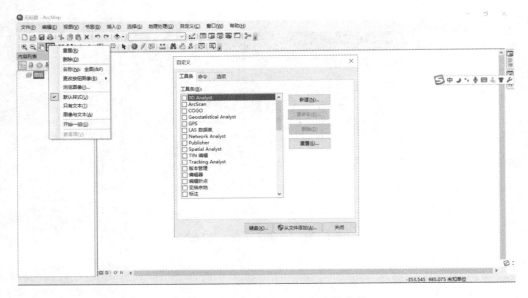

图1-27 自定义模式下按钮右键菜单

2. ArcMap 中的键盘快捷键

常用命令的快捷键，如表1-2所列。

表1-2 常用命令的键盘快捷键

快捷方式	命令含义
Ctrl+N	新建 MXD 文件
Ctrl+O	打开 MXD 文件
Ctrl+S	保存 MXD 文件
Alt+F4	退出 ArcMap
Ctrl+Z	撤销以前操作，编辑状态是撤销之前的编辑
Ctrl+Y	恢复以前操作，编辑状态是恢复之前的编辑
Ctrl+X	剪切选择的对象（要素和元素）
Ctrl+C	复制选择的对象（要素和元素）
Ctrl+V	粘贴复制的对象（要素和元素）
Delete	删除选择的对象（要素和元素）
F1	ArcGIS Desktop 帮助
F2	重命名（在内容列表重命名图层名，在 ArcCatalog 重命名数据名）
F5	刷新并重新绘制地图显示画面
Ctrl+F	打开搜索窗口

导航地图和布局页面，按住以下按键可临时将当前使用的工具转为导航工具：

① Z——放大；

② X——缩小；

③ C——平移；

④ B——连续缩放/平移（单击拖动鼠标可进行缩放；右击拖动鼠标可进行平移）；

⑤ Q——漫游（按住鼠标滚轮，待光标改变后进行拖动，或者按住 Q）。

3．快捷键的定制

在如图 1-28 所示的自定义模式界面中，单击"键盘"。

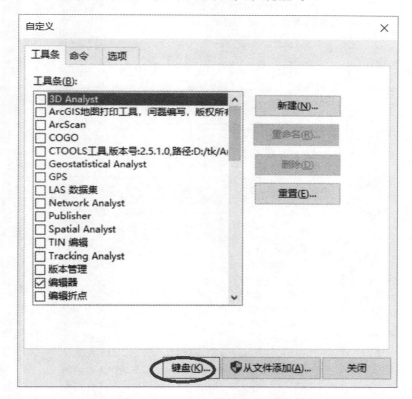

图 1-28　自定义模式单击键盘按钮

如图 1-29 所示，输入自己需要的命令，如：全图。

定制快捷键只适合于 Command 命令按钮，Command 命令按钮只有单击事件，不适合有地图的交互工具。

4．增加自己的工具条

如图 1-30 所示，单击"从文件中添加"按钮，找到需要添加的 tlb 文件。

图 1-29 定义快捷键界面

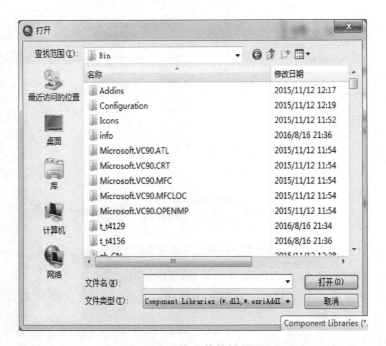

图 1-30 定义快捷键界面

5. 界面恢复

由于各种原因,如使用自定义模式删除按钮、删除菜单、变化按钮位置等修改了界面或者其他异常,要恢复最初界面,可以按照下面的步骤:

(1) 关闭 ArcMap。

(2) 找到:C:\Users\Administrator\AppData\Roaming\ESRI\Desktop10.5\ArcMap\Templates\Normal.mxt 文件(搜索文件可以使用免费开源软件 Everything.exe,使用 Windows 自带搜索文件,速度太慢。Voidtools 公司提供免费工具:在 Chp1\everything 中,EverythingX64.exe 适合 64 位操作系统,EverythingX32.exe 适合 32 位操作系统,可在官方网站:http://www.voidtools.com/zh-cn/下载)。

(3) 删除文件 Normal.mxt。

(4) 再打开 ArcMap,界面就恢复了。

第 2 章

ArcGIS 使用和数据管理

2.1 ArcMap 简单操作

2.1.1 界面的基本介绍

如图 2-1 所示,最左边是内容列表,最右边是目录,中间是 ArcMap 地图窗口。

图 2-1 ArcMap 主界面

界面最上面是主菜单,如图 2-2 所示。
主菜单下面是标准工具条,如图 2-3 所示。
标准工具条的主要工具介绍如表 2-1 所列。

第 2 章 ArcGIS 使用和数据管理

图 2-2 ArcMap 主菜单

图 2-3 ArcMap 标准工具条

表 2-1 ArcMap 标准工具条各按钮介绍

按钮	名称	功能
	新建 MXD 文档	新建文档时,当前地图窗口所有数据都被清除了
	打开 MXD 文档	打开已有 MXD 文档,关闭当前 MXD 文档
	保存 MXD 文档	保存当前文档,如没有保存过,提示保存文件名,保存路径和数据的目录在一起。MXD 内容见 7.4 MXD 文档制作
	添加数据	添加矢量或栅格,CAD 数据和 Excel 表数据,更多内容见 2.1.2 小节数据加载
	查看和设置地图比例尺	当地图缩放时,可以看到地图比例尺,也可以自己输入地图比例尺,如果是灰色的,原因在于数据框没有坐标系或者地图单位
	打开关闭地图编辑工具条	没有地图编辑工具条,打开地图编辑工具条,已打开,关闭地图编辑工具条
	打开内容列表	如果关闭内容列表窗口,打开内容列表窗口,已打开不做任何操作
	打开目录窗口	如果关闭目录(ArcCatalog)窗口,打开目录(ArcCatalog)窗口,已打开不做任何操作
	打开搜素窗口	如果关闭搜素窗口,打开搜素窗口,已打开不做任何操作
	打开 Python 命令行窗口	如果关闭 Python 命令行窗口,打开 Python 命令行窗口,已打开不做任何操作
	打开一个新的模型构建器窗口	打开一个新的模型构建器窗口,单击一次新建一个模型构建器窗口

标准工具条下面是(基础)工具条,如图 2-4 所示。

图 2-4 ArcMap(基础)工具条

(基础)工具条主要按钮介绍如表 2-2 所列。

表 2-2 ArcMap(基础)工具条各按钮介绍

按 钮	名 称	功 能
	放大	通过单击某个点或拖出一个框,放大地图。比例尺变大,地图窗口看到的内容减少
	缩小	通过单击某个点或者拖出一个框,缩小地图
	平移	平移地图改变中心,比例尺不变
	全图范围	缩放至地图所有数据的全图
	固定比例放大	地图中心放大(地图中心点不变),放大 1.25 倍,原来比例尺是 1:10000,放大后 1:8000
	固定比例缩小	地图中心缩小,缩小 1.25 倍,原来比例尺是 1:10000,缩小后 1:12500
	上一视图	返回到上一视图,没有上一视图,是灰色的,不能用
	下一视图	前进到下一视图,没有下一视图,是灰色的,不能用
	选择要素	通过单击要素或者在要素周围拖出一个框,也可以采用图形方式选择要素"按面选择""按套索选择""按圆选择"以及"按线选择"工具来选择地图要素,按 Shift 键,没有选中添加选中,如已选中则从选择集中移除
	清除所选内容	取消选择当前在活动数据框中所选的全部要素,没有选择要素,清除要素按钮是灰色的不能用
	选择元素	可以选择、调整以及移动放置到地图上的文本、图形、注记和其他对象
	识别	识别单击的地理要素、栅格或地点
	测量	测量地图上的距离和面积,如果是灰色的,不能用,一般都是数据框没有坐标系,没有地图单位
	转到 XY 位置	可以输入某个 x、y 位置,并导航到该位置

2.1.2 数据加载

(1) 在 ArcMap 中,单击"添加数据 ✚"按钮,弹出如图 2-5 所示的界面。

若没有连接文件夹,先连接文件夹(单击添加数据界面右上方 按钮),找到测试数据,连接上级目录可以看下级目录的内容,如果连接 C 盘,C 盘下所有内容可见,但担心 C 盘根目录下内容太多,有些我们没有必要看。建议连接本书提供的示例数据的根目录,如图 2-6 所示。也是在 ArcCatalog(目录)下,右键连接至文件夹,见书 2.2.2 小节中的内容。

确定后,如图 2-7 所示,按 Ctrl 键不连续选择,按 Shift 键连续选择,鼠标拉框选择,选择后,单击添加数据就添加到 ArcMap 的数据窗口中。选择数据如矢量 SHP,数据库中的数据(要素类和要素数据集),不可以直接加数据库(也许考虑数据库的数据太多);栅格数据如 TIF、IMG;AutoCAD 如 DWG、DXF;Excel 中的数据

图 2-5　添加数据界面

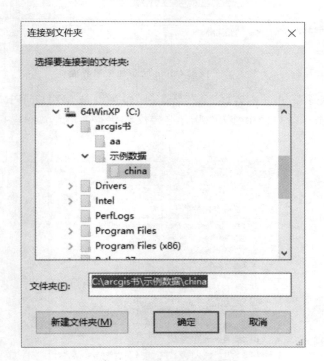

图 2-6　连接到文件夹界面

表，不可以直接选 xls 和 xlsx。

如果一个图层看不到数据，有以下几种方法：
① 该图层可能关闭，打开即可；
② 单击基础工具条中"全图 ⬤"按钮；
③ 在每个图层上右击→缩放至图层；

④ 可能被其他图层盖住,改变图层顺序即可;
⑤ 数据坐标系错误,而数据框的坐标系和数据的坐标系不一致,请查看 3.5.1 小节的内容。

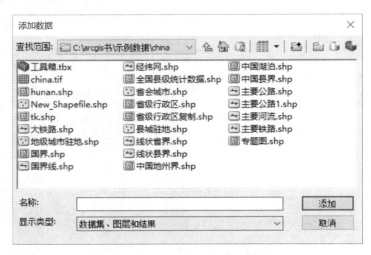

图 2-7 找到 China 后添加数据界面

(2) 拖动 ArcCatalog 内容,除上述数据外,也可以是 MXD、MPK(具体看第 7 章内容),从 ArcCatalog 目录中拖动,没有连接文件夹,右击菜单→连接至文件夹,如图 2-8 所示。

图 2-8 目录中右键菜单→连接至文件夹

2.1.3 内容列表的操作

使用测试数据:china\省会城市.shp、主要公路、china.tif 和 china\新旧地类。

xls\dd＄，添加这 4 个数据到 ArcMap 中。添加数据之前，必须先连接到文件夹 Arc-Map 中，如果有数据，单击标准工具条中的"新建文档"，并保存原有的文档。添加方法有两种：

① 单击标准工具条中"添加数据"按钮添加数据；
② 在 ArcCatalog 目录中选择数据，拖动到 ArcMap 地图窗口，如图 2－9 所示。

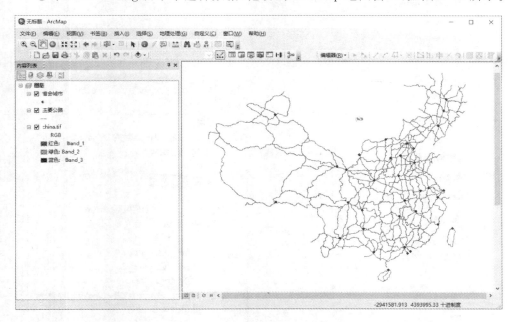

图 2－9 将数据加到 ArcMap 中

图 2－9 所示界面的左边是内容列表，如没有内容列表，也可以在主菜单窗口→内容列表打开。内容列表最上面图标为：（按绘制顺序列出）、（按源列出）、（按可见性列出，可以通过图层前面方框设置，后面不再介绍）、（按选择列出）。

单击按绘制顺序列出图标：查看地图内容，只列所有图形数据(含矢量、栅格、TIN)，可用来改变地图中图层的显示顺序(拖动改变上下显示顺序)、重命名或移除图层以及创建或管理图层组；能列出地图中的所有数据框，但只有数据框名称为粗体的活动数据框才会显示在地图的数据视图中。

每个图层前面的，可以用来打开和关闭图层，再单击一下变成就是关闭图层。

内容列表上部显示的是数据框，可以有多个数据框，一个数据框中可以添加一个或多个数据，数据框有很多右键菜单，如图 2－10 所示，例如只看某个图层，可以关闭所有图层，只打开某个图层。

单击按源列出：显示每个数据框中的所有数据，并将根据数据所引用的数据源所在文件夹或数据库对各图层进行编排。此视图还会列出已作为数据添加到地图

29

文档的表,注意按源列出,不能拖动改变图层顺序,因为数据源位置是固定的,况且有些只有属性表并非图形,上面数据显示结果如图 2-11 所示。

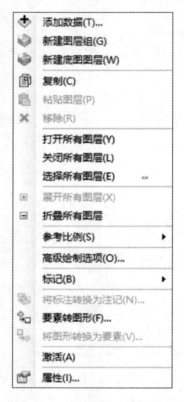

图 2-10 数据框的右键菜单

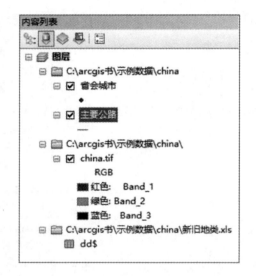

图 2-11 按源列出界面

单击按选择列出 :根据矢量图层是否可选(栅格图层本身不可选)和是否包含已选要素来对图层进行自动分组。可选图层表示此图层中的要素可在编辑会话中使用交互式选择工具(例如基础工具条中的工具或编辑工具)进行选择,上面数据显示结果如图 2-12 所示。

多于 9(含 9)条只列个数,小于 9 条有一个列表,单击 ,设置不可选 ,再单击变成可选,单击 清除当前图层选择。标准工具条中的 ,可清除所有图层的选择。

例如:只选省会城市,有两种方法:①关闭其他图层,只打开省会城市,只能选省会城市;②都打开,只设置省会城市可选,其他图层都不可选。

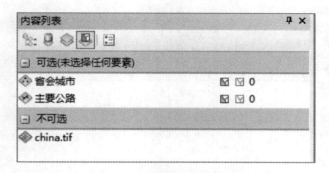

图 2－12　按选择列出界面

2.1.4　数据表的操作

使用数据：china\省会城市.shp、省级行政区.shp 和中国县界.Shp。

在内容列表中，先单击图层，右击，弹出菜单如图 2－13 所示。

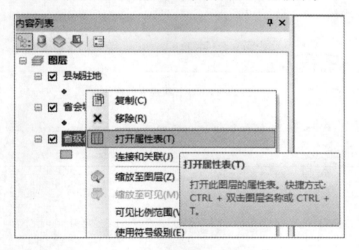

图 2－13　打开属性表的操作

单击"打开属性表"，也可以使用"Ctrl＋双击图层名称"或"Ctrl＋T"打开，如图 2－14 所示。

打开多个数据表，在下面的标签页中切换，拖动可以改变前后顺序；单击最左边的表头区域，如果选择一条记录双击，选择的地图对象自动屏幕居中。

1．字段操作

右击标题栏，如图 2－15 所示。

（1）排序：升序从小到大，降序从大到小，汉字排序按拼音顺序，多音字按最小排序。

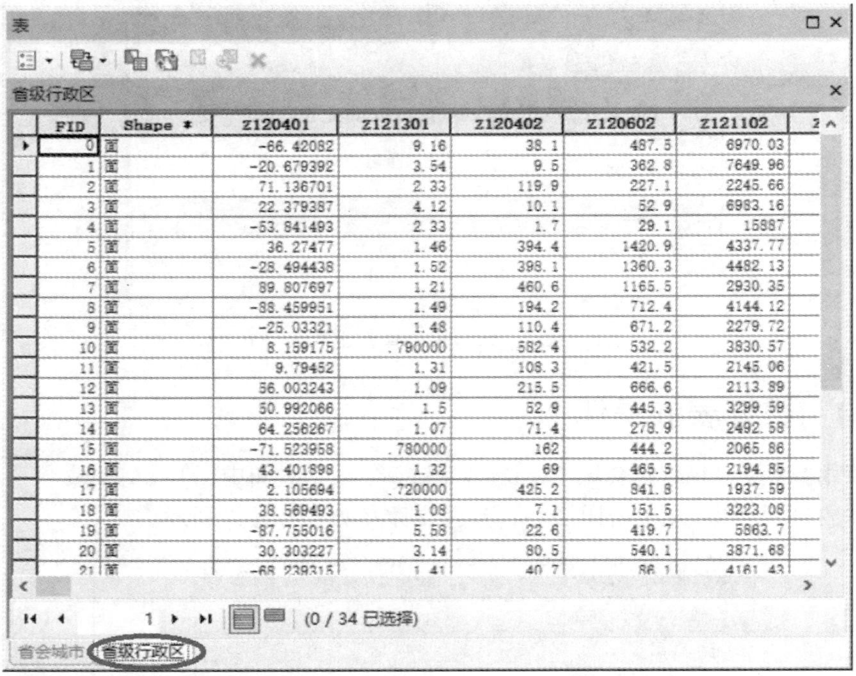

图 2-14 查看属性表的操作

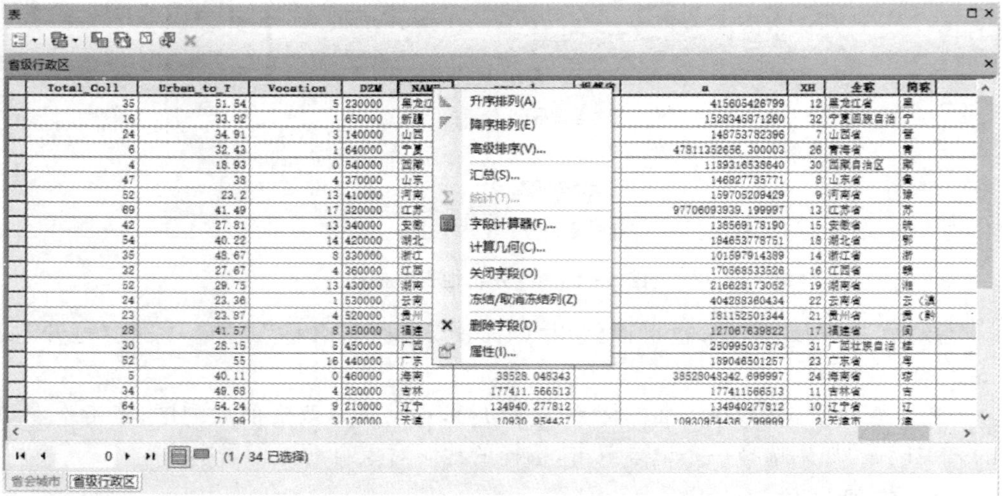

图 2-15 查看属性表的标题栏右键

（2）关闭字段：暂时隐藏不可见，可以在标题栏一个字段右击→关闭字段；在表格最左上角的下拉菜单→打开所有字段，如图 2-16 所示。

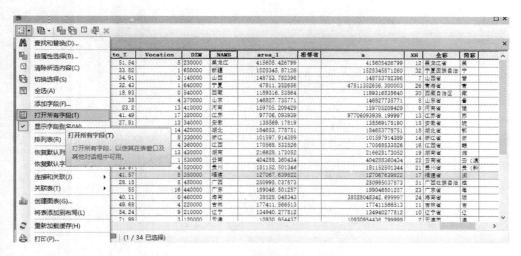

图 2-16 属性表左上角下拉菜单

（3）删除字段：彻底删除，不能恢复。工具箱有一个"删除字段（Delete Field）"工具，可以批量删除字段。

（4）冻结字段：在标题栏右键"冻结/取消字段"，结果如图 2-17 所示。

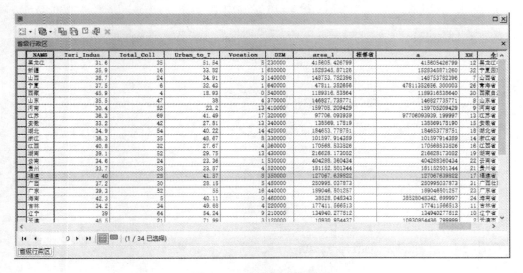

图 2-17 属性表冻结字段

发现字段放在表格的最左边，拉滚动条，会发现它始终固定在最左边。

（5）字段属性：可以设置保留几位小数，最多 6 位，如保留 1 位小数，如图 2-18 所示的 area_1 的右键属性。

单击"数值"后面的 ，有效小数为 1，勾选"补零"，如图 2-19 所示。

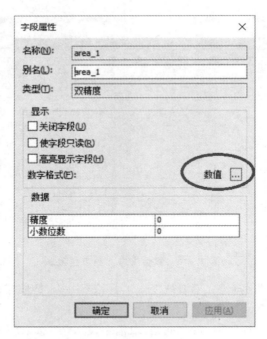

图 2-18 字段属性

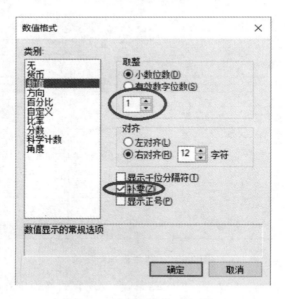

图 2-19 字段保留一位小数

2. 表格中的统计和汇总

右击标题栏,右键菜单有统计和汇总功能。统计只能用于数字字段(整数和双精度),主要的统计功能:最大值、最小值和平均值;如果选择记录,只统计选择的记录,如图2-20所示。

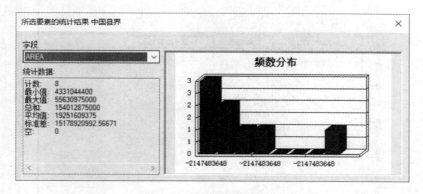

图 2-20 属性表统计结果

汇总:主要用于字符串,也可以是数字字段,在中国县界表格右键汇总(不要选择记录),如图2-21所示。

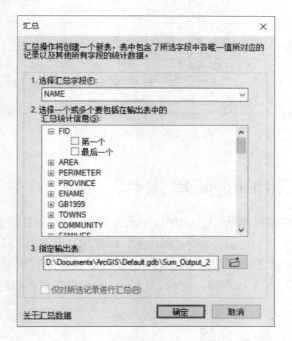

图 2-21 属性表汇总界面

确定后,添加到地图中,打开对应表,count_name 降序排列,如图2-22所示。

可以看到 Count_Name 的内容:主要用于查看某个字段值是否唯一,如果个数都是1,说明唯一;个数不为1或大于1,说明记录重复。

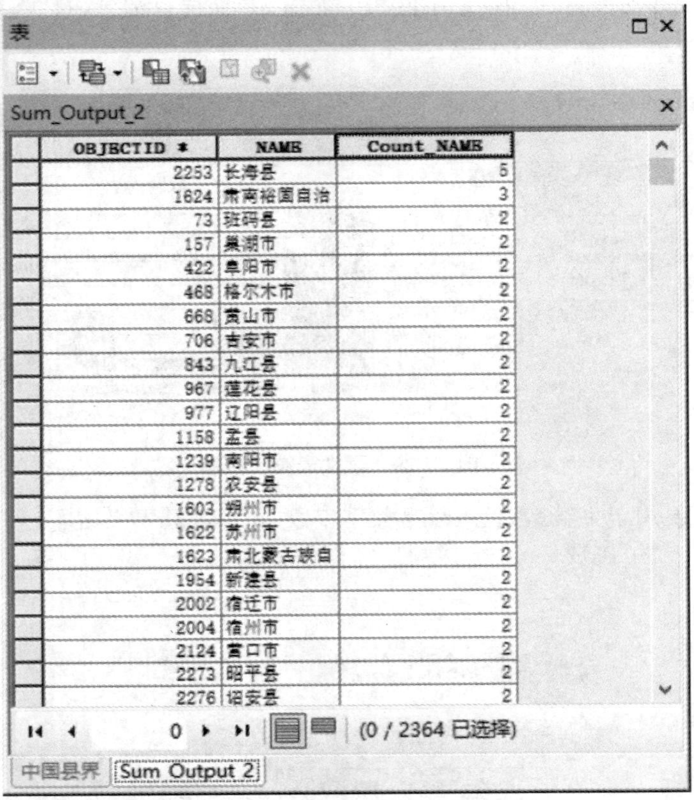

OBJECTID *	NAME	Count_NAME
2253	长海县	5
1624	肃南裕固自治	3
73	班玛县	2
157	巢湖市	2
422	阜阳市	2
468	格尔木市	2
668	黄山市	2
706	吉安市	2
843	九江县	2
967	莲花县	2
977	辽阳县	2
1158	盂县	2
1239	南阳市	2
1278	农安县	2
1603	朔州市	2
1622	苏州市	2
1623	肃北蒙古族自	2
1954	新建县	2
2002	宿迁市	2
2004	宿州市	2
2124	营口市	2
2273	昭平县	2
2276	绍安县	2

图 2－22　属性表汇总结果

2.2　ArcCatalog 简单操作

ArcCatalog 应用程序为 ArcGIS Desktop 提供了一个目录窗口，可以继承在 ArcMap、ArcScene 和 ArcGlobe 中，用于组织和管理各类地理信息，是 ArcGIS 的资源管理器。用于新建 SHP 和地理数据库，在地理数据库新建要素类和要素数据集；对数据定义坐标系；加字段和修改字段；复制、粘贴和删除数据；建拓扑和修改拓扑规则等。

2.2.1　界面的基本介绍

如图 2－23 所示，右上角的，单击变成自动隐藏，再单击变成固定在右边。

图 2－23 的图标：转默认工作目录文件夹，关于默认工作目录看 7.4.1 小节；图标：转默认数据库，关于默认数据库见 2.6.3 小节；图标：切换内容面板。

图 2-23　ArcCatalog 目录界面

2.2.2　文件夹连接

ArcGIS 要访问数据，必须先连接文件夹，只有连接后才能访问。连接方法：右击"文件夹连接"连接到文件夹，如图 2-24 所示。

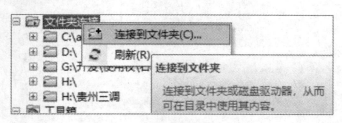

图 2-24　ArcCatalog 文件到文件夹右键

2.2.3　切换内容面板

图标 ：切换内容面板：只看目录树，同时查看目录树和面板，只看面板三种情况切换。

单击目录右上面的"切换内容面板"（见图 2-25）：目录树和内容面板之间相互

切换,有下面三种情况:
① 只看目录树;
② 同时看目录树和内容面板;
③ 只看内容面板。

图 2-25　目录中切换内容面板位置

如图 2-26 所示,窗口比较窄时,变成上下分布。

图 2-26　目录中上下分布

ArcCatalog 比较宽时,则切换成左右,左边是目录,右边为下级内容面板,列出详细的内容,如图 2-27 所示。

图 2-27　目录中左右分布

窗口上下分布或左右分布,都是上下级关系,左边选父目录,右边列的是下级目录,当没有下级目录时,就列出数据本身。目录树本身只能单选。

当上下分布时,可以从下面内容面板多选;左右分布时,可以从右边多选。拖动到 ArcMap 地图窗口,或者拖动到工具输入数据参数中。

2.3　ArcToolbox 操作

ArcToolbox 集成在 ArcCatalog(目录)中,在目录下面,如图 2-28 所示。工具箱所有工具(含菜单功能),操作要点:如果选择要素,只处理选择要素的对象;如不选择要素,则处理所有要素。因此处理所有要素有两种方法,全部选择对象或者全部不选(清除选择的对象),通常要处理所有要素,一般都不选择要素,当然也可以选择所有对象,但比较麻烦。

单击工具是选中工具;要运行一个工具,鼠标双击即可,也可以右键菜单→打开。

右键菜单→批处理,可以批量操作,所有工具箱内的工具都有右键菜单用于批处理。

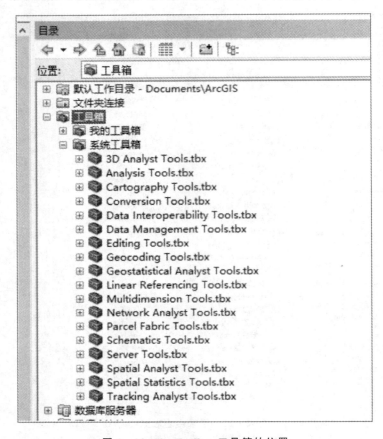

图 2-28　ArcToolbox 工具箱的位置

一般很少直接使用标准工具条中的"工具箱",如图 2-29 所示。原因:使用标准工具条的"工具箱",打开速度慢,且不能搜索。

图 2-29　工具条中打开 ArcToolbox

2.3.1　Toolbox 界面的基本介绍

工具是工具箱中用于对 GIS 数据执行基本操作的。工具共分四种类型,如表 2-3 所列。不管工具属于哪种类型,它们的工作方式都相同;可以打开它们的对话框,可以在模型构建器中使用它们,还可以在软件程序中调用它们。

表 2-3 工具箱工具类型介绍

工具类型	描 述
	内置工具:这些工具是使用 ArcObjects 和像.NET 这样的编译型编程语言构建的
	模型工具:这些工具是使用模型构建器创建的
	脚本工具:这些工具是使用脚本工具向导创建的,它们可在磁盘上运行脚本文件,例如 Python 文件(.py)、AML 文件(.aml)或可执行文件(.exe 或.bat)
	特殊工具:这些工具比较少见,它们是由系统开发人员构建的,它们有自己独特的用户界面供用户使用此工具。ArcGIS Data Interoperability 扩展模块中具有特殊的工具
	工具集:在工具集可以放很多工具、模型和脚本工具

ArcGIS 10.5.1 共有 902 个工具,3D Analyst Tools 有 113 个,Analysis Tools 有 23 个,Cartography Tools 有 46 个,Conversion Tools 有 56 个,Data Management Tools 有 317 个,Spatial Analyst Tools 有 187 个;其中有 31 个工具,既在 3D Analyst Tool(三维),也在 Spatial Analyst Tools(空间分析)中,如坡度(Slope)、重分类(Reclassify)、地形转栅格(TopoToRaster)等工具,同时说明这些工具都是重要的工具。

3D Analyst Tools 是三维分析工具箱:用于创建、修改和分析 TIN、栅格及 Terrain 表面,然后从这些对象中提取信息和要素。可使用 3D Analyst 工具集执行以下操作:将 TIN 转换为要素;通过提取高度信息从表面创建 3D 要素;栅格插值信息;对栅格进行重新分类;从 TIN 和栅格获取高度、坡度、坡向和体积信息。

Analysis Tools 是分析工具箱:包含一组功能强大的工具,用于执行大多数基础 GIS 操作。借助此工具箱中的工具,可执行叠加、创建缓冲区、计算统计数据、执行邻域分析以及更多操作。当需要解决空间问题或统计问题时,应在"分析"工具箱中选取适合的工具。

Cartography Tools 是制图分析工具箱:生成并优化数据以支持地图创建。这包括创建注记和掩膜、简化要素和减小要素密度、细化和管理符号化要素、创建格网和经纬网以及管理布局的数据驱动页面。

Conversion Tools 是转换工具箱:包含一系列用于在各种格式之间转换数据的工具。

Data Management Tools 是数据管理工具箱:提供了一组丰富多样的工具,用于对要素类、数据集、图层和栅格数据结构进行开发、管理和维护。

Editing Tools 是编辑工具:可以将批量编辑应用到要素类中的所有(或所选)要素,是 ArcGIS 10 之后才提供的工具。

Geostatistical Analyst Tools 是地统计工具箱:可通过存储于点要素图层或栅格图层的测量值,或使用多边形质心轻松创建连续表面或地图。采样点可以是高程、地下水位深度或污染等级等测量值。与 ArcMap 结合使用时,地统计分析可提供一组功能全面的工具,以创建可用于显示、分析和了解空间现象的表面。

Network Analyst Tools 是网络分析工具箱:包含可执行网络分析和网络数据集维护的工具。使用此工具箱中的工具,用户可以维护用于构建运输网模型的网络数据集,还可以对运输网执行路径、最近设施点、服务区、起始-目的地成本矩阵、多路径派发(VRP)和位置分配等方面进行网络分析。用户可以随时使用此工具箱中的工具执行对运输网的分析。

Spatial Analyst Tools 是空间分析工具箱:扩展模块为栅格(基于像元的)数据和要素(矢量)数据提供一组类型丰富的空间分析和建模工具。

使用 3D Analyst Tools、Geostatistical Analyst Tools、Network Analyst Tools 和 Spatial Analyst Tools 需要扩展模块支持,具体操作:ArcMap→自定义菜单→选择对应扩展模块,见 1.2.5 小节。

建议将所有的扩展模块都选中,我们把它归结为 ArcGIS 四个常见问题的第一常见问题,如果不选,系统可能提示也可能不提示,导致无法正常使用。

2.3.2 查找工具

要打开搜索窗口,可执行以下操作之一:
① 单击主菜单"地理处理→搜索工具";
② 单击"搜索🔍"按钮;
③ 单击主菜单"窗口→搜索";
④ 按"Ctrl+F"快捷键。

如图 2-30 所示,上面选"本地搜索",下面选全部(最少选工具),输入工具名称,直接回车,可以模糊搜索:中文模糊使用"空格",如查找"要素转线"工具,输入"要素

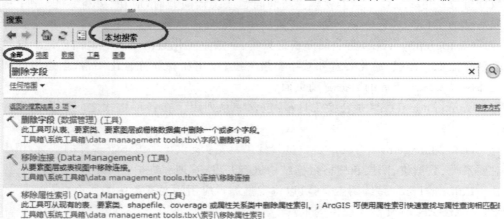

图 2-30 搜索工具箱的工具

转 "就可以查出来,中文本身是模糊查询。如果输入"要素转",也可以查出来,如果输入"要素线",就查找不到。英文搜索使用" * ",如输入 FeatureToLine 不区分大小写,完整的可以找到,如果少输入一个字符,只能类似这样:Featur * To Line。且不可以相反:中文输入" * "无效,英文输入"空格"无效。如果找到工具后面有 Coverage,千万不能选,选非 Coverage,选投影 (Data Management),如图 2-31 所示。

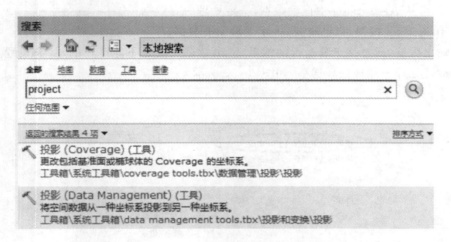

图 2-31　搜素结果,选非 Coverage

2.3.3　工具学习

每个工具都有帮助,学习方法就是"看帮助",单击每个参数也有帮助,在右边显示。以"裁剪"为例子,凡是运行界面左上角有 图标都是工具箱的工具,如图 2-32 所示。

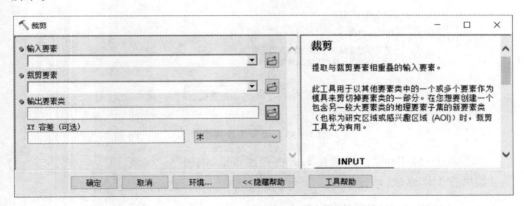

图 2-32　裁剪工具界面

图 2-32 是必填的,没有 ● 是可选填的,输入数据是原始的数据,输入数据必须存在,可以通过下面方式选择:

① 可在下拉框中选择数据,如果数据选择对象,则只处理选择对象,如不选择对象就处理所有对象;

② 可从 ArcMap 中拖动数据,和①一样;

③ 可从 ArcCatalog 中拖动数据,一定处理所有数据;

④ 通过 按钮,自己查找,一定处理所有数据。

输出数据,通过该工具运行的结果,输出数据一般是不能存在的,除非设置主菜单→地理处理→地理处理选项,如图 2-33 所示。

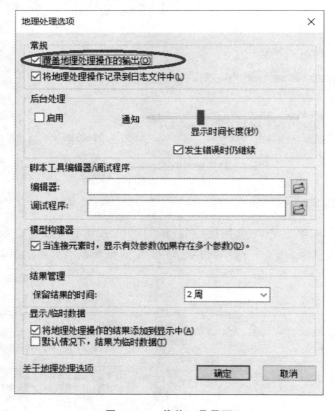

图 2-33　裁剪工具界面

单击图 2-32 中的"工具帮助",有更详细帮助,如图 2-34 所示。

如果有工作原理,请仔细看。

2.3.4　工具运行和错误解决方法

如果裁剪操作界面出现如图 2-35 所示的界面,出现 ❌ ,方法是把鼠标移动到

第 2 章　ArcGIS 使用和数据管理

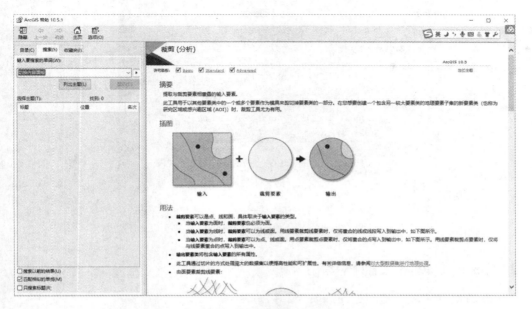

图 2-34　裁剪的详细帮助

❌，这时会提示错误原因，就是解决问题的方法，以后出现类似错误，就按照这个方法解决。

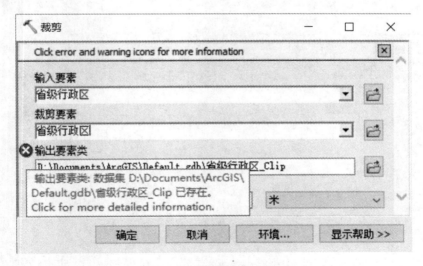

图 2-35　裁剪操作界面错误

如果运行，出现如图 2-36 所示的错误，有错误：ERROR；000210 为错误号；可根据错误号，解决对应的问题。

45

图 2-36 裁剪运行错误

2.3.5 工具设置前台运行

地理处理菜单→地理处理选项，如图 2-37 所示。

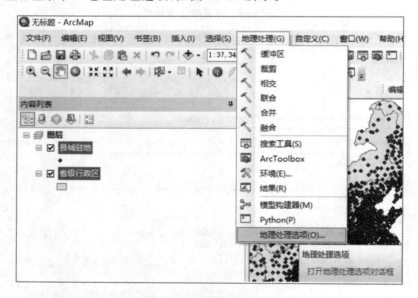

图 2-37 地理处理选项菜单位置

单击"地理处理选项"后如图 2-38 所示，默认后台处理，勾选"后台处理"的"启用"就是后台运行，没勾选就是放在前台运行，有对话框有进度条，可以完全看到运行过程，建议大家放在前台，有些机器放在后台操作经常会失败，放在前台就会操作成功。放在后台唯一的好处是可以多线程运行，可以同时做其他事情。

第 2 章 ArcGIS 使用和数据管理

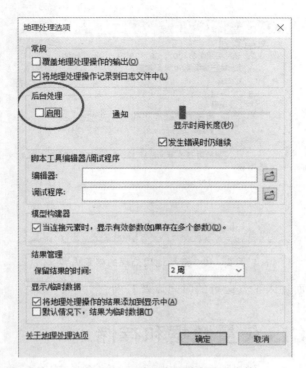

图 2-38 地理处理选项后台处理去掉

2.3.6 运行结果的查看

在 ArcMap 的地理处理菜单的结果中查看运行结果,如图 2-39 和图 2-40 所示。

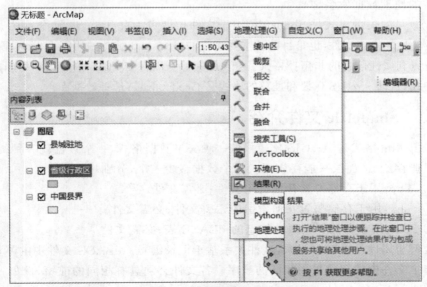

图 2-39 查看地理处理的结果

47

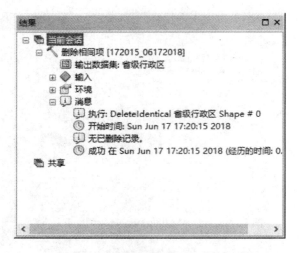

图 2-40 查看地理处理的结果内容

每个工具后面加入工具运行的时间以及日期。

2.4 ArcGIS 矢量数据和存储

矢量数据是通过记录空间对象的坐标及空间关系来表达空间对象几何位置的数据,主要是点、线、面数据,在 ArcGIS 中也称要素类。要素类是具有相同空间制图表达(如点、线或多边形)和一组通用属性列的常用要素的同类集合,例如,表示道路中心线的线要素类。地理数据库中最常用的四个要素类型分别是点、线、面和注记(地图文本的地理数据库名称)。

比较早的矢量格式是 Shapefile,由于文件扩展名为".shp",也简称 shp,是 ArcGIS 最典型的格式文件,也是目前基本要淘汰的格式,shp 是一种用于存储地理要素的几何位置和属性信息的非拓扑格式。shp 是一种可以在 ArcGIS 中使用和编辑的空间数据格式,目前 ArcGIS 建议和推荐的格式是 Geodatabase(地理数据库)。

2.4.1 Shapefile 文件介绍

Shapefile 格式是 ArcGIS 比较早的一种矢量数据格式,一个数据就一种类型,点层中只能存放点,面层只能存放面。一个数据最少三个,分别是:
① .shp:用于存储要素几何的主文件;必需文件。
② .shx:用于存储要素几何索引的索引文件;必需文件。
③ .dbf:用于存储要素属性信息的 dBASE 表;必需文件。

几何与属性是一对一关系,这种关系基于记录编号。dBASE 文件中的属性记录必须与主文件中的记录采用相同的顺序。各文件必须具有相同的前缀,例如,roads.shp、roads.shx 和 roads.dbf。

在 ArcCatalog(或任何 ArcGIS 程序)中查看 Shapefile 时,将仅能看到一个代表 Shapefile 的文件;但可以使用 Windows 资源管理器查看所有与 Shapefile 相关联的文件。复制 Shapefile 时,建议在 ArcCatalog 中或者使用地理处理工具执行该操作。但如果在 ArcGIS 之外复制 Shapefile,要确保完全复制组成该 Shapefile 的所有文件。

注意:在 Windows 复制文件,几个文件都要复制,少一个都不可以,也可以在 ArcCatalog 中复制。

Shapefile 文件由多个文件组成,每个文件均被限制为 2 GB。因此,". dbf"不能超过 2 GB,". shp"也不能超过 2 GB(只有这两个文件的容量会很大)。所有组成文件的总大小可以超过 2 GB。

总　　结:

① SHP 就是具体的点、线、面;地理数据库是仓库,可以存放很多点、线、面和注记;

② SHP 不支持注记和高级功能,如拓扑检查;

③ SHP 字段名只有 10 个字,汉字只能在 3 个以内(ArcGIS 10.0 以下版本,可以为 5 个汉字),文件最大 2GB;

④ SHP 字段没有别名,地理数据库的格式如 MDB、GDB 数据中字段有别名,要素类有别名;

⑤ SHP 文件不支持圆弧、弧段和复杂曲线,反过来把地理数据库中圆弧、弧段、复杂曲线转折线方法,导出成 SHP 格式,也可以使用"概化"工具不过面积和长度会有变化。

目前 SHP 格式已基本淘汰,ArcGIS 建议采用 Geodatabase 格式,如果需要 SHP 文件,导出修改就可以了。

2.4.2　地理数据库介绍

地理数据库是用于保存数据集集合的"容器"。有 3 种类型:

(1) 文件地理数据库:在文件系统中以文件夹形式存储。每个数据集都以文件形式保存,整个数据库最多可扩展至 1 TB,单表记录超过 3 亿条记录,且性能极佳。建议使用地理数据库而不是个人地理数据库文件。由于文件夹扩展名为". gdb",所以简称 GDB,是单机数据库的一种,只支持一个用户编辑使用,可以跨平台使用。

(2) 个人地理数据库:所有的数据集都存储于 MicrosoftAccess 数据文件内,该数据文件最大为 2 GB。若超过 250MB,性能下降严重,只适合小于 250MB 的文件,单表记录建议不要超过 10 万条的小数据量。唯一的优点就是 Office 的 Access 可以打开。由于文件的扩名为". Mdb",也简称 MDB,也是单机数据库。只能在 Windows 平台上使用。

(3) ArcSDE 地理数据库:使用 Oracle、Microsoft SQL Server、IBM DB2、IBM Informix 或 PostgreSQL 存储于关系数据库中。这些多用户地理数据库需要使用 ArcSDE,在大小和用户数量方面没有限制。

总之，建议大家使用"GDB 文件数据库"，因为同样的数据放在 GDB 中存储空间更小，GDB 支持更大的空间，速度更快，ArcGIS 对 GDB 支持更好。做过软件的人都知道，更新字段出现错误，在 MDB 中只会提示出错，在 GDB 中会告诉你哪个字段因为什么而出错，ArcGISPro 淘汰 MDB。

2.5 数据建库

在数据建库之前，应先制定数据库标准。制定时一定要参考国家、省部和地方标准，在此基础上完善和设计自己的数据标准。具体内容：有哪些图层，每个图层是什么类型；有哪些字段，哪些字段是必填的，哪些是可填的。不同行业的数据库标准也不一样。

2.5.1 要素类和数据集含义

要素类具有相同空间类型，比如同是点，要素类就是矢量数据。最常用的四个要素类分别是点、线、面和注记（地图文本的地理数据库名称）。SHP 不支持注记。

要素数据集是共用一个通用坐标系的相关要素类的集合。要素数据集用于存放同一个地方的多个要素类。放在数据集中的要素类，用于构建拓扑、网络数据集、地形数据集（Terrain）或几何网络，如果认为要素类是文件，要素数据集就是文件夹目录。

一个数据库可以有多个数据集，数据集下可以存放一个或多个要素类，要素数据集下不能再放要素数据集。用户一般先建数据库，后建数据集，把数据放在要素数据集中，放在同一数据集下，多个数据（要素类）的坐标系、XY 容差应一致。

2.5.2 数据库中关于命名的规定

（1）要素类名称是标识要素类的唯一名称。为要素类命名时最常用的方式是英文大小写混写（不区分大小写）或使用下画线。

（2）创建要素类时，应为其指定一个名称，以指明要素类中所存储的数据。要素类名称在数据库或地理数据库中必须唯一，不能存在多个同名的要素类。也就是说，不允许在同一地理数据库中存在具有相同名称的两个要素类，即使这两个要素类位于不同的要素数据集中。

（3）名称可以以字母或汉字开头，但不能以数字开头。

（4）名称不应包含空格、*、%、$、@、#、!、~、`、()、.、?"等特殊字符。如果表或要素类的名称包含两部分，则用"下画线"连接各单词，如 hunan_road。

（5）名称中不应包含 SQL 保留字，如 select 或 add 等。

（6）要素类名称和表名称的长度取决于基础数据库。文件地理数据库中的要素类的最大名称长度为 160 个字符，可查阅 DBMS 文档以获知最大的名称长度。

（7）不支持具有以下前缀的表名或要素类名：

① gdb_;

② sde_;
③ delta_。

总结：在数据库中，要素类、要素数据集和字段名都必须满足 3 个不要：
① 不要使用数字开头；
② 不要有特殊字符，更不能是".shp"；
③ 不要使用 SQL 关键字和保留字，如 select、from、where、add、as、is、like、update、order、create、Table、delete 或 drop 等。

2.5.3 字段类型

整数有短整数和长整数。短整数在四位数以内（因为最大是 32 767，5 位数只有一部分），长整数只有 9 位（因为最大是 2 147 483 647，10 位数只有一部分，所以在 Oracle 中如果定义 Number(20,0)，在 ArcGIS 字段则转换为双精度），含小数的如面积、长度等字段务必定义成双精度（因为浮点数在 ArcGIS 的 MDB 和 GDB 存储有问题，位数最长只有 6 位，如果到时位数不够用或者丢失小数值到后期也不好解决，精度也有问题），双精度最长是 15 位，含整数位和小数位，小数点是一位，GDB 和 MDB 在 ArcCatalog 中无法设置长度和小数位数，如图 2-41 所示。

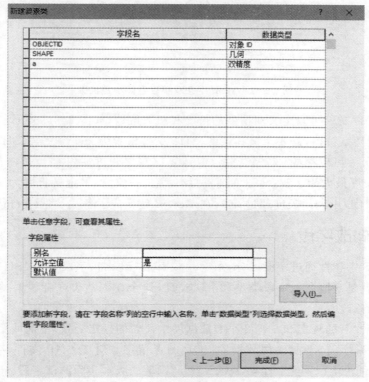

图 2-41 字段定义双精度无法定义小数位数

如果是 MDB 格式,可以在 Access 软件中设置,数据类型选数字,字段大小选小数,如图 2-42 所示。

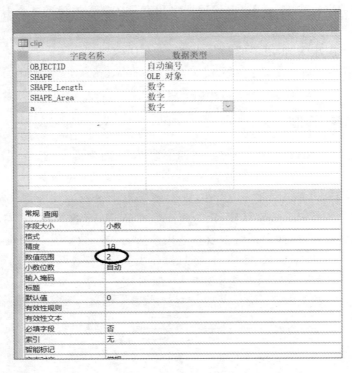

图 2-42　MDB 定义双精度字段小数位数

Shapefile 文件可以定义双精度的长度和小数位数,如图 2-43 所示。

文本就是字符串,需要定义其长度,SHP 文件最长为 254 个字段,SHP 中一个汉字是两位,最大可以存放 127 个汉字,但计算字符串长度时汉字也是一位,MDB 和 GDB 文本长度最大为 2 147 483 647,一个汉字是一位,如果定义长度为 2,可以存放 2 个汉字,MDB 中如果长度超过 255,在 Access 就变成了备注类型(memo)。

2.5.4　修改字段

ArcGIS 中属性通过字段区分,所有字段都有字段名、字段别名(SHP 文件没有别名,别名就是字段名)、字段类型和字段长度,这个在创建表或者要素类时设置,也可以后面再修改。

关于字段名的规定和 2.5.2 小节数据库中命名的规定一致,不能使用数字开头,不能使用特殊字符,不能使用数据库 SQL 的保留字。对于 SHP 文件,字段名最长 10 个英文,理论上汉字是 5 个,ArcGIS 10.2 以上的版本实际测试字段名只能是 3 个汉字,不推荐使用 SHP;而 MDB 和 GDB,字段名最长 64 个英文,汉字也是 64 个,

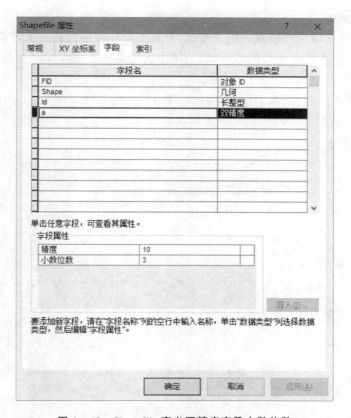

图 2-43 Shapefile 定义双精度字段小数位数

MDB 中字段个数最多 255 个，GDB 的字段个数最多是 65 534 个。字段别名最长都是 255 个。

可以增加、删除和重命名字段，系统字段是不能被删除的，操作方法：

（1）在 ArcCatalog 中，连接到包含要修改字段属性的表或要素类的地理数据库。

（2）选中要素类或者表，右击要素类或表→属性。

（3）单击字段选项标签页。

（4）从字段名称列表中选择要修改的字段：

① 要重命名字段，可单击名称文本，然后输入新名称。该操作仅限于 ArcGIS 10.1（含 10.1）以后的版本，SHP 文件修改字段见 2.5.5 小节。

② 要更改数据类型，可从相应的数据类型下拉列表中选择一个新类型，该操作仅限于 ArcGIS10.1 以后的版本，没有记录可以任意修改，如果表中有数据（记录数大于 0）则这样无法修改，因为要避免数据丢失，如果真的修改，方法见 2.5.5 小节修改字段高级方法。

③ 要更改字段别名、默认值或长度，可双击字段属性列表中的值，然后输入一个新值，该操作仅限于 ArcGIS 10.1 以后的版本，对于文本字段，只能改长，如原来为

8,可以修改为 10,不能修改成 6。

④ 要更改字段的空值或关联属性域,可从下拉列表中选择一个新值。

(5)完成所有需要进行的修改后,请单击确定关闭表属性或要素类属性对话框,应用更改完毕。

(6)也可以使用"更改字段(AlterField)"工具对字段重命名,如图 2-44 所示。但只能对地理数据库中的要素类或表修改。

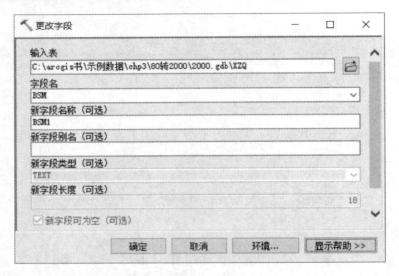

图 2-44　字段重命名

(7)也可以使用"添加字段(AddField)"工具添加字段,如图 2-45 所示。

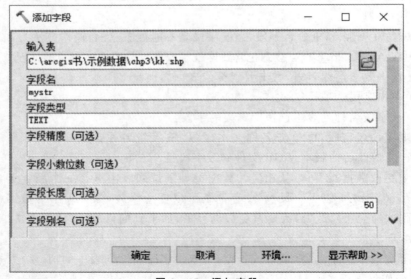

图 2-45　添加字段

(8)也可以使用"删除字段(DeleteField)"工具,选中字段就是删除字段,可以用于批量删除字段,如图2-46所示。

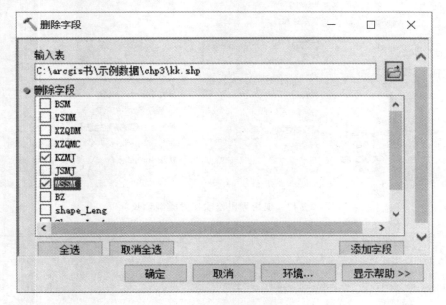

图2-46　批量删除字段

2.5.5　修改字段的高级方法

在实际工作中,表中已经有了数据,如很多条,就需要字段短整数修改成长整数,双精度修改成文本,文本字段长度缩短。但切记有些修改是有条件的,如文本字段长度缩短,一定要确认字段内容不要超过定义的长度;如果超过定义的长度,要先更新表中的记录内容,让其长度满足要求;如文本字段修改成双精度,确保数据中不含除数字外其他的字符;双精度改文本,文本字段长度要大于等于最长数字长度。操作方法:导入(出)单个要素类(表);测试数据:chp2\mydata.gdb\DLTB中DLMC字段由60修改为32,字段内容不超过32个,操作步骤如下:

(1)在ArcCatalog中,选中DLTB要素类,重命名为DLTB1,因为导出后名字是DLTB。

(2)右击DLTB1,导出→转出至地理数据库(单个),如图2-47所示。

(3)导出位置,选当前地理数据库,输出要素类是DLTB,如图2-48所示。

(4)找到DLMC,在右键菜单中选"属性",输入长度为32,如图2-49所示。如果需要修改字段类型,在类型中修改,选择其他类型,同时修改字段顺序。

(5)单击确定。

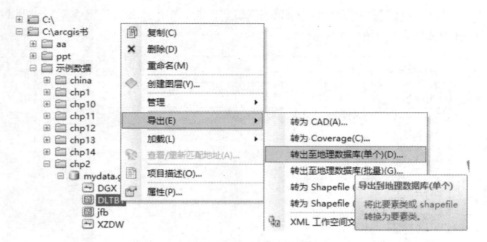

图 2-47 使用导出修改字段类型和长度

图 2-48 导出单个要素类界面

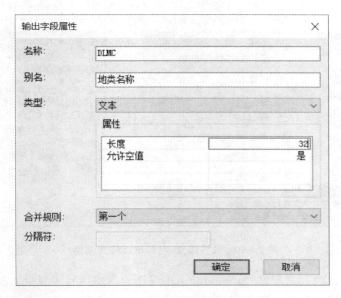

图 2-49 导出单个修改字段长度

2.6 数据库维护和版本的升降级

2.6.1 数据库的维护

(1) 数据库备份:养成数据备份的习惯,做一些重要的操作前都要备份数据,做项目时建议一天最少备份一次,重要修改前备份数据,重要的数据多个机器交叉相互备份。

(2) 数据库碎片整理(见图 2-50):文件地理数据库以包含若干文件的文件夹形式存储在磁盘上,而个人地理数据库存储在单个".mdb"文件中。首次向这两种地理数据库添加数据时,每个文件中的记录是排列有序的,可由文件系统进行高效地访问。然而,随着时间的推移会删除和添加记录,这样每个文件中的记录会变得排列无序,而且由于记录被移除还会产生未使用的空间,而新记录又添加到文件的其他位置。这会导致文件系统在每个文件中执行更多的记录查找操作,从而降低了访问记录的速度。

如果频繁地添加和删除数据,则应每隔几天就对文件或个人地理数据库执行一次紧缩操作。而且,在执行了任何大规模更改后,也应对地理数据库执行一次紧缩操作。紧缩操作会通过对记录重新排序并消除未使用的空间来对存储空间加以整理。紧缩后,可以更高效地访问每个文件中的数据。紧缩还会减小每个文件的大小,可能会将地理数据库的大小缩减一半及其以上。

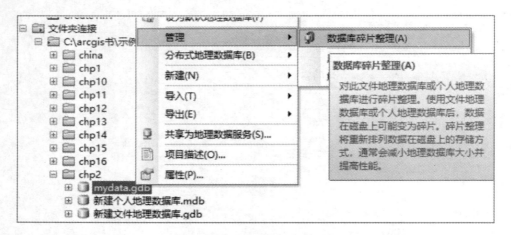

图 2-50　数据库紧缩（数据库碎片整理）

除了紧缩地理数据库之外，Windows 用户还应偶尔运行磁盘碎片整理程序来维护整个文件系统的性能。同其他类型文件一样，此操作会提升文件地理数据库和个人地理数据库的性能。磁盘碎片整理程序是 Windows 操作系统随附的工具；有关详细信息，请参阅操作系统的"在线帮助"。

操作：要紧缩地理数据库，请在 ArcCatalog 目录树中对其右击，指向管理，然后单击紧缩数据库。或者单击工具箱工具：数据库碎片整理（Compact）。数据库碎片整理是日常性工作，平时使用数据库，建议几天做一次。当然最好的方法是新建数据库，然后全部导入。

（3）新建数据库导入/导出：最好、最彻底的方法，是新建一个数据库，把数据导出到新的数据库，不建议复制粘贴，复制粘贴会保留原来一些无用或错误的信息，所以建议导入数据彻底重建。

复制数据和导入数据的区别：复制数据后原来的索引会保留，导入数据索引要自己重建建立。

（4）对于 GDB 文件数据库，ArcGIS 10.5 有一个工具箱工具：恢复文件地理数据库（RecoverFileGDB），可以针对数据库意外情况（如不能打开）进行修复，只能用于 GDB，建议平时工作就使用 GDB 而不是 MDB。

2.6.2　版本的升降级

降级：使用工具创建文件地理数据库（CreateFileGDB）或者创建个人地理数据库（CreatePersonalGDB），需要文件数据库就创建文件数据库，需要个人数据库就创建个人数据库，如图 2-51 所示。

地理数据库位置：选择数据存放的文件夹，可以从 ArcCatalog 目录拖动一个文件夹，也可以选择一个文件夹，如图 2-52 所示。

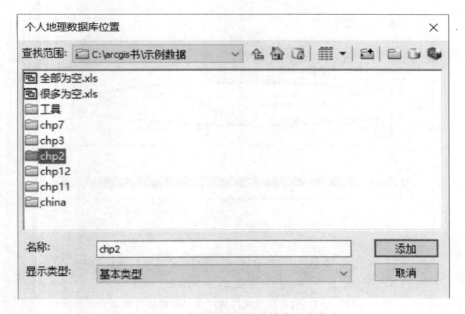

图 2-51　创建其他版本的数据库

图 2-52　选数据库位置文件夹正确方法

千万不要进入一个文件夹内选择(见图 2-53),将无法添加任何信息。
个人数据库名称:输入一个名字就可以,不要加路径,如图 2-54 所示。

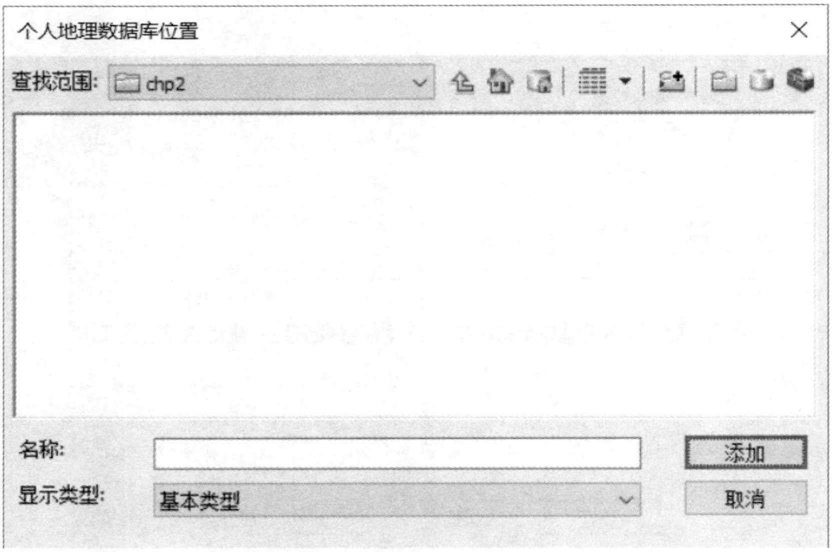

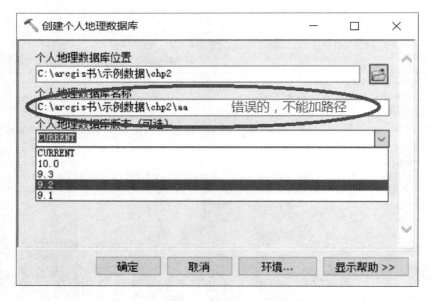

图 2-53 选数据库位置的错误方法

图 2-54 创建数据库的名字加路径的错误方法

个人地理数据库版本：可以选 9.3、9.2、9.1 和 CURRENT，CURRENT 就是 10.5。由于 10.0 和 10.5 的数据库兼容，也就是 10.0 的版本，没有 10.1 和 10.2 等，因为它们是兼容的，所有在 ArcGIS 10.5 创建的个人地理数据库和文件地理数据库，ArcGIS 10.0 可以打开。

升级：新建地理数据库（就是当前版本），把数据导入到新的数据库，或者使用"要素类至地理数据库（批量）(FeatureClassToGeodatabase)"工具，如图 2-55 所示。

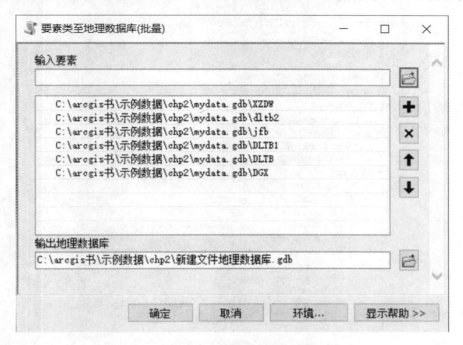

图 2-55 批量把多个要素类转到新的数据库

图 2-55 中，上面选多个要素类，下面输出为地理数据库，可以是个人数据库，也可以是文件数据库。

注意：ArcGIS 10.0 和 ArcGIS 10.5 的地理数据库，无论 GDB（文件数据库）和 MDB（个人数据库）都完全兼容，因此 ArcGIS 10.0 可以打开 ArcGIS 10.5 建的数据库，但 ArcGIS 9.3、ArcGIS 9.2 数据库不兼容，ArcGIS 9.3 无法打开 ArcGIS 10.0 的数据库，ArcGIS 9.2 无法打开 ArcGIS 9.3 的数据库。

2.6.3 默认数据库的设置

ArcGIS 10.0 之后的版本，都有一个默认数据库，工具箱输出数据默认放在默认数据库中。具体操作如下，新建一个数据库，建议是 GDB 数据库，右击→"设为默认地理数据库"，如图 2-56 所示。

设置后，新建文件地理数据库前面的图标多了一个小房子，如图 2-57 所示。

图 2-56　设置默认数据库的方法

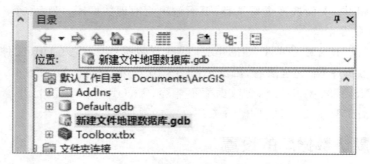

图 2-57　设置默认数据库后变化

默认数据库是不能删除的，建议一个 MXD 文档对应一个默认数据库。

第 3 章 坐标系

坐标系是地理信息系统(GIS)的基础,不懂坐标系就不懂 GIS。因为很多人都是外行出身,不是地理信息系统和测绘专业毕业,所以不懂坐标系。很多问题都是由坐标系引起的,是 ArcGIS 常见问题之一,数据(含要素和栅格)要定义成正确的坐标系,数据框坐标系最好和数据坐标系一致。

3.1 基准面和坐标系的分类

3.1.1 坐标系的概念

坐标系统是 GIS 图形显示、数据组织分析的基础,所以建立完善的坐标投影系统对于 GIS 应用来说是非常重要的,坐标是根据坐标系统来的,没有坐标系统就没有坐标。同一个点,测绘时设置不同的坐标系,点的坐标也不一样,总之坐标系直接影响到点的坐标、线的长度和面的面积。地理坐标系数据,无法计算线的长度和面的面积,投影坐标系才可以计算长度和面积。

坐标是 GIS 数据的骨骼框架,能够将数据定位到相应的位置,为地图中的每一点提供准确的坐标。一般有两种方式:

① 如经纬度下的经度、纬度;

② 平面中如 X 和 Y。

比如,公路里碑上的公里数,通常是从大城市中心为起点算起;说某某建筑有多高,一般是从地面算起。这就是说,地球上任何一点的位置都是相互联系的,都有一定的相对关系。人们测地面上点的位置,也一样要有一个标准,不然就分不出高低位置。测绘地面上某个点的位置时,需要两个起算点:一是平面位置,一是高程。计算这两个位置所依据的系统,就叫坐标系统和高程系统。人们平时说的坐标系主要是指平面坐标系,也是 ArcGIS 中的 XY 坐标系。

坐标系关键：
① 采用球体模型（基准面）；
② 选定原点，规定正方向和单位长度。

3.1.2 基准面介绍

当一个旋转椭球体的形状与地球相近时，基准面用于定义旋转椭球体相对于地心的位置。基准面给出了测量地球表面位置的参考框架，它定义了经线和纬线的原点及方向。

1. 基准面分类

1) 地心基准面

在过去的 15 年中，卫星数据为测地学提供了新的测量结果，用于定义与地球最吻合的坐标与地球质心相关联的旋转椭球体。地球中心（地心）基准面使用地球的质心作为原点。国际上使用最广泛的基准是 WGS 1984，WGS 1984 就是 GPS（全球定位系统）使用的坐标系，它被用作在世界范围内进行定位测量的框架。

还有我国的国家 2000 坐标系，2018 年 7 月 1 日，我国要求新做的数据都采用国家 2000 坐标系，我国北斗导航使用的就是国家 2000 坐标系。

2) 区域基准面

区域基准面是在特定区域内与地球表面极为吻合的旋转椭球体。旋转椭球体表面上的点与地球表面上的特定位置相匹配，该点也被称作基准面的原点。原点的坐标是固定的，所有其他点由其计算获得，如北京 54 和西安 80 就是区域基准面，只能在中国境内使用。

2. 不同椭球体比较

- 北京 54：长半轴 $a=6378245$m，短半轴 $b=6356863.0187730473$m；
  扁率 $f=1/298.3$；长短半轴差值 21381.9812269527m。
- 西安 80：长半轴 $a=6378140$m，短半轴 $b=6356755.2881575283$m；
  扁率 $f=1/298.257$；长短半轴差值 21384.7118424717m；西安 80 和北京 54 长半轴差 105m，短半轴差 107.73m。
- WGS-84：长半轴 $a=6378137$m，短半轴 $b=6356752.3142451793$m；
  扁率 $f=1/298.257223563$；长短半轴差值 21384.685754821m；WGS84 和西安 80，长半轴差 3m，短半轴差 3m。
- 2000 坐标系，$a=6378137$m，$b=6356752.3141403561$m；
  扁率 $f=1/298.257222101$；长短半轴差值 21384.6858596439m；国家 2000 和西安 80，长半轴差 3m，短半轴差 3m；国家 2000 和 WGS1984，长半轴一样，短半轴也基本一致。

注：扁率：$f=(a-b)/a$。

由于长、短半轴不一样,球体本身也不一样,有如下结论:

(1) 不同坐标系如西安 80 坐标系与北京 54 坐标系的转换,不存在精确转换统一的公式,所有转换都是近似转换。

(2) 地球上同一个点,各个坐标系的经纬度是不一样的,如西安 80 和北京 54,一般差几秒之内;西安 80 和国家 2000,差几秒;国家 2000 和 WGS1984 可以认为完全一致。反之相同的经纬度获得的 XY 也不一样(图 3-1 的 XY 和测绘 XY 一样,和 ArcGIS 相反),一般规律是距离中央经线越远,纬度越大,XY 差值越大。

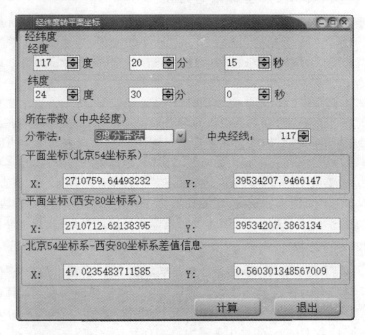

图 3-1 经纬度相同但在不同坐标系 XY 不同

3.1.3 坐标系的分类

坐标系分成两大类:地理坐标系和投影坐标系;无论北京 54、西安 80,还是国家 2000 都有地理坐标系和投影坐标系。

(1) 全局坐标系或球面坐标系,如经纬度,通常称为地理坐标系。位于两极点中间的纬线称为赤道,它定义的是零纬度线。零经度线称为本初子午线。对于绝大多数地理坐标系,本初子午线是指通过英国格林尼治天文台的经线。经纬网的原点 (0,0) 定义在赤道和本初子午线的交点处。这样,地球就被分为了四个地理象限,它们均基于与原点所成的罗盘方位角。通常,经度和纬度值以十进制度为单位或以度、分和秒(DMS)为单位进行测量。纬度值相对于赤道进行测量,其范围是 -90°(南极点)~+90°(北极点);经度值相对于本初子午线进行测量,其范围是 -180°(向西

行进时)~180°(向东行进时)

(2)基于横轴墨卡托、阿尔伯斯等积或罗宾森等地图投影的投影坐标系,这些地图投影(以及其他多种地图投影模型)提供了各种方式将地球球面的地图投影到二维笛卡尔坐标平面上。投影坐标系就是平面坐标系。

3.1.4 地理坐标系和投影坐标的比较和应用

1. 地理坐标系和投影坐标系的比较

(1)地理坐标系以"度"为单位,地理空间坐标系(Geographic coordinate system)使用基于经纬度坐标描述地球上某一点所处的位置,是球面坐标系。地理坐标系坐标经度范围(0°~180°)分东经和西经,纬度(0°~90°)分北纬和南纬;反之,如果经纬度不对就是坐标系不对。

(2)投影坐标系以"米"为单位,地理坐标系是经纬度坐标系,这个坐标系可以确定地球上任何一点的位置,如果我们将地球看成一个球体,而经纬网就是加在地球表面的地理坐标参照系格网,经度和纬度是从地球中心对地球表面给定点量测得到的角度,经度是东西方向,而纬度是南北方向,经线从地球南北极穿过,而纬线是平行于赤道的环线。需要说明的是,经纬度坐标系不是一种平面坐标系,因为度不是标准的长度单位,不可用其量测面积长度,因此在实际工作中用的大部分都是投影坐标系,投影坐标系就是平面直角坐标系,因为投影坐标系可以计算面积、长度和体积。

2. 度和米的转换

严格来说,度和米无法转换,因为地球是椭圆的,在不同的参数中不一样,就是统一坐标系如国家2000,经线1°和纬线1°的长度也是不一样的。大概计算如下:

以国家2000为例:长半轴 $a = 6378137m$,短半轴 $b = 6356752.314140356m$;

经度:赤道是最大的一周。以赤道为例:1°(经) = 6378137 * 2 * 3.1415926 / 360/1000 = 111.32km,合计1分为:1分大约1.855km,1秒大约30.9m,越靠近两级(南北极)数字越小。

总之:1°大约是100多公里。

3. 投影坐标的介绍

投影坐标系(Projection coordinate system)使用基于X、Y值的坐标系来描述地球上某个点所处的位置。这个坐标系是从地球的近似椭球体投影得到的,它对应于某个地理坐标系。平面坐标系统地图单位通常为m,或者是平面直角坐标。

投影坐标系由两项参数确定:

基准面确定:比如北京54、西安80和WGS84;

投影方法(比如高斯-克吕格(Gauss - Krüger)、兰勃(伯)特(Lambert)投影)。

兰勃(伯)特等角圆锥投影:用于小比例尺的地图投影:如1∶500000,1∶1 000 000,1∶4 000 000等小比例尺,经线为辐射直线,纬线为同心圆圆弧。指定两条标准纬度线

Q1 和 Q2，在这两条纬度线上没有长度变形，即 M＝N＝1，此种投影也叫等角割圆锥投影。适合于大范围，如大于 600 公里，但面积计算误差比较大。

高斯-克吕格投影（等角横切椭圆柱投影），用于如 1∶250000，1∶100000，1∶50000、1∶10000 等大比例尺，后面简称高斯投影。适合 600 公里以内，面积计算比较精确。

总之以 1∶500000 为分界线，比 500000 小（含 50 万）的使用兰勃（伯）投影，比 1∶500000 大采用高斯-克吕格投影，由于常用的比例尺一般大于 1∶500000，所以用高斯-克吕格投影比较多，北京 54、西安 80 和国家 2000 投影坐标都采用高斯-克吕格投影。

3.2 高斯-克吕格投影

高斯-克吕格投影是由德国数学家、物理学家、天文学家高斯于 19 世纪 20 年代拟定的，后经德国大地测量学家克吕格于 1912 年对投影公式加以补充，故称为高斯-克吕格投影，又名"等角横切椭圆柱投影"，是地球椭球面和平面间正形投影的一种。

3.2.1 几何概念

高斯-克吕格投影的几何概念是，假想有一个椭圆柱与地球椭球体上某一经线相切，其椭圆柱的中心轴与赤道平面重合，将地球椭球体面有条件地投影到椭球圆柱面上。高斯-克吕格投影条件：①中央经线和赤道投影为互相垂直的直线，且为投影的对称轴；②具有等角投影的性质；③中央经线投影后保持长度不变。

3.2.2 基本概念

如图 3-2 所示，假想有一个椭圆柱面横套在地球椭球体外面，并与某一条子午线（此子午线称为中央子午线或轴子午线）相切，椭圆柱的中心轴通过椭球体中心，然后用一定的投影方法，将中央子午线两侧各在一定经差范围内的地区投影到椭圆柱

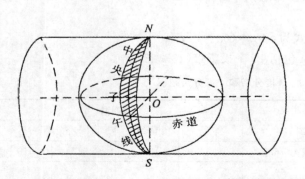 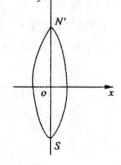

图 3-2　高斯-克吕格投影

面上,再将此柱面展开即成为投影面,此投影为高斯投影。

3.2.3 分带投影

高斯投影6度分带:自0子午线起每隔经差6°自西向东分带,依次编号1、2、3……具体分带方法如图3-3所示。我国6度分带中央子午线的经度,由69°起每隔6°而至135°,共计11带(13~23带),带号用 n 表示,中央子午线的经度用 L_0 表示,它们的关系: $L_0=6n-3$。

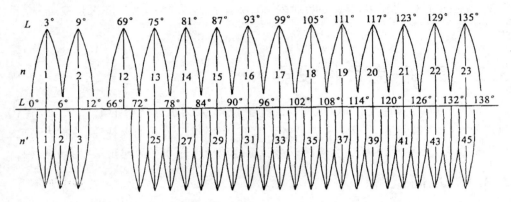

图3-3 高斯-克吕格投影6度和3度分带

高斯投影3度分带:它的中央子午线一部分同6度分带中央子午线重合,一部分同6度分带的分界子午线重合,如用 n 表示带号,表示带中央子午线经度,它们的关系:$L_0=3*n$,我国共计21带(25~45带)。3度分带和6度分带范围如表3-1所列。

总计:带号和中央经线的转换

① 3度分带

中央经线 $L_0=3*n$;

带号 $n:=L_0/3$;

我国共包括21个投影带(25—45带)。

② 6度分带

中央经线经度 L_0 的计算公式为:$L_0=(6n-3)$;

带号 $n=(L_0+3)/6$,我国共包括11个投影带(13—23带)。

表3-1 3度分带和6度分带范围

3度分带			6度分带		
带号	中间经线	范围	带号	中间经线	范围
25	75	73.5 76.5	13	75	72 78
26	78	76.5 79.5			

续表 3-1

3 度分带			6 度分带			
带号	中间经线	范围		带号	中间经线	范围	
27	81	79.5	82.5	14	81	78	84
28	84	82.5	85.5				
29	87	85.5	88.5	15	87	84	90
30	90	88.5	91.5				
31	93	91.5	94.5	16	93	90	96
32	96	94.5	97.5				
33	99	97.5	100.5	17	99	96	102
34	102	100.5	103.5				
35	105	103.5	106.5	18	105	102	108
36	108	106.5	109.5				
37	111	109.5	112.5	19	111	108	114
38	114	112.5	115.5				
39	117	115.5	118.5	20	117	114	120
40	120	118.5	121.5				
41	123	121.5	124.5	21	123	120	126
42	126	124.5	127.5				
43	129	127.5	130.5	22	129	126	132
44	132	130.5	133.5				
45	135	133.5	136.5	23	135	132	138

按国家规定：我国 1∶25000～1∶500000 地形图均采用 6 度分带；大于 25000（不含 25000），如 1∶10000 及更大比例尺地形图采用 3 度分带，以保证必要的精度。3 度和 6 度的另一个区别，6 度覆盖的范围广一些，3 度覆盖的小，由于距离中央经线越远误差越大，6 度距离中央经线远的误差大。兰勃(伯)特投影不分 3 度和 6 度。

总结：带号大于 24 是 3 度分带，小于 24 是 6 度分带。例如带号是 20，由于小于 24，所以是 6 度分带；带号是 37，由于大于 24，所以是 3 度分带。

3.2.4 高斯平面投影的特点

1. 线性经纬网

赤道和中央经线是直线，其他是对称的曲线。

总结：在投影坐标系下，经纬网是曲线；同理，经纬网是曲线的，是投影坐标系；地理坐标系下平面地图经纬网是水平和垂直的，同理，经纬网是水平和垂直的，则是地理坐标系；如果有公里网(方里网)则是投影坐标系。

2. 属 性

1) 形 状

等角：比较小的形状保持不变。例如：矩形投影，由于角度不变，投影之后还是矩形，依次类推，圆形投影之后还是圆形；较大区域形状（大于几百公里）的变形将随着距离中央经线越远而越来越明显。

2) 面 积

变形程度随着距中央经线距离的增加而增大，在中央经线两侧最大。一个3度分带范围内最大误差为万分之6.46，平均值为万分之1.15；一个6度分带范围内最大误差为万分之26.678，平均值为万分之4.6。

3) 距 离

长度有细微变化，有些变长有些变短，以一个6度分带为例，最大长度变形误差是万分之4.6，平均值为负的万分之2.2，所以长度变形比较小，可以忽略不计。

结论：高斯投影计算面积和长度都比较精确，所以无论使用北京54、西安80还是国家2000，投影坐标系都使用高斯投影。

3. 局限性

无法将中央经线90°以外的数据投影到椭圆体或椭圆体上。实际上，椭圆体或椭圆体上的范围应限制为中央经线两侧10°～12°；如果超过该范围，投影数据可能不会被投影到相同位置；球体上的数据没有这些限制。投影引擎中新增了一种名为"复杂横轴墨卡托（Transverse_Mercator_complex）"的实现方法，可在ArcGIS中找到它。它可以与横轴墨卡托之间准确地进行从中央经线算起的最大80°的投影。由于涉及的算法更为复杂，因此会对性能产生一定的影响。在实际工作中，使用只是6°范围内，这样精度更高一些。

4. 高斯投影参数设置

如图3-4所示，可知：

① 东偏移量 False_Easting：500000，单位m，就是500km；
② 北偏移量 False_Northing：0；
③ 中央经线 Central_Meridian：117.000000000000000000°；
④ 比例因子 Scale_Factor：1；
⑤ 起始纬度 Latitude_Of_Origin：0；
⑥ 最下面是地理坐标系的信息，主要是定义长半轴和短半轴。

3.2.5 高斯平面投影的XY坐标规定

高斯-克吕格投影按分带方法各自进行投影，故各带坐标成独立系统。以中央经线投影为纵轴（Y），赤道投影为横轴（X），两轴交点即为各带的坐标原点。纵坐标以赤道为零开始算，赤道以北为正，以南为负。我国位于北半球，纵坐标均为正值。横

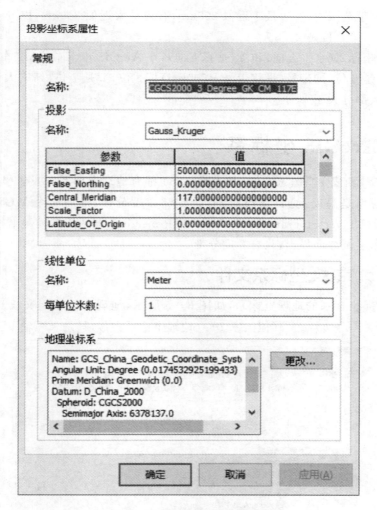

图 3-4 高斯-克吕格投影参数设置

坐标如以中央经线为零开始算,中央经线以东为正,以西为负,这样横坐标会出现负值,使用不便。

规定将坐标 X 轴东移 500km 当作起始轴,这样一个带内的所有横坐标值均加 500km。由于高斯-克吕格投影每一个投影带的坐标都是对本带坐标原点的相对值,所以各带的坐标完全相同,为了区别某一坐标系属于哪一带,在横轴坐标前加上带号,如(21655933m,4231898m),其中 21 即为带号。

3 度分带,是以中央经线为主,一边是 1.5°,在中央经线上,水平 X 是 500km,在一个 3 度分带范围内,左边最小近似 350km,右边最大近似 650km,以 m 为单位,整数位是 6 位,第 1 位是 3~6。

6 度分带,是以中央经线为主,一边是 3 度,在中央经线上,水平 X 是 500km,在一个 6 度分带范围内,左边最小近似 200km,右边最大近似 800km,以 m 为单位,整数位是 6 位,第 1 位是 2～8。

总之:坐标 X(水平方向)和 Y(垂直方向),在 ArcGIS 中 X 在前,Y 在后,X 坐标不加带号,是 6 位,加带号(平移带号＋500km)是 8 位,Y 是 7 位(纬度大于 10,我国陆地纬度大部分大于 10°)。

3.3　ArcGIS 坐标系

北京 54、西安 80、国家 2000 和 WGS1984 都有地理坐标系和投影坐标系,前三个投影坐标系是高斯-克吕格投影,有 3 度和 6 度分带,最后一个 WGS1984 使用 UTM 投影(Universal Transverse Mercator Projection,即通用横轴墨卡托投影),是横轴等角割椭圆柱面投影,只有 6 度分带。

3.3.1　北京 54 坐标系文件

北京 54 坐标系的地理坐标系,如图 3-5 所示,地理坐标系定义长半轴和短半轴,扁率:$f=(a-b)/a$。其他国家 2000 地理坐标系类似,只是长短轴不一样而已。

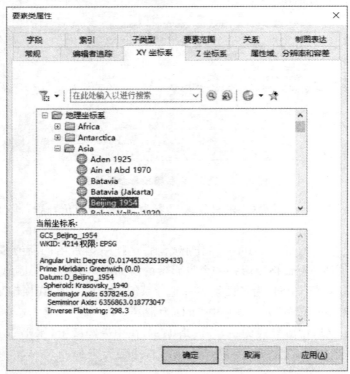

图 3-5　北京 54 地理坐标系

在"投影坐标系\Gauss Kruger\Beijing 1954"目录下,如图 3-6 所示,我们可以看到 4 种不同的命名方式:

① Beijing 1954 3 Degree GK CM 102E. prj 的含义:3 度分带法的北京 54 坐标系,中央经线在东 102°的分带坐标,横坐标前不带加号;

② Beijing 1954 3 Degree GK Zone 34. prj 的含义:3 度分带法的北京 54 坐标系,34 分带,中央经线在东 102°的分带坐标,横坐标前加带号,分带确定,中央经线就能确定;

③ Beijing 1954 GK Zone 16. prj 的含义:6 度分带法、带号 16 的北京 54 坐标系,分带号为 16,横坐标前加带号;

④ Beijing 1954 GK Zone 16N. prj 的含义:6 度分带法的北京 54 坐标系,分带号为 16,横坐标前不加带号,这里 N 是 Not 的意思。

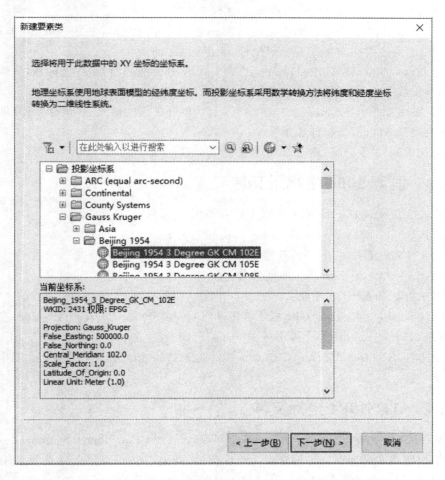

图 3-6　高斯-克吕格 Beijing_1954 投影位置

记忆方式:3度分带,前有3;无3则是6度分带。选中央经线得到的X坐标是6位,选带号得到X坐标是8位,Y默认是7位,下面西安80和国家2000是类似的。

Beijing 1954 3 Degree GK CM 102E.prj 和 Beijing 1954 3 Degree GK CM 105E.prj 的区别:前者中央经线是102°,后面是105°。

Beijing 1954 3 Degree GK CM 102E.prj 和 Beijing 1954 3 Degree GK Zone 34.prj 的区别:前者X平移了500km,后面X平移了34500km,34是带号。

3.3.2 西安80坐标系文件

在"投影坐标系\Gauss Kruger\Xian 1980"目录中,可以看到四种不同的命名方式:

① Xian 1980 3 Degree GK CM 102E.prj 的含义:3度分带法的西安80坐标系,中央经线在东102°的分带坐标,横坐标前不带加号;

② Xian 1980 3 Degree GK Zone 34.prj 的含义:3度分带法的西安80坐标系,34分带,中央经线在东102°的分带坐标,横坐标前加带号;

③ Xian 1980 GK CM 117E.prj 的含义:6度分带法的西安80坐标系,分带号为20,中央经线117,横坐标前不加带号;

④ Xian 1980 GK Zone 20.prj 的含义:20度分带法的西安80坐标系,分带号为20,中央经线117,横坐标前加带号20。

记忆方式:3度分带,前有3,无3是6度分带。

3.3.3 国家2000坐标系文件

CGCS2000_3_Degree_GK_CM_96E:3度中央经线;

CGCS2000_3_Degree_GK_Zone_32:3度带号;

CGCS2000_GK_CM_99E:6度中央经线;

CGCS2000_GK_Zone_21:6度带号。

表示方法和西安80相同:

CGCS2000_3_Degree_GK_CM_96E 和 CGCS2000_3_Degree_GK_Zone_32 的区别:东(False_Easting)平移不一样,CGCS2000_3_Degree_GK_CM_96E 平移500km,CGCS2000_3_Degree_GK_Zone_32 平移32500km,其他如中央经线(都是96度),都一样。

3.3.4 WGS1984坐标文件

WGS-84坐标系(World Geodetic System-1984 Coordinate System),一种国际上采用的地心坐标系。坐标原点为地球质心,其地心空间直角坐标系的Z轴指向BIH(国际时间服务机构)1984.0(1984年0点0分)定义的协议地球极(CTP)方向,X轴指向BIH 1984.0的零子午面和CTP赤道的交点,Y轴与Z轴、X轴垂直构成右手坐标系,称为1984年世界大地坐标系统,也是GPS使用的坐标系。

WGS-84地理坐标系的位置在:地理坐标系\World\ WGS_1984;投影坐标系在:投影坐标系\UTM\ WGS_1984,Northern Hemisphere是北半球,Southern Hemisphere是南半球,WGS1984只有6度分带,没有3度分带。

3.4 定义坐标系

在创建数据可以定义坐标系,对于已创建好的数据,在ArcCatalog右键菜单中定义,也可以使用工具箱的"定义投影(Define Projection)"工具,此工具对于数据集(可以是要素类、要素数据集,也可以是栅格数据集)的唯一用途是定义未知或不正确的坐标系,千万不能用于把数据本身正确的坐标系定义成错误的坐标系。

3.4.1 定义坐标系

样例数据:chp3\矢量数据定义坐标系\DLTB.shp,在ArcMap,新建一个文档,加入这个数据,提示如图3-7和图3-8所示。

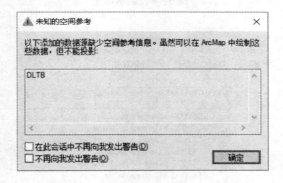

图3-7 数据没有定义坐标系提示

仔细观察图3-8右下角的坐标,第一个X坐标是8位,前两位是38,第二个Y坐标是7位,符合高斯投影的规律,所以假定加带号的数据是国家2000(实际上无法判断是国家2000还是西安80,我们只能推测:最早以前的数据,可能是北京54;前几年的数据,可能是西安80;最近的数据,可能是国家2000;国外的数据,可能是WGS1984),操作:在ArcCatalog右击→属性→XY坐标系,选投影坐标系→Gauss_Kruger→CGCS2000下CGCS2000_3_Degree_GK_Zone_38,如图3-9所示。

该操作也可以使用工具箱"定义投影(Define Projection)"工具,可以是矢量数据,也可以是栅格数据,都是使用这个工具定义坐标系的,如图3-10所示。

栅格数据定义坐标可以使用"定义投影(Define Projection)"工具,也可以在ArcCatalog右击,如图3-11所示。

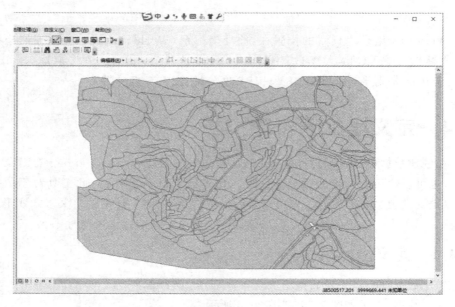

图 3-8 数据浏览

图 3-9 数据定义坐标系

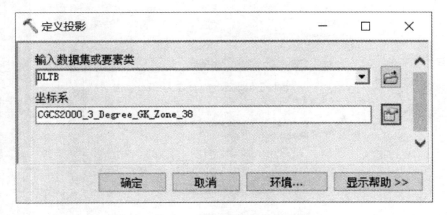

图 3-10 定义投影工具定义数据坐标系

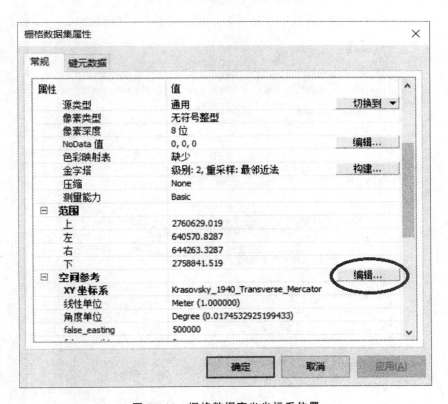

图 3-11 栅格数据定义坐标系位置

3.4.2 如何判断坐标系正确

样例数据：chp3\矢量数据定义坐标系\XZQ.shp，在 ArcMap 中新建一个文档，加载这个数据，提示如图 3-12 所示。

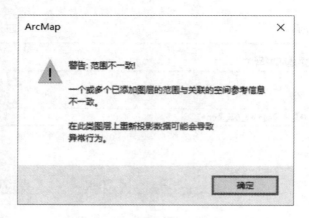

图3-12 数据错误坐标系

在数据框右击,选择"属性",常规下显示设置度分秒,具体如图3-13所示。

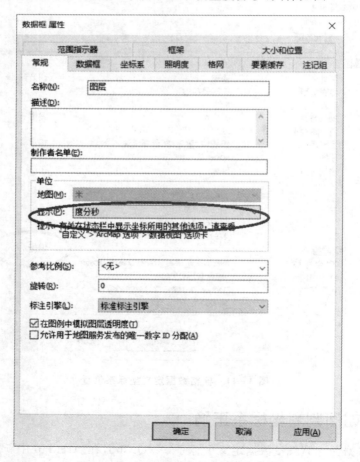

图3-13 数据框右键显示度分秒设置

确定后看右下角的经纬度,如图3-14所示。可以看到纬度不在0~90°范围内,所以坐标系是错误的,同样如果经度不在0~180°范围内,同样坐标系也是错误的。如果定义是3度分带,经度坐标应该在中央经线附近±1.5°范围内;同样,如果定义是6度分带,经度坐标应该在中央经线附近±3°范围内。

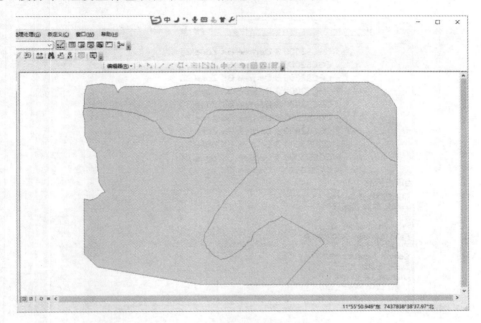

图3-14 数据右下角查看度分秒

另一种方法:和其他数据叠加,做中国境内的数据,和中国县界叠加(数据框要有坐标系),叠加哪个县,就应该是你做数据的县,不是对应县,数据坐标系错误;做其他国家的数据请和世界地图叠加,应该叠加对应国家,不能叠加对应位置,说明数据坐标系错误。我们推荐的方法,就是这种方法。

3.4.3 数据框定义坐标

在新建文档后(文档内容见7.4节),数据框坐标系由第一个加入的数据确定,之后再加入数据,数据框的坐标系保持不变;除非在数据框右键属性中,坐标系标签页专门去定义数据框的坐标系,但当数据编辑后,数据框坐标系只能查看,不能修改,如图3-15所示。

3.4.4 查看已有数据的坐标系

在 ArcCatalog 中找到数据,右击,找到 XY 坐标系标签页就可以了。

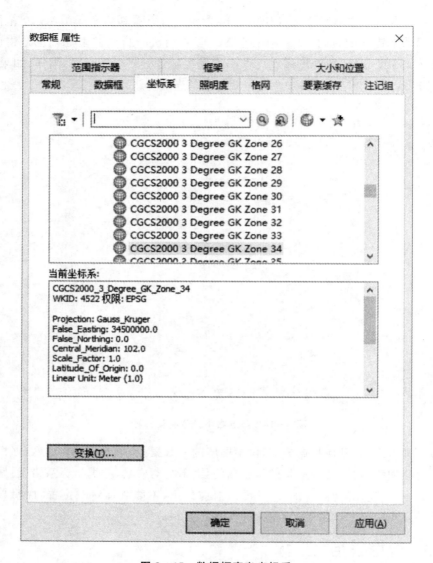

图 3-15 数据框定义坐标系

3.4.5 自定义坐标系

如自定义一个中央经线 109°30′ 高斯投影，国家 2000 坐标系坐标。使用数据：chp3\kk.shp。

① 右击 ArcCatalog，选"属性"，查看 XY 坐标系，如图 3-16 所示。

② 双击坐标系，修改名字、中央经线，如图 3-17 所示。

第 3 章　坐标系

图 3-16　查看 shapefile 数据的坐标系

③ 确定后，结果如图 3-18 所示。

④ 右击，另存为 CGCS2000_3_Degree_GK_CM_109.50.prj，后面使用时就导入。

3.4.6　清除坐标系

有两种方法：

① 右击→属性→坐标系→ⓖ▼下拉菜单→清除，如图 3-19 所示；

② 使用定义投影，定义成 Unknown，如图 3-20 所示。

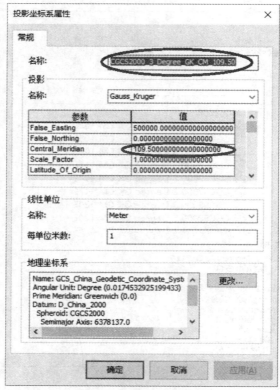

图 3-17 自定义坐标系

图 3-18 坐标系另存

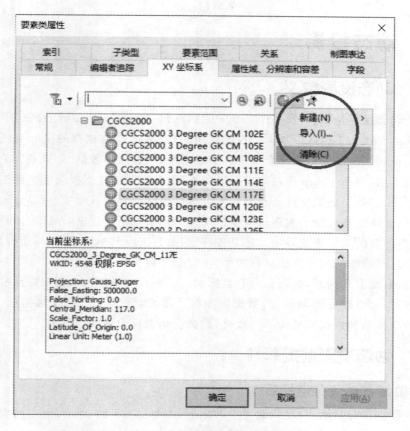

图 3-19 坐标系清除按钮位置

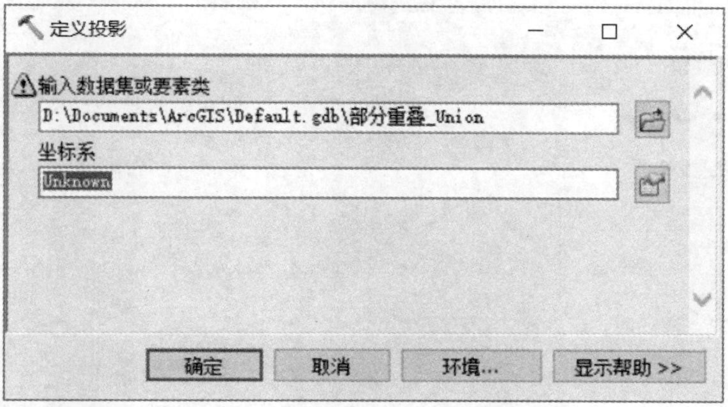

图 3-20 定义投影清除坐标系

3.5 动态投影

3.5.1 动态投影含义

所谓动态投影是指：改变 ArcMap 中的数据框（Data Frame）的空间参考或是对后加入到 ArcMap 工作区中数据的投影变换。ArcMap 的数据框的坐标系统默认为第一个加载到当前数据框的那个文件的坐标系统，后加入的数据，如果和当前数据框坐标系统不同，则 ArcMap 会自动做投影变换，把后加入的数据投影变换到当前坐标系统下显示，但此时数据文件所存储的实际数据坐标值并没有改变，只是显示形态上的变化，因此叫动态投影。表现这一点最明显的例子就是在输出数据时，用户可以选择是按"数据源的坐标系统导出"，还是按照"当前数据框的坐标系统"导出数据，数据的投影信息与数据框的投影信息有两个，不完全一致。

总之，数据有坐标系，数据框也有坐标系，新建一个文档后，数据框默认和第一个加载的数据一致，以后再加数据，数据框坐标系不变，除非专门修改数据框坐标系。当数据的坐标系和数据框坐标不一致时，数据会动态投影到数据框上。

3.5.2 动态投影前提条件

1. 数据框必须有坐标系

使用数据：chp3\动态投影\动态投影 1.mxd，如图 3-21 所示，由于数据框没有坐标系，叠加对应县是错误的，看右下角经纬度坐标，也是错误的。

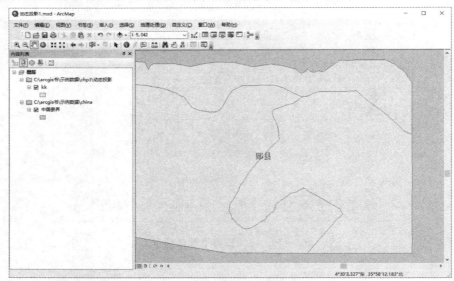

图 3-21 数据框没有坐标系的动态投影查看结果

但数据框定义坐标系后,最好选择和其中一个数据一致,在数据框属性下,坐标系标签页选最下面的图层,如图 3-22 所示。

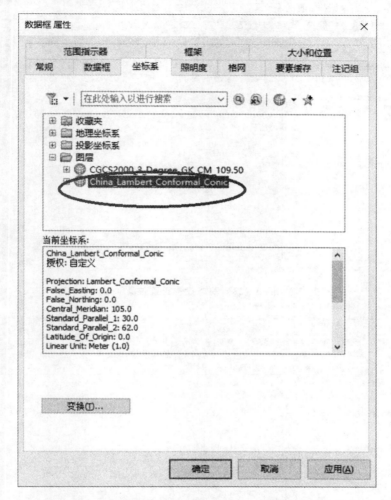

图 3-22　数据框坐标系选择和其中一个图层坐标系一致

结果如图 3-23 所示,位置是正确的,经纬度也是正确的。

2. 数据必须有正确坐标系

使用数据:chp3\动态投影\动态投影 2.mxd,如图 3-24 所示,看不到数据。由于数据本身坐标系错误,不能正确地动态投影,动态投影原理是经纬度不变。原始数据坐标系错误,经纬度也错误,就不能正确地动态投影。

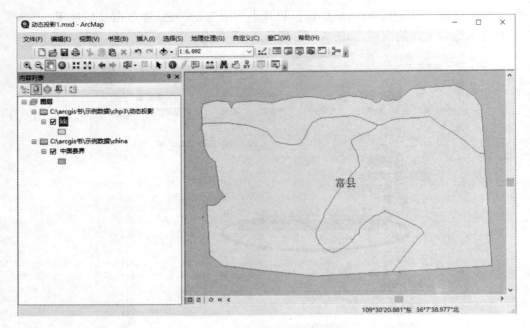

图 3-23 动态投影正确位置

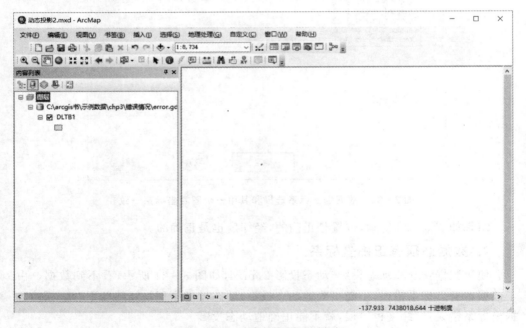

图 3-24 动态投影看不到数据

3.5.3 动态投影的应用

动态投影的原理:只要是同一个地方,数据(经纬度相同)就叠加在一起。为实现最佳性能,避免动态投影,源数据和数据框坐标系应一致。

当多个数据源的基准面(椭球体)不一致时,如一个是西安 80,一个是国家 2000,是以数据框基准面为准的,能转换最好转换,不能转换时 ArcMap 数据框则认为不同基准面经纬度一致,我们知道同一点西安 80 和国家 2000 的经纬度有差值,差零点几秒,作为一个参考,可以忽略这个误差。

3.5.4 动态投影的优缺点

优点:同一个地方数据(经纬度相同)可以叠加在一起。

缺点:当数据框的坐标系和数据坐标系不一致时,右下角看到平面 XY 坐标可能是不真实的,地图可能倾斜,距离中央经线越远,倾斜越大,但看到经纬度坐标保持不变。建议数据框坐标系和数据一致,就只有优点没有缺点。

3.6 相同椭球体坐标变换

坐标变换将矢量数据从一种坐标系投影到另一种坐标系,同一基准面如国家 2000,有下面几种情况:

① 三度分带转六度分带,如 1∶10000,地图综合为 1∶250000,先转坐标系,就需要 3 度分带转 6 度分带;

② 6 度分带转 3 度分带;

③ 地理坐标系转投影坐标系;

④ 投影坐标系转地理坐标系;

⑤ 中央经线转带号;

⑥ 带号转中央经线;

⑦ 不同带号转换。

都是使用"投影(Project)"工具,如图 3-25 所示。该工具使用矢量数据,投影的前提是条件数据一定要正确定义坐标系。测试数据:chp3\投影\DLTB.shp。

保留形状:向输出线或面添加折点,以便其投影形状更加准确。这个是 ArcGIS 10.3 版本以后才有的选项,主要用于直线段很长的线或面(两节点间的距离很远)。测试数据:chp3\投影\经纬网.shp,是一个经纬网的线,很长,如不把保留形状选中,投影结果是错误的,正确如图 3-26 所示。

未选中:不向输出线或面添加其他折点。这是默认设置,和以前一样。

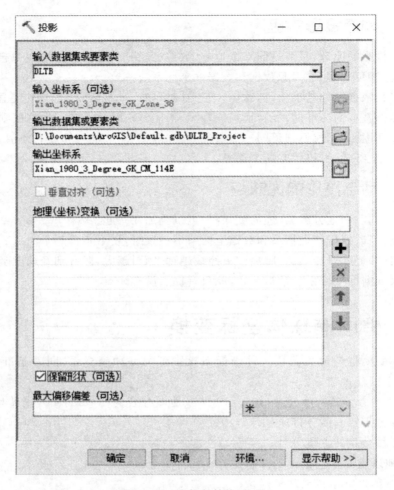

图 3-25 坐标系转换(投影)

选中:根据需要向输出线或面添加额外折点,以便其投影形状更加准确。

对于栅格数据的投影,请使用"投影栅格(ProjectRaster)"工具,如图 3-27 所示。投影的前提条件:数据必须已正确定义坐标系。

也可以在图层"右击→数据→导出数据",当数据框坐标系和数据不一样时,选数据框坐标系,就可以完成坐标转换,但缺点是不能自动加节点(保留形状),如图 3-28 所示。

选数据框,当数据框的坐标系和数据坐标系不一致时,就可以实现坐标系转换,如图 3-29 所示。

第 3 章 坐标系

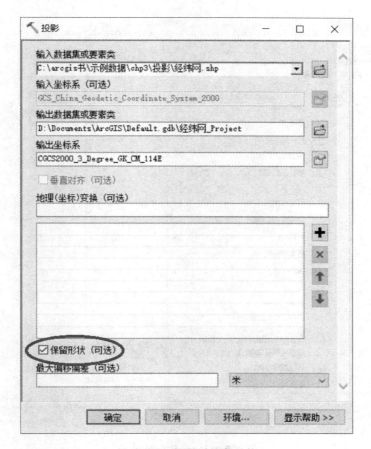

图 3-26 投影时保留形状

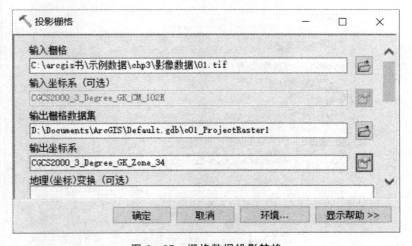

图 3-27 栅格数据投影转换

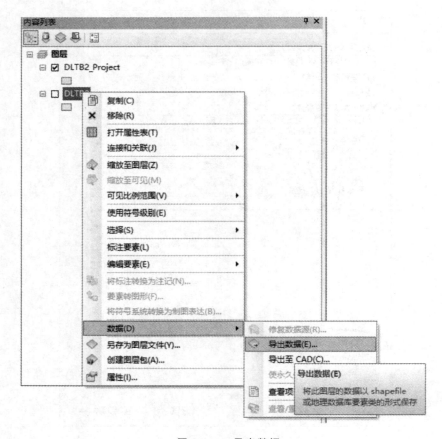

图 3-28 导出数据

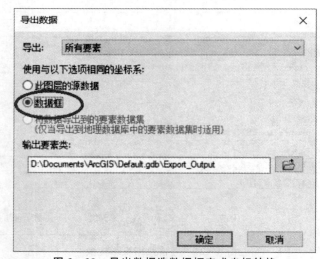

图 3-29 导出数据选数据框完成坐标转换

3.7 不同椭球体的坐标变换

不同椭球体或基准面不能直接转换,原因在于椭球体长短半轴不一样,如不能直接将西安 80 转成国家 2000 一样,如需要转换,有两种方法:①参数法转换;②5 个以上同名点(也是控制点,第 5 点是验证点)空间校正转换。

3.7.1 不同基准面坐标系的参数法转换

1. 参数转换含义

1) 参数法有三参数和七参数

三参数转换含义:X 平移、Y 平移和 Z 平移,如果区域范围不大,一般最远点间的距离不大于 30km。

七参数转换含义:3 个平移因子(X 平移、Y 平移和 Z 平移),3 个旋转因子(X 旋转、Y 旋转和 Z 旋转),一个比例因子(也叫尺度变化 K),一般最远点间的距离不大于 150km。

不同地方如北京和上海的参数是不一样的,各个地方测绘局基本都有参数,但基本都是保密的。

2) ArcGIS 中的参数转换法说明

如表 3-2 所列,表内使用的是 1、4、5,其中 1 是三参数,4,5 是七参数。两个七参数的比较,按 ArcGIS 帮助如下:

① 坐标框架旋转变换(coordinate frame),美国和澳大利亚的定义,逆时针旋转为正;

表 3-2 ArcGIS 的参数说明

序号	方法名称	参数个数	含义	说明
1	GeoCentric_Translation	3	地心偏移	
2	MoloDensky	3	莫洛坚斯基公式简化方法,精度稍低	
3	MoloDensky_Abridged	3	莫洛坚斯基公式简化	
4	Position_Vector	7	布尔莎-沃尔夫七参数,旋转角度的定义不同	涉及到投影变换基本用七参数法
5	Coordinate_Frame	7		
6	MoloDensky_Badekas	10		
7	Nadcon	1	莫洛坚斯基公式格网变换	美国本土使用
8	Harn	1		
9	Ntv2	1		
10	Longitude_Rotation	0		

② 位置矢量变换（position vector），欧洲的定义，逆时针旋转为负。

如果角度采用的是数学角度，逆时针旋转为正，使用坐标框架旋转变换；如果角度是方位角，使用位置矢量变换。

2. 参数转换的操作步骤

（1）创建自定义地理（坐标）变换（Create Custom Geographic Transformation）七参数如下（不同数据参数不一样，ArcGIS没有七参数计算工具）：

Dx 平移(m)：67.781

Dy 平移(m)：23.32

Dz 平移(m)：4.306

Rx 旋转(s)：0.821

Ry 旋转(s)：-1.518

Rz 旋转(s)：3.2

SF 尺度(ppm)：2.978

这里提供的参数是模拟参数（不做真实项目使用），一旦定义好，可以用于西安80坐标系转国家2000坐标系，也可以用于国家2000转西安80，如图3-30所示。

图3-30　定义转换参数

（2）投影（project），如图3-31所示。

图 3-31　投影用不同椭球体坐标转换

3. 删除已有转换参数转换

找到 xian80to2000.gtf，全盘搜索文件，看 1.3.3 小节的 4，C:\Users\Administrator\AppData\Roaming\ESRI\Desktop10.5 \ArcToolbox\CustomTransformations\xian80to2000.gtf，删除对应文件即可。

3.7.2　不同基准面坐标系的同名点转换

同名点转换使用 ArcGIS 中的空间校正，要求 5 个点（含 5 个点）以上，其中第 5 点就是验证点，样例数据：chp3\80 转 2000\80.gdb 和 2000.gdb，把西安 80 数据转成国家 2000，一定要先备份数据步骤如下：

1）定义坐标系（批量定义坐标系）

在定义投影的右键菜单批量处理（工具箱所有工具都有批处理的类似操作），如图 3-32 所示。

先把原始西安的数据批量定义成国家 2000，如图 3-33 所示，把所有西安 80 数据加入（使用浏览或者在 ArcCatalog 全部选择，拖动到图 3-33 界面中），先定义国家 2000，在定义好坐标系后，右击选"填充"。

填充结果如图 3-34 所示。

2）空间校正

步骤如下：

① 开始编辑，见 4.1.1 小节。

图 3-32 定义投影批处理

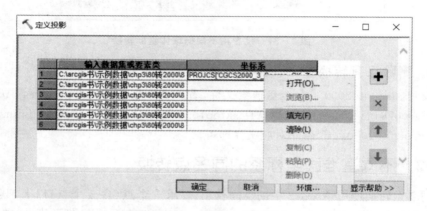

图 3-33 定义投影批处理右键填充

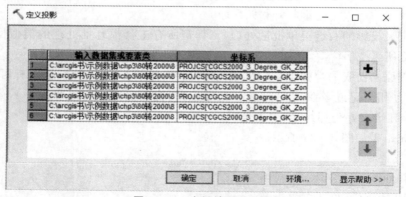

图 3-34 右键填充后结果

② 设置校正数据,如图 3-35 所示。

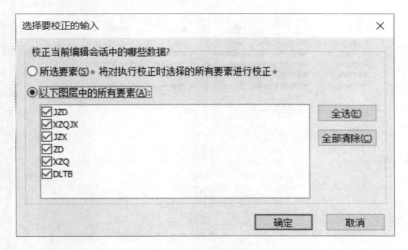

图 3-35　设置校正数据

③ 设置校正方法,如图 3-36 所示。

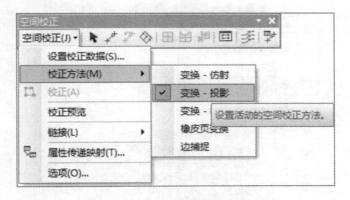

图 3-36　设置校正方法为变换投影

④ 单击空间工具条 ✎,新建位移链接,选择 5 个以上对应(控制)点,其中第 5 个点是验证点,没有第 5 点,就看不到残差(所有的残差都为 0),这些点成四边形分布,点越远越好。空间校正工具条中,图标 ▦ 可看残差(如图 3-37 所示),单位是 m,残差越小越好,残差越小精度越高,而不是点越多越好。残差太大,后面校正会失败。

⑤ 校正:几个数据就叠加在一起了,如图 3-38 所示;反之校正菜单是灰色的,原因可能是没有设置校正数据,也可能校正的控制点不足 4 个点,理论上最少 4 个点,建议 5 个点,可以看残差,有残差就可以看每个点的精度。

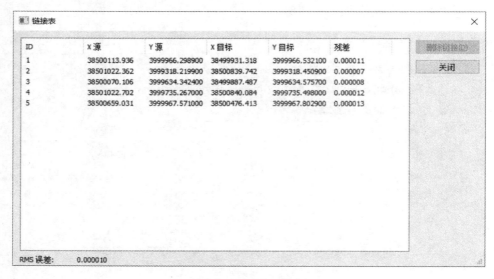

图 3-37 查看残差

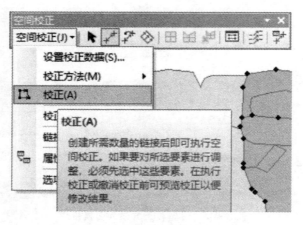

图 3-38 校正位置

3.8 坐标系定义错误的几种表现

1）加载提示错误

数据：chp3\错误情况\error.gdb\DLTB1，如图 3-39 所示。

2）看经纬度错误

不提示，并不代表没有错误，在数据框右击显示度分秒，具体如图 3-40 所示。

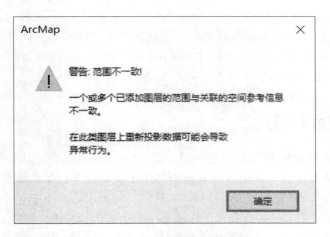

图 3-39 加载数据提示范围错误

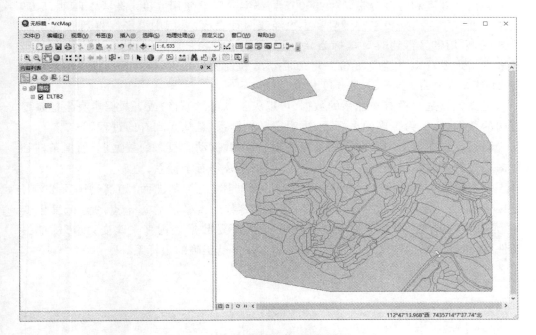

图 3-40 查看经纬度坐标错误

3）有数据看不到数据

当数据坐标系错误,而数据框的坐标和数据不一致时,就可能看不到数据;反之,看不到数据,可能是数据坐标系错误。

4）Project 结果为空

当数据坐标系错误时,使用投影,得到的结果可能为空或者投影失败。

5）导出数据集结果为空

数据导出到数据集，如果数据的坐标系和数据集的坐标系一致，就是把数据导入到数据集；如果两个坐标系不一致，除了导出到数据集，同时完成坐标系转换，数据为空，就是原始数据坐标系错误，无法转换坐标系。

3.9 坐标系总结

坐标系分地理坐标系和投影坐标系，北京54、西安80、国家2000和WGS1984都有地理坐标系和投影坐标系。只有投影坐标才可以计算长度和面积。投影坐标系有兰勃（伯）特投影、高斯投影和UTM′，兰勃（伯）特投影适合小于1：500000以下的比例尺；高斯投影、UTM适合大于1：500000的比例尺，北京54、西安80和国家2000使用高斯投影，WGS1984使用UTM投影。

高斯有3度和6度分带，1：25000（含25000）以下使用6度分带，大于1：25000使用3度分带。高斯投影有带号和中央经线两种表示，采用中央经线得到的X坐标为6位，采用带号得到的X坐标为8位，在我国境内，Y坐标一般是7位。反之X坐标6位一定要选中央经线，8位一定选带号，8位前两位是带号，在我国境内前两位大于24是3度分带，小于24是6度分带。

定义投影是对没有坐标系的数据（可以矢量也可以栅格）或者数据本身坐标系不正确的数据，定义为正确的坐标系，也叫定义坐标系，是从无到有的过程。

动态投影在数据和数据框的坐标系不一致，数据动态投影到数据框，前提条件是数据本身的坐标系必须是正确的坐标系，数据框必须有坐标系。

投影就是矢量数据坐标变换，用于同一椭球体（也是基准面，如都是国家2000）直接转换；当用于不同的椭球体时，需要转换参数。投影之后每个点的坐标发生变化，是真实的改变。动态投影看起来改变，但并不是数据坐标真实改变；投影的前提条件：矢量数据必须定义坐标系（定义投影），并且是正确的坐标系。

第 4 章

数据编辑

数据编辑是 GIS 最基本的功能之一,平时数据建库最主要的工作也是数据编辑,数据编辑包括图形编辑和属性编辑。在编辑之前,一定要先建数据库,建议大家把数据放在文件地理数据库(GDB),不是 MDB,更不是 SHP。建要素数据集,把所有的数据放在同一个要素数据集,要素数据集一定要定义坐标系,平时都使用投影坐标系;要素数据集的 XY 容差就是将来数据质检的拓扑容差,一般是 0.001m,坐标精确到 1 mm。

在建数据之前,应先制定数据库标准,有国家、省部和地方标准,一定要参考这些标准,在此基础上完善和设计自己的数据标准:有哪些图层,每个图层是什么类型、有哪些字段,哪些字段是必填的,哪些是可填的。在同一要素数据集下按上面数据库标准建点、线、面和注记。

4.1 创建新要素

4.1.1 数据编辑

这里的编辑只能针对 ArcGIS 的矢量数据:点、线、面和注记,也就是 ArcGIS 的要素类。要编辑数据,必须先创建点、线、面和注记,不能是 CAD、Txt、Excel 数据和栅格数据(CAD、Txt、Excel 是只读属性)。编辑的数据只能来自同一个工作空间(可以是一个地理数据库或者同一个文件夹下的 SHP 文件),如果数据框来自不同的两个工作空间,一个是编辑,另一个是只读。编辑结束,一定要保存,ArcMap 没有自动保存功能。如果使用工具箱的工具,建议停止编辑,编辑器工具条内容如图 4-1 所示。

一旦开始编辑数据了,就不能再增加字段了(添加字段菜单是灰色的),数据框的坐标系不能修改,建议数据框的坐标系和数据的坐标系一致,同时其所在的数据库不能创建新的要素类数据,提示如图 4-2 所示。

图 4-1　编辑工具条

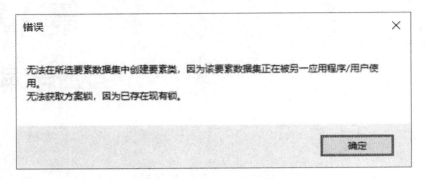

图 4-2　编辑数据时不能再建要素类

4.1.2　捕捉的使用

在 ArcGIS 10.0 版本（含 10.0）之后使用捕捉，必须设置为非经典捕捉，在编辑器的选项中，如图 4-3 右图所示，一定不要勾选"使用经典捕捉"前面的复选框，默认不勾选。

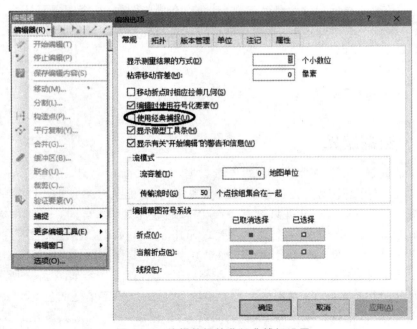

图 4-3　编辑数据的非经典捕捉设置

在捕捉工具条中勾选"使用捕捉",默认是勾选,如图 4-4 所示;○ 是捕捉点,单击之后去掉 ○ 前面的框,就不捕捉点要素,后面其他的类似。⊞ 是捕捉线、面的端点,▫ 是捕捉线、面的折点,ʊ 是捕捉线、面的边,这些默认是勾选的。

图 4-4 捕捉工具条和捕捉菜单

◇ 交点捕捉 捕捉线间交叉点、线面交叉点和面面交叉点,默认不勾选。

捕捉到草图 正在画的没有完成的叫草图,勾选"捕捉到草图"和"捕捉端点",就可以画一个闭合的线。

4.1.3 画点、线、面

在画点、线、面之前,必须先创建点、线、面数据,用来保存数据编辑结果。加载点、线、面数据,单击编辑器下的开始编辑菜单,开始编辑时一定要关注比例尺,先设置一个适当的比例尺,假设做 1∶10000,比例就应该在 1∶10000 附近;如果你照着影像画,实际比例应该比 1∶10000 比例尺大一些,一般是 5~10 倍,就是 1∶2000~1∶1000;画的数据应该在数据的坐标系范围内;如果是地理坐标系,X 应该在-180~180°,Y 坐标在-90°~90°;如果是投影坐标,则 3 度分带,X 坐标应该在中央经线附近-1.5°~1.5°;6 度分带,X 坐标应该在中央经线附近-3°~3°,Y 坐标在-90°~90°,这个是最低要求,千万不要画到地球范围之外。

编辑数据一定要把创建要素窗口打开,可单击编辑器工具条最后一个 按钮。创建要素窗口,决定了我们的目标图层,需要创建点,单击点层,需要创建面就单击对应的面层,如图 4-5 所示。如果已开始编辑,在创建要素中没有对应图层,原因:①图层不可见,需设置可见;②开始编辑后,后面才加入数据,停止编辑,再开始编辑;③开始编辑数据,不是对应数据的工作空间,停止编辑,开始编辑选对应数据就可以。

目标如果是点图层,只能画点;如果目标是线层可以画折线、矩形线、圆线或椭圆线;如果目标是面层,可以画面、矩形、圆、椭圆和自动完成面。自动完成面:相邻边界不用画,只需画不相邻边界,但一定要和已有面交叉,构成闭合的环。中间带孔面操作:第一面完成,右键菜单完成部件,画第二面,最后单击完成草图。更多操作看 4.1.3 小节画点、线、面的 mp4 视频。

图 4-5 创建要素窗口(编辑目标图层)

4.1.4 编辑器工具条中的按钮说明

1. 编辑工具

编辑工具有三个作用：①选择，可以单击(有重叠对象,默认只能选择一个,使用 N 字母切换下一个,因为 N 是 Next 的首字符)和框选,有 Shift 开关键,可以添加选中和取消选中；②移动对象,选中一个或多个,拖动移动对象；③修改节点,双击一个对象,显示节点,可以拉动、删除和增加节点；单击草图属性,可以查看节点坐标,只能在双击时才可以看节点坐标。

实例 1：不小心移动怎样还原。步骤如下：①先使用编辑器工具条旋转按钮,改变锚点为一个特殊点(很容易找到对应点)；②使用编辑工具移动对象,锚点会自动捕捉。

实例 2：防止不小心移动。粘滞移动容差将设置一个最小像素数(可以设置一个比较大的如 1000,就不能移动了),鼠标指针必须在屏幕上移动超过此最小距离,所选要素才会发生实际移动。设置粘滞移动容差的结果是延迟移动所选要素,直到指针至少移动了这段距离。此方法可用于在使用"编辑"工具单击要素时,防止要素意外移动较小距离。步骤如下：

① 单击编辑器菜单,然后单击选项；

② 单击常规选项卡,具体见图 4-3；

③ 在粘滞移动容差框中单击,然后输入新值(以像素为单位)；

④ 单击确定。

2. 裁剪面 ✜ 工具:选择一个或多个面(可以来自不同图层),但不能选择线或点要素,单击裁剪面按钮后,在屏幕上临时画线,线一定会穿过面,就将穿过面分割。

3. 分割工具 ✎ :选中一条线(不能是多条),单击分割工具,在线上单击,就将一条线分割成两段线。

4. 分割:在编辑器下拉菜单中,选中一条线(不能是多条),可以把一条线按距离分割,分成相同的几部分,按百分比分,如图4-6所示。

图4-6 线按距离分割

5. 合并:在编辑器下拉菜单中,可以把同一个图层的多个线和面合并在一起,不能选择一个对象,合并之后可以继承某个属性,就删除原始数据,保留合并结果。

6. 联合:在编辑器下拉菜单中,选择的多个要素(不能只选一个)可以来自不同图层,但图层的几何类型(线或面)必须相同,联合后原来数据也保留,生成的数据所在图层由自己确定。

7. 裁剪:在编辑器下拉菜单中,选择一个面(只能是一个面),裁剪相交其他面,由自己确定丢弃相交区域(一般是这个)还是保留相交区域,如图4-7所示。

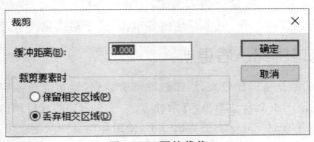

图4-7 面的裁剪

4.1.5 注记要素编辑和修改

注记要素编辑之前,一定要创建注记图层,注记数据必须放在地理数据库中,不能用 SHP 格式,因为 SHP 格式不支持注记。创建注记要设置参考比例尺,参考比例尺就是数据建库时的地图比例尺,也是最终地图打印的比例尺。创建注记时有很多默认字段:TextString 是注记内容;FontName 是字体名字;FontSize 是字体大小;Bold 表示字体是否加粗(是加粗);Angle 是字体角度。可以直接修改这些属性,注记就会被修改。

创建注记,开始编辑时,设置目标图层为注记,一般注记是水平的,构造工具设置水平,调整适当的地图窗口比例尺,注记构造窗口输入内容,在地图窗口单击,就创建一个注记。

编辑和修改注记,使用的是主工具条中选择元素按钮,有三个作用:①选择注记,可以框选多个;②拖动用于移动注记;③双击修改注记,需要竖排注记,请在每个字后面回车换行。如需要分式 $\frac{1}{2}$,注记中输入内容,如图 4-8 所示。

图 4-8 分式注记

如果需要输入 E=mc², 输入内容为 E = mc²,这里不区分大小写,但大小写需前后一致,更多其他内容单击"关于格式化文本"按钮,看帮助。

4.1.6 数据范围缩小后更新

如果开始画的数据范围比较大,后面删除部分数据,当缩放至图层,图层范围还是原来的范围,地图范围不会自动缩小,有两种方法:①ArcCatalog 目录窗口,把原来的数据复制并粘贴;②在 ArcCatalog 右键导出一下,使用导出后的数据就可以了。

4.2 属性编辑

属性编辑一定要单击开始编辑按钮,打开属性表就可以输入,数字字段只能输入数字,不能输入字母和汉字;字符串可以输入任意内容,字段串有字段长度,如字段长度为4,就可以输入4个汉字(数据库GDB和MDB是这样,SHP文件只能输入2个汉字),不是2个汉字,英文和汉字都占1位,也可以查找替换。

4.2.1 顺序号编号

如需要顺序号1、2、3等,可以在Office Excel录入,录入后选择对应列粘贴到ArcGIS属性表中,只能粘贴一列数据,不能粘贴多列。也可以使用提供的工具,在"chp4\工具箱.tbx\更新字段值为顺序号"下,如图4-9所示。

图4-9 顺序编号工具

如需要顺序号001、002、003等,同样也可以在Office Excel录入,录入后选择对应列粘贴到ArcGIS属性表中,但字段必须是字段串(文本)类型,不能是数字类型。使用我们提供的工具,在"chp4\工具箱.tbx\前面补零"下,如图4-10所示。

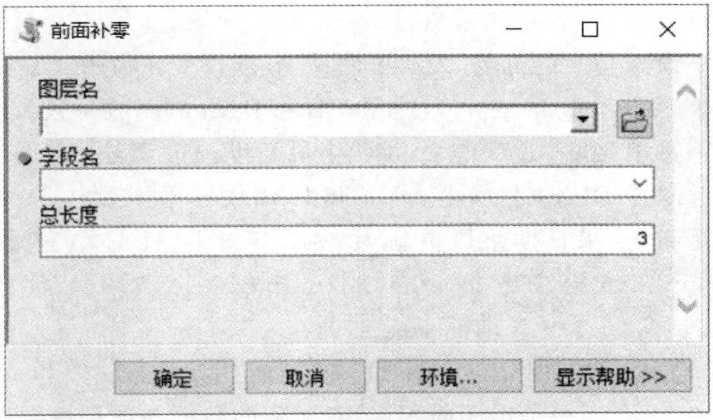

图4-10 前面补零工具

4.2.2 字段计算器

字段计算器的使用：打开属性表，在每个字段表头右击，也可以使用工具箱中的"计算字段(CalculateField)"工具。可以在编辑之外使用（没有开始编辑），但在编辑之外使用，不能撤销编辑。字段计算器可以是 VB 和 Python 脚本，到 ArcGIS Pro 只有 Python 脚本，当出现语法错误时，若看不出错误，可以复制到记事本去看，这是一个重要的方法，主要观察是否半角，引号是否配对等。

字段计算器自身有＝，不需要再加＝。使用 VB 脚本时，字段名前后需要用中括号，中括号是配对的。如更新[QSDWMC]字符串需要加双引号，双引号当然是半角的，前后都有，使用 & 连接字符串和数字，VB 不区分大写。

字段计算器使用 Python 脚本时，字段名前后需要!，如！QSDWMC！，字符串可以是单引号也是双引号，半角且前后都有，字符和数字不能直接相加，需使用 str 转换，如"121"＋str(1)，Python 脚本严格区分大小写。

注意：如果字段值是 NULL，不能进行任何数学运算，得到的结果还是 NULL，如果一个字段为 NULL，加另一个字段不为 NULL，相加得到的结果为空；NULL 字符串的获得长度为 NULL，不为 0。

1. 字段计算器一般应用

使用数据：chp4\属性编辑.gdb\DLTB。

例1：取 ZLDWDM 的前 9 位，VB 可以是 left([ZLDWDM],9)，也可以是 Mid([ZLDWDM],1,9)，前者 left 是从左边取 9 位，后者 mid 是从 1 位开始(VB 最小从 1 开始)取 9 位，right 函数从右边开始取；Python 是！ZLDWDM！[0:9]，从 0 开始(Python 最小从 0 开始)到 9 位，如果！ZLDWDM！[9:]从 10 位开始到结束(最小是 0)，如果！ZLDWDM！[－3:]从右边取三位。

例2：空值，什么也没有不等于字符串空，VB 语法是 null，不区分大小写；Python 语法是 None，严格区分大小写。

例3：替换，将 0 替换为 1，VB 语法是 Replace([ZLDWDM],"0","1")，Python 语法是！ZLDWDM！.replace("0","1")

例4：面积字段保留一位小数，VB 语法是 round([SHAPE_Area],1)，Python 语法是 round(！SHAPE_Area！,1)，这里 VB 和 Python 函数一致。

例5：获得字符串长度，如获得 DLMC 字段长度，VB 语法是 Len([DLMC])，Python 语法是 len(！DLMC！)，这里 VB 和 Python 函数一致。

例6：日期更新，如果日期字段更新为 2018 年 8 月 31 号，VB 语法是 CDate("2018－8－31")，Python 语法是 datetime.datetime(2018,8,31)，注意不能是 datetime.datetime(2018,08,31)，8 前面不能加 0。

例7：计算面积只能用 Python，写法是:！shape.area！，也可以为大写:！SHAPE.AREA！，这个面积是平面面积，计算面积的数据必须是投影坐标系。

例8：椭球面积计算，只能用 Python：! shape.geodesicArea!，可以是地理坐标系，也可以是投影坐标系。

例9：获得多部件要素，由多部分组成，可以分解，但不是中间带孔的图形，只能使用 Python：! shape.partcount!，结果大于1，就是多部件。

2. 字段计算器高级应用

下面的语法都是 Python 语法。

（1）更新字段值为顺序号，如图 4-11 所示。

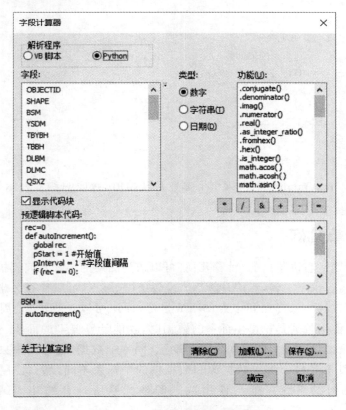

图 4-11　字段计算器高级应用

上面脚本代码区代码如下：

```
rec = 0
def autoIncrement():
    global rec
    pStart = 1  #开始值
    pInterval = 1  #字段值间隔
    if (rec = = 0):
        rec = pStart
```

```
        else:
            rec = rec + pInterval
    return rec
```

（2）更新字段值为001、002等类似的顺序号。

代码段：

```
rec = 0
def autoIncrement(s,n):
    mystr = n * '0'
    global rec
    pStart = s  # 开始值
    pInterval = 1  # 字段值间隔
    if (rec == 0):
        rec = pStart
    else:
        rec = rec + pInterval
    mystr = mystr + str(rec)
    return mystr[-n:]
```

调用：autoIncrement(1,4)，第1个参数是开始值，后面的参数表示几位，如4位就是0001,0002…0010等。

4.2.3 计算几何

数据表标题栏右键菜单的"计算几何"可以访问图层的要素几何。根据输入图层的几何，处理内容也不一样，点层计算XY坐标值(三维点，可以计算Z坐标)；线层可以计算线长度、线起点、终点和中点的XY坐标；面层可以计算面积、周长和质心坐标。仅当对所使用数据是投影坐标系的数据时，才能计算要素的面积、长度或周长。请牢记，不同投影具有不同的空间属性和变形，同一个数据，选不同中央经线计算面积和长度时，都不一样。如果数据源和数据框的坐标系不同，那么使用数据框坐标系所计算的几何结果就可能与使用数据源坐标系所计算的几何结果不同，如图4-12所示。

比如，获得一个点经纬度坐标，用度分秒表示，使用数据：\chp4\属性编辑.gdb\point，由于度分秒必须是文本类型字段，采用"经度"字段，使用计算几何操作界面如图4-13所示。

也可以使用工具箱中的"添加几何属性（AddGeometryAttributes）"工具添加有关属性，如下：

① AREA：添加用于存储各个面要素平面面积（只有投影坐标系才有）。

② AREA_GEODESIC：添加用于存储各个面要素测地线面积（椭球面积）。

③ CENTROID：添加用于存储各个要素质点坐标。

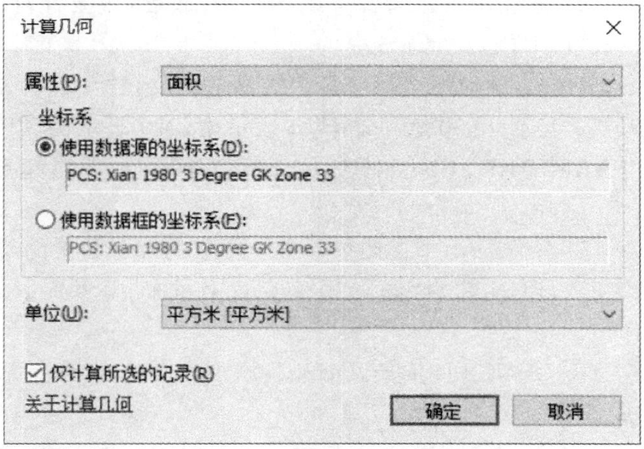

图 4-12 计算几何计算面积

图 4-13 计算几何计算点度分秒方式坐标

④ CENTROID_INSIDE:添加用于存储各个要素内或要素上中心点坐标。
⑤ EXTENT:添加用于存储各个要素范围坐标(最小 XY 和最大 XY)。
⑥ LENGTH:添加用于存储各个线要素长度(只有投影坐标系才有)。
⑦ LENGTH_GEODESIC:添加用于存储各个线要素测地线长度(椭球长度)。

⑧ LENGTH_3D：添加用于存储各个线要素 3D 长度（主要针对 3D 线；对于 2D 线，3D 长度和 2D 长度一样）。

⑨ LINE_BEARING：添加用于存储各个线要素线段起始-结束方位角。值范围介于 0°～360°，其中 0°表示北，90°表示东，180°表示南，270°表示西，以此类推。

⑩ LINE_START_MID_END：添加用于存储各个要素的起点、中点和终点坐标。

⑪ PART_COUNT：添加用于存储包含各个要素的部分数量的属性。

⑫ PERIMETER_LENGTH：添加用于存储各个面要素周长或边界长度的属性。

⑬ PERIMETER_LENGTH_GEODESIC：添加用于存储各个面要素周长或边界测地线长度的属性。

⑭ POINT_COUNT：添加用于存储包含各个要素的点数或顶点数的属性。

⑮ POINT_X_Y_Z_M：添加用于存储各个点要素 X、Y、Z 和 M 坐标的属性。

4.3 模板编辑

样例数据：数据 chp4\模板编辑.mxd，首先创建 MXD，具体看 7.4MXD 文档的使用。

开始编辑后，创建要素窗口，就有了模板，如图 4-14 所示。

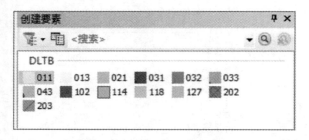

图 4-14 模板编辑窗口

单击其中一个模板，画一个面可以看到，面的颜色就填充好，之所以颜色变化是属性 DLBM 填写好了，模板编辑相当于画图的同时，属性也填写好了。推荐的编辑就是模板编辑，先设置符号化，后编辑数据。

不需要一个模板，右击→删除就可以，双击修改模板，每个字段值都可以定义默认值，如图 4-15 所示。

增加模板，如增加 012，先在符号系统中增加 012，设置颜色，单击创建要素中的组织模板。操作很多，具体看随书视频。

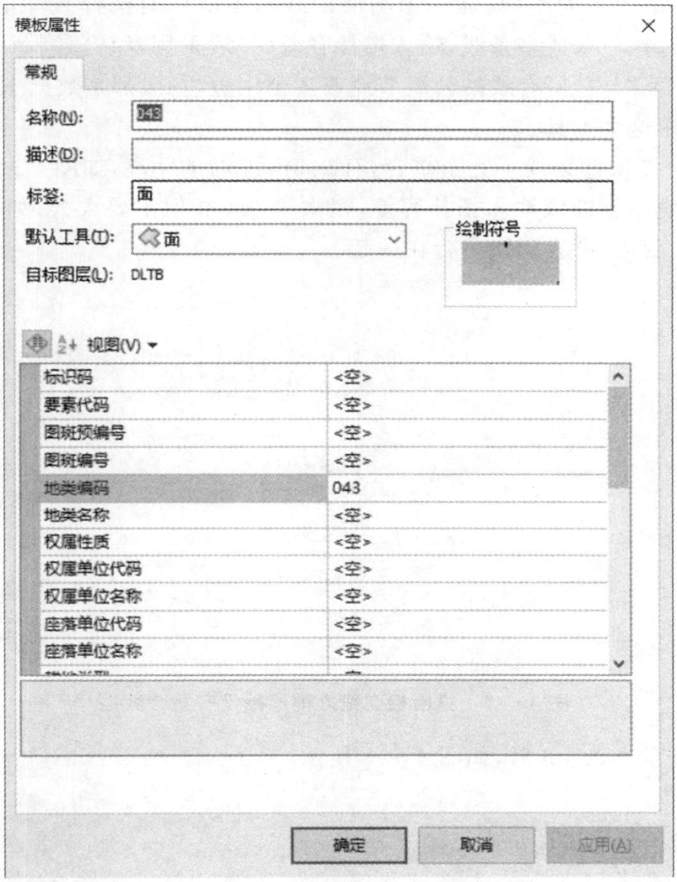

图 4-15 模板属性录入窗口

4.4 高级编辑工具条按钮介绍

高级编辑工具条如图 4-16 所示。

图 4-16 高级编辑工具条

4.4.1 打断相交线

打断相交线 主要有两个作用：一是在线相交的地方打断线；二是删除重复线，包括部分重叠和完全重叠，操作要点：①线层必须可编辑；②选择一条或多条线，不能是同时来自多个图层的线(只能一个图层的线),不能同时选择线和面或者线和点。操作步骤:先选择一条或多条线,输入拓扑容差(一般采用默认值,默认是数据的XY容差);在容差范围内,所有线的公用节点或者公用边,一般都是数据XY容差不做任何修改,再使用这个工具。

例1:一个图层两条线不完全重合,有0.5m左右的距离,如图4-17所示。同时选中两条线,使用打断线输入拓扑容差,稍大于0.5m但不要太大,如0.6m,不然其他节点坐标会变化,可看到线重合在一起。

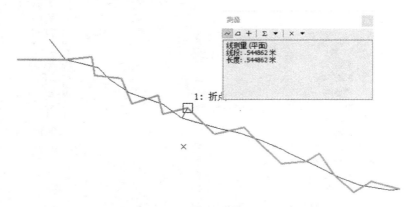

图4-17 打断相交线之前原始没有重合数据

输入拓扑容差0.6m后,如图4-18所示。

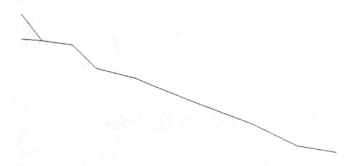

图4-18 打断相交线之后重合在一起数据

例2:一个图层两条线端点不重合,有0.8m左右的距离,如图4-19所示。同时选中两条线,使用打断线输入拓扑容差,稍大于0.8m但不要太大,如0.9m,不然其他节点坐标会变化,可看到线端点重合在一起。

输入拓扑容差0.9m后,如图4-20所示。

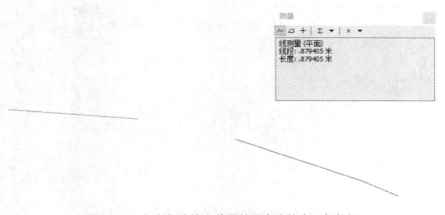

图 4-19 打断相交线之前原始没有连接在一起数据

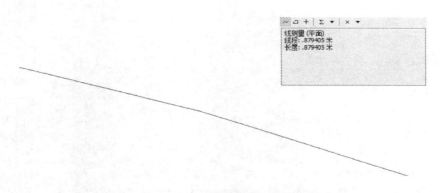

图 4-20 打断相交线处理后连接在一起数据

4.4.2 对齐至形状

对齐至形状 ：主要用于多个面线和线面,线线、面面图层边界相互交叉,重新划定边界,实现边界完全重合。操作要点:

① 追踪公用边,公用边必须自己有线或面边界。

② 输入容差,有一个透明缓冲区,在缓冲区范围内,所有节点都自动捕捉到你画的公用边,容差是满足条件的最小值,不是越大越好,较大的值会把其他点也调整到公用边。数据如:chp4\对齐至形状.gdb\dd\a 和 1,打开如图 4-21 所示。

追踪公用边,并输入容差 7m,如图 4-22 所示。

结果如图 4-23 所示。

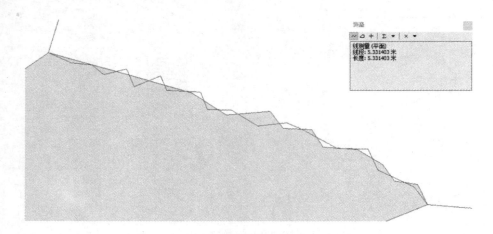

图 4-21　对齐至形状之前没有重合一起数据

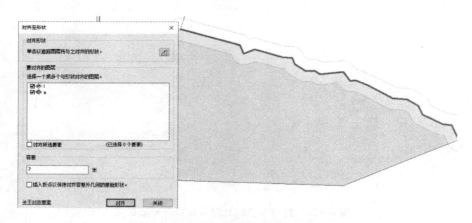

图 4-22　对齐至形状追踪边和输入容差

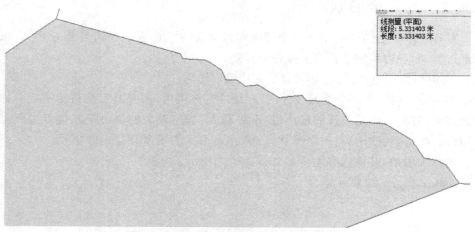

图 4-23　对齐至形状之后重合在一起数据

4.4.3 其他高级编辑

(1) 拆分多部件要素：将所选多部分（线、面）要素分离为多个独立的组成要素，如果本身就是单部件，则什么也不做。也可以使用工具箱"多部件至单部件（MultipartToSinglepart）"工具，区别工具箱工具会生成新的结果。

(2) 延伸工具：需先选择要将线延伸到的要素，然后单击要延伸的线。

(3) 修剪工具：应选择要用作剪切线的要素，然后开始单击要修剪的相交线段，单击的线的部分将被移除。

(4) 构造面：根据现有线或面的形状创建新面，选定的面和输出面不能来自相同的图层。

(5) 概化：根据最大偏移容差来简化输入线和面的要素，节点之间距离小于容差范围，减少节点。也可以使用工具箱"简化线（SimplifyLine）"工具或"简化面（SimplifyPolygon）"工具。

(6) 分割面：选择要用于分割现有面相交的线要素或不同图层的面要素。分割中只使用与面叠置的要素。

4.5 共享编辑

共享编辑是拓扑编辑的一部分，要使用共享编辑，必须添加拓扑工具条，如图 4-24 所示。共享编辑是点、线和面多个数据同时修改，修改的前提条件是这几个数据有拓扑关系（也可以先建数据拓扑，见第 6 章，也可以地图拓扑），如点在线的折点上，点修改时线的节点也会一起修改；如线是面边界，线修改时面也会一块修改。

图 4-24 拓扑工具条

使用数据：chp4\共享编辑.gdb\dd\a 和 l，线是面边界，面的边界是线，操作步骤如下：

(1) 加载数据，开始编辑，添加拓扑工具条。

(2) 选择拓扑，设置两个图层同时参与拓扑，如图 4-25 所示。

(3) 使用拓扑编辑工具，可以单击（选择共用点时必须单击）或拖动拉框，也可以用鼠标按轨迹拖动，选择共用线后，双击修改，拖动节点、删除节点和添加节点。

(4) 共用点的修改，单击选择共用点，右键按比例拉伸拓扑，前面方框要去掉，不然其他节点会按比例拉伸，移动点时不要和已有数据交叉，如图 4-26 所示。

(5) 整形边工具：先使用拓扑编辑工具，选择共用边，使用整形边工具画线，和

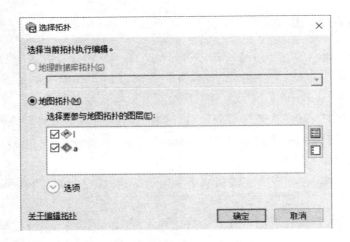

图 4-25　选择拓扑参与图层

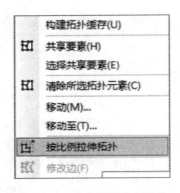

图 4-26　选择不按比例拉伸

共用边至少有两个以上的共用点,共用点范围内按新画的边界。

（6）对齐边工具：先选择拓扑,那些图层参与拓扑编辑,线和面首尾点重合,中间不交叉,可以是线和线,也可以是面和面。操作步骤:

① 在拓扑工具条上,单击对齐边工具。

② 在地图上随意移动时,指针下的边将突出显示为洋红色虚线。单击想要对齐的边;一旦其处于活动状态,即会显示为洋红色实线。如果该边无法与其他任何边对齐,它将继续显示为虚线,以指示用户需要单击另一条不同的边。

③ 如果要查看哪些要素共享该边,单击拓扑工具条上的共享要素,取消选中不应更新的所有要素。

④ 单击要与选中边对齐的边。

⑤ 如果希望继续对齐要素,可立即单击其他边;如果单击了其他边,则可单击另一工具按钮。

第 5 章
数据采集和处理

5.1 影像配准

我们说的影像数据就是 ArcGIS 的栅格数据,栅格数据也就是栅格数据集,这一点和要素类、要素数据集是不一样的:要素类是具体的点、线、面和注记,要素数据集下可以放很多要素类。

影像配准在 ArcGIS 里就是地理配准,是指使用地图坐标为影像数据指定空间位置。地图图层中的所有元素都具有特定的地理位置和范围,这使得它们能够定位到地球表面或靠近地球表面的位置。精确定位地理要素的能力对于制图和 GIS 来说都是至关重要的。

ArcGIS 配准:首先要设置数据框坐标系,接着选择控制点,控制点可以是经纬网交叉点,可以是公里网交叉点,也可以是内图廓点四个角的经纬度。如果都没有,可以选明显的典型物,如道路和河流的交叉点,如果这些点坐标都不知道,可以实测,可以找已有数据的对应点,或者其他间接方法,如在 Google Earth 找,精度稍差,控制点最少 4 点,最好分布在影像的 4 个角,测试数据:chp5\配准\MY.jpg,在配准文件夹下有且只有这一个文件。步骤如下:

(1) 打开 ArcMap,增加地理配准工具条。

(2) 添加影像图,读影像数据有关信息如坐标系信息或比例尺信息,是否有公里网或经纬网,是否标准分幅,根据查看信息设置数据框的坐标系,通过打开 MY.jpg 文件,放大后观察左下角,如图 5-1 所示。

(3) 找控制点:取地图公里网的交叉点,单击影像选择交叉点,右击菜单输入 XY 坐标,可以继续选其他交叉点。

(4) 单击内图廓的四个点任意一点,右击输入经纬度坐标。

(5) 和已有接幅表对应,单击影像,拖到拉点到对应位置。

调查者：王天宝　调查日期：2014年08月14日

图 5-1　图片放大后左下角内容

（6）选择 4 个点以上，使用配准工具条 链接表查看配准残差，残差理论上是越小越好，而不是点越多越好，由于 1:10000 数据精度是 1m（看附录三数据精度概念），所以残差不要大于 1m，大于 1m 说明配准有问题，我们的配准残差大约是 0.2m，小于 1m，如图 5-2 所示。

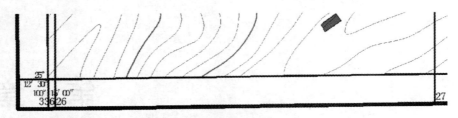

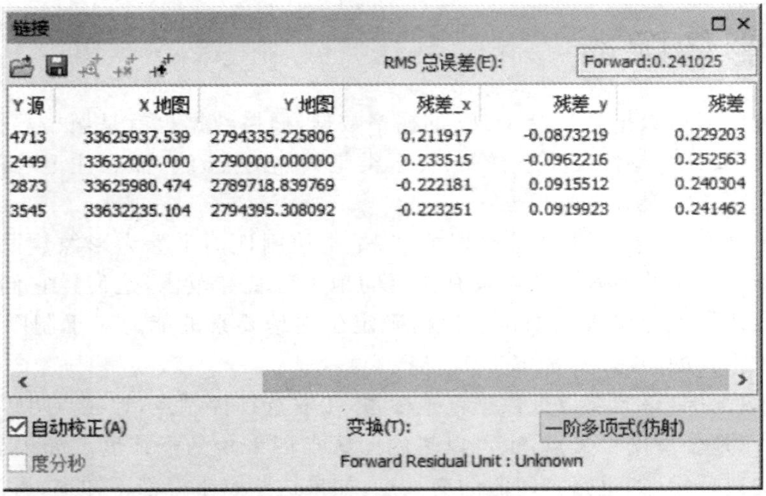

图 5-2　查看地理配准残差

（7）更新地理配准后，再次打开影像，影像就在对应配准的位置，不用再配准了。

配准后，增加一个文件 MY.jgwx，这个文件和原文件 MY.jpg 之间的规律：文件名相同，扩展名不同，扩展名也是有规律的，取原来文件名的第一个字母和最后一个字母，再加 W（world 第一字母）、X（ArcGIS10.0 以前不加 X，这一点和 Office 命名一致，以前是 doc，现在是 docx），如果知道这个规律，原始文件是 1.tif，配准后，增加的文件就是 1.tfwx。打开增加的文件，有六行文字，如图 5-3 所示。

第一行：影像 X 方向的分辨率。

第二行：影像按左上角 X 方向的旋转角度。

第三行：影像按左上角 Y 方向的旋转角度。

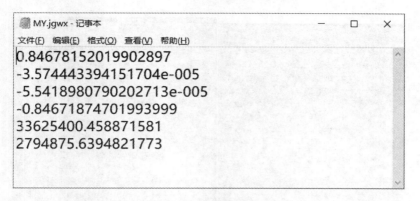

图 5-3 配准文件内容

第四行:影像 Y 方向的分辨率,前面加一个负号,因为影像没有配准时,坐标原点(X=0,Y=0)在左上角,配准后原点在左下角。

第五行:影像左上角 X 坐标。

第六行:影像左上角 Y 坐标。

这个就是 ArcGIS 的配准原理,说白了配准就是写这六行文字,如果手动写六行对应文件,就自动配准,很多软件能够自动配准的原理就在此。

5.2　影像镶嵌

影像镶嵌就是把几个影像镶嵌(或合并)成一个影像过程,使用"镶嵌至新栅格(MosaicToNewRaster)"工具,这个工具是几个影像镶嵌成一个影像,镶嵌至新栅格前的数据可以删除,镶嵌至新栅格后的数据正常打开使用。镶嵌至新栅格和镶嵌(Mosaic)的区别是:前者生成一个新的影像,后者把多个输入影像镶嵌到现有影像数据中。

测试数据:chp5\影像镶嵌下 K1.tif 和 K2.tif,如图 5-4 所示,有黑边,两幅影像数据中间有交叉。

操作界面如图 5-5 所示。

输出位置:如果选地理数据库,就是数据库格式,下面栅格数据集名称一定不能加扩展名,如".tif"等,因为在数据库中小数点是特殊字符;如果选文件夹,就是文件格式,下面的栅格数据集名称默认需要加扩展名,用来区分文件格式,如".TIF"和".img"。

像素类型:输出镶嵌数据集的像素类型,有 8_BIT_UNSIGNED:8 位无符号数据类型,支持的值为 0~255,默认就是这个;16_BIT_UNSIGNED:16 位无符号数据类型,取值范围为 0~65,535 等。如是 DEM 镶嵌合并,这里则根据需要修改。

图 5-4 镶嵌前的影像

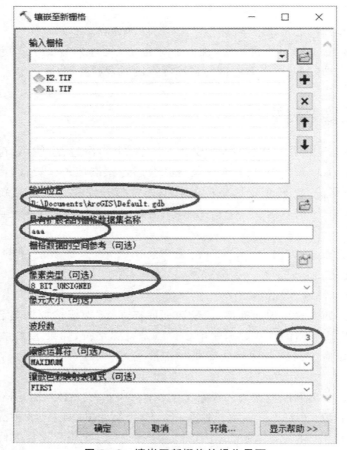

图 5-5 镶嵌至新栅格的操作界面

波段:三个波段数据就输入3,一个波段就输入1。这里波段是三个,输入3。

镶嵌运算符:用于镶嵌重叠的方法,两个图重叠的地方,有一个黑色的,另外一个是正常颜色,我们知道黑色的 RGB 为(0,0,0),而正常颜色的 RGB 大于0,所以取最大值;反过来,如果有云、雪,白色的 RGB 为(255,255,255),就应该取最小值。我们这里选 MAXIMUM。

确定后,发现周围有黑边,勾上显示背景值,默认(0,0,0),黑色是背景(也可以按后面的裁剪)设置如图5-6所示。

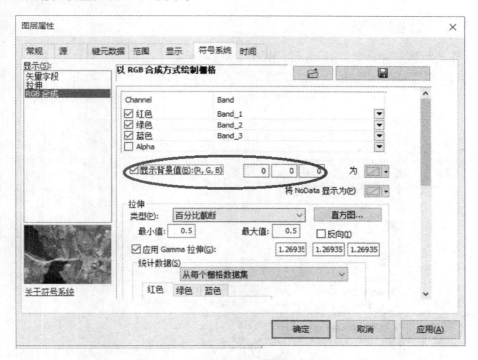

图 5-6　影像黑边去掉设置

结果如图5-7所示。

图 5-7　影像黑边去掉后结果

5.3 影像裁剪

影像裁剪有三种方式,第一种:一个影像均等分成 n 行 m 列,或者指定大小,使用"分割栅格(SplitRaster)"工具;第二种:按矢量的范围裁剪,使用"按掩膜提取(ExtractByMask)"工具,需要有空间分析扩展模块许可,并勾选对应模块扩展;第三种:影像的批量裁剪,我们提供一个模型工具和 Python 脚本工具。

5.3.1 分割栅格

样例数据:chp5\裁剪\KK.jpg 和 JFB.shp,
(1) 把它分成大小为 2048×2048 的影像,操作界面如图 5-8 所示。

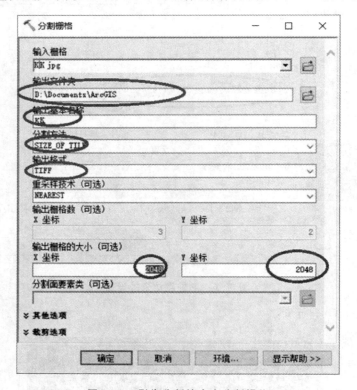

图 5-8 影像分割按大小分割操作

输出文件夹:选择结果输出的文件夹;输出基本名称:文件名采用开头字母;输出格式:TIF、IMG 等;X 坐标:水平方向像元个数;Y 坐标:垂直方向的像元个数。

输出后影像名字从左下角开始的第一个 0,影像名称就是 KK0.TIF,水平方向的影像个数由原来影像的列数除以 2048,余数大于 0,再加 1,不够就是半个影像,列数就是余数;垂直方向的影像个数由原来影像的行数除以 2048,余数大于 0,再加 1,

如图 5-9 所示。

15	16	17	18	19
10	11	12	13	14
5	6	7	8	9
0	1	2	3	4

图 5-9 影像分割后面名字的分布规律

（2）把它分成 2 行 3 列，6 个影像，操作界面如图 5-10 所示。

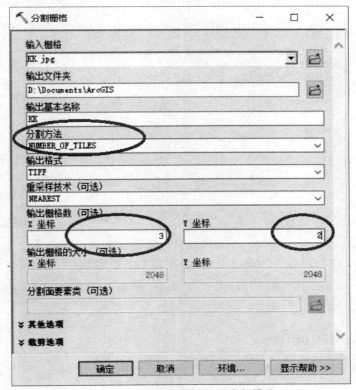

图 5-10 影像分割按行列分割操作

分割方法:选 NUMBER_OF_TILES,按数量分割。

X 坐标:水平方向分割个数,输入 3,影像像元个数不能被 3 整除,到时影像多取一个像元;Y 坐标:垂直方向分割个数。

输出后文件名和上面一致。

(3) 按矢量数据批量裁剪影像,操作如图 5 - 11 所示。

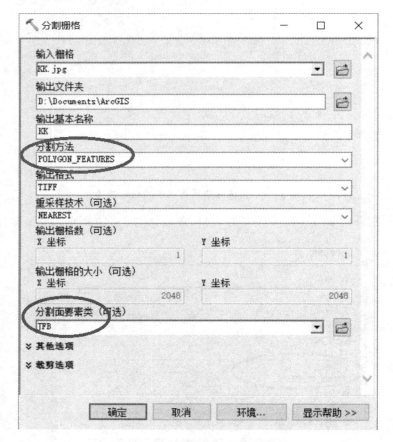

图 5 - 11　影像分割按图形分割操作

分割方法:选 POLYGON_FEATURES,按面状要素批量裁剪。下面分割面要素类选择 JFB,输出影像名称从 0 开始,顺序和 JFB 记录顺序一致,个数和 JFB 记录数一样,按每个面要素范围裁剪,是批量裁剪,但名称不能自己自动指定,固定为 KK0.tif、KK1.tif 等。

5.3.2　按掩膜提取

样例数据:chp5\裁剪\KK.jpg 和裁剪面.shp,操作界面如图 5 - 12 所示。

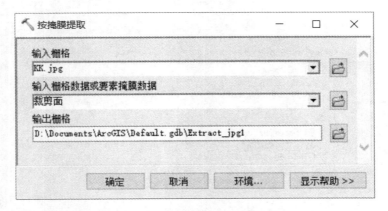

图 5-12 影像裁剪结果存放到数据库

输出结果可以放在数据库,也可以指定为 TIF、IMG,但需要放在某个文件夹下,如图 5-13 所示。

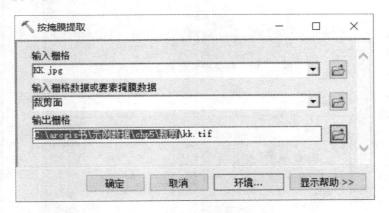

图 5-13 影像裁剪结果存放成 tif

注意:"C:\arcgis 书\示例数据\chp5\裁剪"必须是真实存在的文件夹。

输入面:可以是任意形状,如果有多条记录,则所有记录面合并在一起裁剪,裁剪结果只有一个栅格数据。

注意:该操作一定要把空间分析扩展模块选上,如图 5-14 所示。

5.3.3 影像的批量裁剪

有两个工具,一个模型在:chp5\裁剪\影像裁剪.tbx\影像批量裁剪,一个 Python 脚本在:chp5\裁剪\影像裁剪.tbx\影像批量裁剪 2。

测试数据:chp5\裁剪\JFB.shp 和 KK.jpg。

(1)模型批量裁剪影像操作界面,如图 5-15 所示。

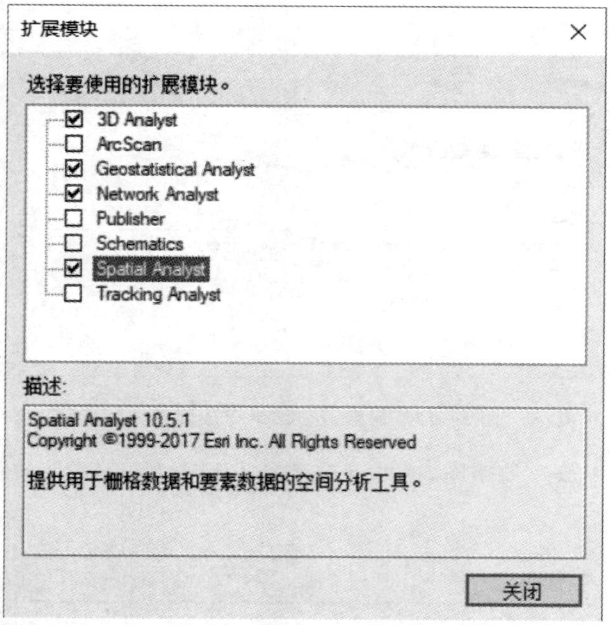

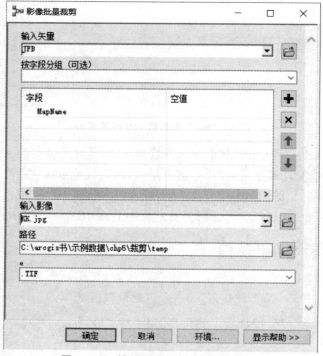

图 5-14 影像裁剪需要空间分析扩展

图 5-15 模型影像批量裁剪运行界面

上面输入的矢量数据是按哪个数据裁剪，按字段分组，选择字段，就是裁剪后栅格数据文件名，符合文件名命名标准，要求是唯一值字段。路径放在文件夹，e 是扩展名（由于模型中：堆栈基本名称的长度不能超过 9 了，所以用了 e，代替扩展名），可以是 TIF，IMG 和 JPG 格式，推荐 IMG 格式。

（2）Python 脚本的影像批量裁剪界面，如图 5－16 所示。

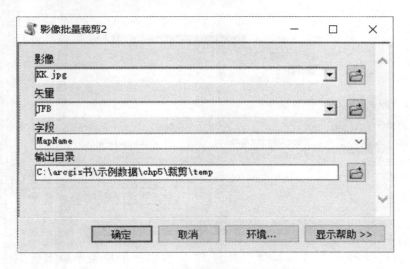

图 5－16　脚本影像批量裁剪运行界面

裁剪后只能是 TIF 格式，字段值是裁剪后的影像文件名，符合文件名命名标准，是唯一值。

5.4　矢量化

矢量化是栅格数据变成矢量数据的过程，这里栅格数据是以前的纸质地图扫描后的数据，将其矢量化，需要先地理配准，矢量化用的是 ArcScan，其用到了扩展模块，在 1.2.5 小节扩展模块选中 ArcScan。栅格数据要矢量化，需转成黑白的，转换方法使用 PhotoShop 转灰度图，不能直接使用彩色的。

5.4.1　栅格数据二值化

在栅格数据的右键菜单属性→符号系统，选择已分类，分成 2 类，中段值根据自己的需要尝试，设置合适的值，让所有需要的数据能正确显示出来，如图 5－17 所示。

5.4.2　捕捉设置

捕捉设置有三个要点：

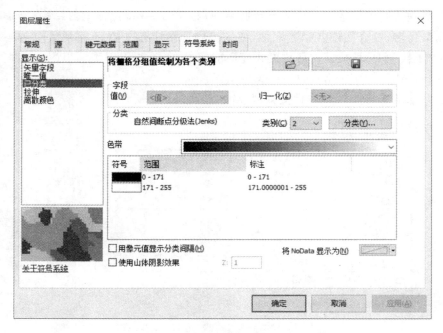

图 5-17　矢量化前栅格数据二值化设置

（1）使用经典捕捉，在编辑器工具条下，在编辑器下拉菜单最下面的选项中设置，如图 5-18 所示。

图 5-18　使用经典捕捉设置

(2)捕捉窗口,要矢量化能够使用,必须先创建一些点、线和面,用来保存矢量化结果。开始编辑后,在编辑器下拉菜单→捕捉→捕捉窗口,选栅格的中心线,如果没有栅格选项,是因为没有勾选 ArcScan 扩展模块,如图 5-19 所示。

图 5-19 栅格捕捉环境设置

(3)捕捉选项,在编辑器下拉菜单→捕捉→选项,捕捉容差建议设置为 7~10,后面单位是像素,是在屏幕上操作,如图 5-20 所示。

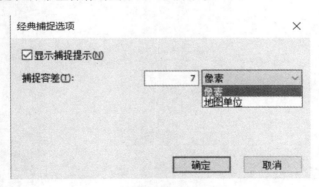

图 5-20 捕捉距离设置

5.4.3 矢量化

打开 ArcScan 工具,单击图 5-21 所示界面的生成要素,就是全自动矢量化,优点是快,但所有线变成一个图层,文字也变成线,超过一定宽度的线会变成面,后期处理的工作量大,实际工作中更多的是选择交互式矢量化(半自动矢量化)。

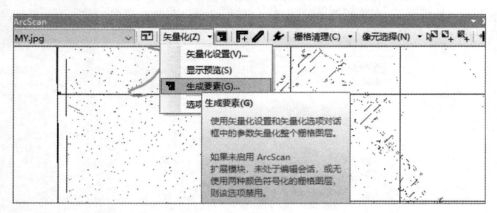

图 5-21 自动矢量化

先在创建要素中选择目标线层,后单击 按钮,就可以矢量化追踪,操作方法:在栅格线上,单击开始一个点和结束一个点(栅格线不要和其他线交叉,如果有交叉,交叉点就是结束点),自动生成一条线,这就是半自动矢量化,生成结果放在目标线图层。选择不同的目标线图层,生成的结果就放在不同的图层,如何追踪由自己控制。

第 6 章
空间数据的拓扑处理

6.1 拓扑概念和拓扑规则介绍

6.1.1 拓扑含义

拓扑(Topology)是指空间数据的位置关系,空间关系简称为拓扑,如等高线不能相交,行政区不能重叠,界址点不能重复,行政区(面)必须是行政界线的边界等,这些都是拓扑。

完整的 GIS 软件,都有拓扑,如 ArcGIS、MapGIS 和 SuperMap 等。而 CAD 软件没有拓扑,CAD 属性管理比较弱,但 CAD 有强大的做图功能和数据编辑等功能。所以数据建库,一般都使用 GIS 软件。

6.1.2 拓扑的主要作用

拓扑主要用于确保空间关系并帮助其进行数据处理。在很多情况下拓扑也用于分析空间关系,如融合带有相同属性值的相邻多边形之间的边界;裁剪时,两个数据自身不要有拓扑错误,两个图层之间也不要有拓扑错误,否则裁剪结果就可能是错误的。

拓扑的主要功能就是保证数据质量,用于数据空间检查,但拓扑会处理数据,拓扑检查数据会发生变化,所以拓扑检查前一定要备份数据。

拓扑错误也是四个常见的错误之一,初学者要注意:
(1)一定把所有扩展模块都选中。
(2)坐标系问题:数据要有正确的坐标系,数据框的坐标系和数据坐标系最好一致。

（3）版本问题：地理数据库有版本，文档 MXD、SXD、3DD 有版本，工具箱 TBX 文件有版本，TIN 数据有版本。

（4）拓扑问题。

在打印各种成果前，一定切记保证数据没有拓扑错误。树立一个正确的观念：做数据，尽可能保证数据没有拓扑错误，而不是先做数据，拓扑检查时出数据错误时再修改。

6.1.3　ArcGIS 中拓扑的几个基本概念

（1）拓扑容差（Tolerance）：拓扑容差是要素折点之间的最小距离，落在拓扑容差范围内的所有折点被定义为重合点，并被捕捉在一起，大于拓扑容差检查出来的是错误，小于等于拓扑容差时，数据会自动被修改修正。由于 XY 容差也是 XY 坐标之间所允许的最小距离，如果两个坐标之间的距离在此范围内，它们会被视为同一坐标，所以一般的拓扑检查拓扑容差就是 XY 容差，不做任何修改，一旦修改拓扑容差，数据实际的 XY 容差也会被修改。

（2）脏区（Dirty Area）：在初始拓扑校验后，如果数据或者拓扑规则被修改，会产生新的变化，叫脏区。所以拓扑规则或数据被修改了，一定要验证拓扑。当我们修改所有拓扑错误后，建议马上删除拓扑，因为拓扑会锁定数据，会有其他问题影响软件的正常使用。

（3）拓扑规则（Topology Rule）：定义地理数据库中一个给定要素内或两个不同要素类之间所许可的要素关系指令，一个拓扑最少一个拓扑规则。

（4）要素等级：等级越高，移动要素越少，最高等级为 1，最低级别为 50；有多个要素图层时，等级低向等级高的靠拢，此时修改等级低的数据。当有多个数据时，由要素等级确定哪个数据修改。

6.1.4　建拓扑的要求

ArcGIS 的拓扑都是基于 Geodatabase（mdb，gdb，sde），shp 文件不能直接进行拓扑检查，只有转到地理数据库中的要素数据集下，才能进行拓扑检查。要进行拓扑检查，首先建立 Feature Dataset（要素数据集），把需要检查的数据放在同一要素集下，要素集和检查数据的数据基础（坐标系统、XY 容差、坐标范围）要一致，直接拖入就可以了。如果拖出数据集，有拓扑时要先删除拓扑。

一个拓扑中可以有多个要素类数据，但一个要素类数据只能参加一个拓扑，不能参加多个拓扑；一个拓扑只能在同一个要素数据集内检查，不能在多个数据集中进行。拓扑经常会锁定数据，当有拓扑时，数据重命名、删除和移动位置都无法操作，字段计算器和计算几何必须在开始编辑之后才可以使用（原来没有拓扑，可以直接使用），拓扑检查和修改完错误后，请把拓扑删除。

注意：ArcGIS for Desktop 基础版没有拓扑检查的功能，只有标准版和高级版才有。

6.1.5 常见拓扑规则介绍

拓扑规则分为两大类：
（1）一个图层自己拓扑检查：可能是点、线或面的一种，数据内部检查；
（2）两个图层之间的拓扑检查：数据类型可能不同，有点点、点线、点面、线面、线线和面面六种，两个面层分为检查前"面"或是检查后"面"，共 12 种，拓扑检查的前提是，必须在同一个要素集（Feature Dataset）下，放在同一个要素数据集下，数据基础（坐标系统和坐标范围）一致。

1. 一个图层自己的拓扑检查规则

（1）点的重复检查：如界址点不能重复，规则为不能相交，重复是特殊的相交。
（2）线层拓扑错误，最主要的两个拓扑规则：
① 不能有悬挂点：要求线要素的两个端点必须都接触到同图层的线。没有连接到另一条线的端点称为悬挂点。当线要素必须形成闭合环时（例如由这些线要素定义面要素的边界），就是多个线之间是否闭合，如行政区界线要构成行政区时，必须先检查线不能有悬挂点，不然有些地方少构面或无法构造面。
② 不能相交：同一图层中的线要素不能彼此相交或重叠。线可以共享端点。此规则适用于绝不应彼此交叉的等值线，或只能在端点相交的线（如街段和交叉路口）。
（3）面层拓扑错误主要有两个规则：
① 不能重叠：面的内部不重叠。面可以共享边或折点。当某区域不能属于两个或多个面时，使用此规则。
② 不能有空隙：此规则要求单一面之中或两个相邻面之间没有空白。所有面必须组成一个连续表面。所有面合并后最外面始终存在错误，可以忽略这个错误或将其标记为异常。此规则用于必须完全覆盖某个区域的数据。例如：地类图斑不能包含空隙或具有空白，这些面必须覆盖整个区域。

2. 两个图层之间的拓扑检查规则

（1）点线之间：
① 端点必须被其他要素的端点覆盖：要求一个要素类中的点必须被另一要素类中线的端点覆盖，如界址点必须是界址线的端点，如图 6-1 所示。
② 端点必须被其他要素覆盖：要求线要素的端点必须被另一要素类中的点要素覆盖，界址线（JZX）的端点必须是界址点，如图 6-2 所示。
（2）线面之间：
① 线必须被其他要素的边界覆盖：要求线被面要素的边界覆盖。如界址线必须与地块（DK）面要素边界线重合，如图 6-3 所示。

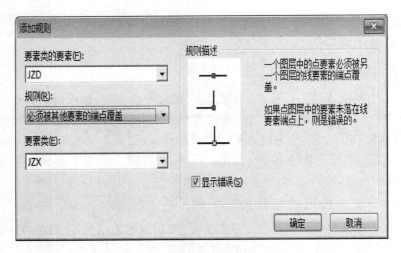

图 6-1 点必须线的端点拓扑规则

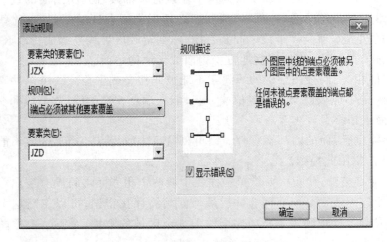

图 6-2 线的端点必须点拓扑规则

② 边界必须被其他要素覆盖：要求面要素的边界必须被另一要素类中的线覆盖。此规则在区域要素需要具有标记区域边界的线要素时使用。通常在区域具有一组属性且这些区域的边界具有其他属性时使用。例如，宗地或者地块必须是界址线覆盖，如图 6-4 所示。

（3）面面之间：面必须被其他要素覆盖：要求一个要素类的面必须包含于另一个要素类的面内。如地块不能跨行政区（XZQ），如图 6-5 所示。类似的村级行政区不能跨乡镇，乡级行政区不能跨县，县级行政区不能跨省。

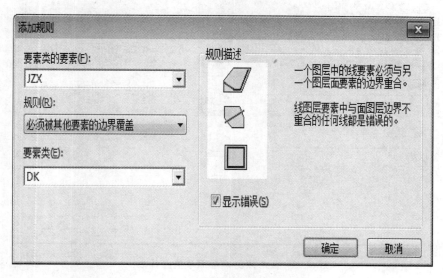

图 6-3 线必须面的边界拓扑规则

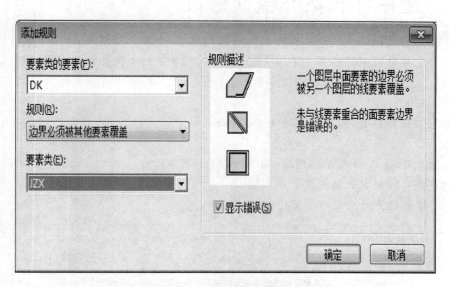

图 6-4 面边界必须线拓扑规则

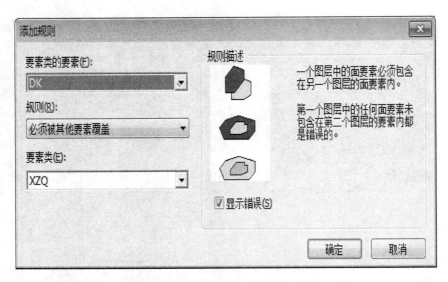

图 6-5 面必须另一个面覆盖拓扑规则

6.2 建拓扑和拓扑错误修改

拓扑检查数据必须放在数据库的要素数据集下,不放在数据集中,无法进行拓扑检查。一个拓扑可以检查多个数据,一个数据只能参加一个拓扑;一个拓扑检查最少一个拓扑规则,一个数据可以添加多个拓扑规则。如果需要检查两个图层之间,先检查一个图层拓扑。

数据被拓扑检查后,数据不能重命名,如若删除和移动位置,只有删除拓扑后才可以执行。

如果出现图 6-6 所示的情况,原因可以有两个:

(1)要素数据集下真的没有要素类。

(2)数据集下所有要素类都已参加拓扑。

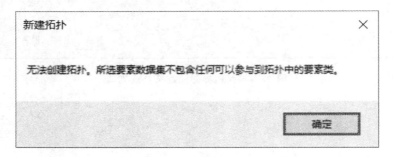

图 6-6 无法创建拓扑错误

6.2.1 建拓扑

(1) 右击要素数据集,如图 6-7 所示,要素数据集下一定要有要素类。

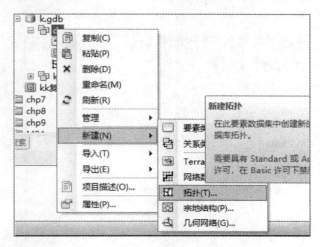

图 6-7 新建拓扑第一步操作

(2) 设置拓扑名称和拓扑容差,都使用默认值。

(3) 添加规则,dgx 添加"不能相交"规则,dltb 添加"不能重叠"。保存规则可以把现有的规则保存成 rul 文件,下次单击加载规则,可以直接使用,如图 6-8 所示。

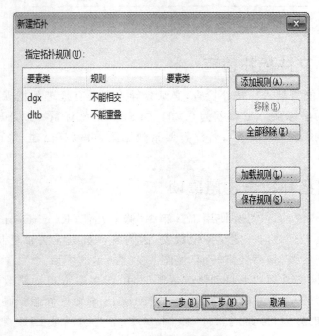

图 6-8 拓扑添加规则

（4）验证拓扑。

（5）查看拓扑错误，拓扑创建完成后，会自动增加一个拓扑图层，在数据集下右击，在拓扑属性页中，单击生成汇总信息，可以查看错误，如图6-9所示。在规则中可以添加和删除规则；要素类中可以添加当前数据集下其他要素类。

图6-9 拓扑错误汇总

6.2.2 SHP文件拓扑检查

SHP文件不能直接进行拓扑检查，必须先导入到已有地理数据库的要素数据集下，已有数据集的坐标系、XY容差为0.001，和SHP的坐标系一致，SHP文件的XY容差是0.001m（投影坐标系下）；若没有要素数据集，可以自己建，坐标系导入SHP文件的坐标系。

6.2.3 面层拓扑检查注意事项

面层拓扑检查之前，最好先使用工具箱中"修复几何（RepairGeometry）"工具修复几何，但是修复工具之前一定要备份数据，因为有些数据无法修复几何。方法：使用要素转点，要素转线，最后要素转面，见图6-10所示的模型。

修复几何把面的外多边形自动修改成顺时针，内多边形自动修改逆时针。面的多边形方向不对是一个严重的拓扑错误。在ArcGIS中无论你怎样画，ArcGIS本身自动纠正成正确的方向，但其他软件，如MapGIS等平台转成SHP数据，不一定是

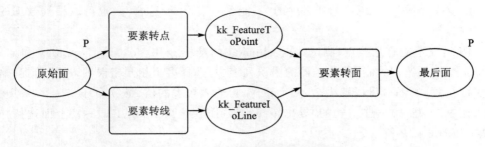

图 6-10 无法修复几何面的处理

ArcGIS 要求的方向,可以使用修复几何自动纠正,右键菜单→批处理,可以批量处理多个要素。

6.2.4 拓扑错误修改

在 ArcGIS 中没有一键修改所有拓扑错误的方法,不同的拓扑错误,修改方法不一样。在错误检查器的错误列表中,不同的错误右键处理的方法不一样。

例 1:面不能重叠,测试数据:chp6\kk.shp。拓扑检查、错误修改步骤如下:

① 备份数据。
② 修复几何。
③ 建地理数据库、要素数据集,数据集的坐标系和 KK.SHP 一致,XY 容差为 0.001,把数据导入到数据集下。
④ 建拓扑,拓扑容差为 0.001,拓扑规则为:不能重叠。
⑤ 查看拓扑错误有三个。
⑥ 新建一个 MXD,把拓扑图层和数据一起加过来。
⑦ 开始编辑。
⑧ 把拓扑工具条加过来。

最后一个错误检查器 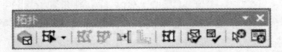,如果是灰色,可能的原因:一是没有编辑,二是拓扑和拓扑对应的数据没有一起加过。单击立即搜索后,如图 6-11 所示,若仅搜索可见范围的拓扑错误,可勾选只是可见范围,不勾则是所有的拓扑错误。

图 6-11 拓扑工具条和错误检查器

⑨ 右击图 6-11 所示的列表中的"不能重叠"。一般选合并,也可以根据数据的情况选其他。

例 2:线不能有悬挂点,测试数据:chp6\线的悬挂. gdb\dd\ dd_Topology 和 t1,有 171 个拓扑错误,在错误检查器的错误列表中,选择多个相同错误项,选择捕捉,输入捕捉容差,如 1m,可以解决 70 多个错误,再输入较大的值,继续循环。

在 ArcGIS 10.5 工具箱的"导出拓扑错误(ExportTopologyErrors)"上面选拓扑图层,如图 6-12 所示。

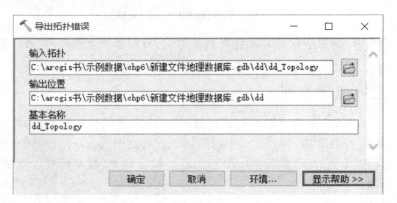

图 6-12 导出拓扑错误工具

将错误从地理数据库拓扑导出到目标地理数据库,所有的拓扑点、线和面错误分别导出一个图层。

6.3 常见的一些拓扑错误处理

6.3.1 点、线和面完全重合

使用"删除相同项(DeleteIdentical)"工具,在 ArcGIS10.5 以前的版本名字是"删除相同的",测试数据:chp6\k. gdb\kk\宗地,如图 6-13 所示。

字段选"Shape(图形)",对于点,删除重复点;对于线,删除完全相同的线;对于面,删除完全相同的面,选择其他字段就是值相同,选择多个字段就是多个字段同时完全相同。

6.3.2 线层部分重叠

使用打断相交线,在高级编辑工具条中(ArcGIS10.0 版本以前,在拓扑工具条中),见 4.4.1 小节,可以删除完全重叠的线,也可以删除部分重叠的线。测试数据:chp6\k. gdb\kk\线重叠。

图 6-13 删除完全重复的面

6.3.3 面层部分重叠

测试数据:chp6\k.gdb\kk\部分重叠,联合(Union)工具在工具箱中,如图 6-14 所示。也在地理处理菜单下,把部分重叠转换成完全重叠,后面可根据自己的需要修改,如果需要把完全相同的删除则按 6.3.1 小节的方法;如果需要合并,开始编辑选择合并,如果很多这种情况,可以使用"消除(Eliminate)"工具,参考本书 11.4.4 小节。

图 6-14 联合处理部分重叠的面

6.3.4 点不是线的端点

测试数据:\chp6\点线不重.gdb\ds 下 JZD 和 JZX,捕捉主要适合于点和线、点和面、面和点、线和点或者点和点的简单情况,概括为:一(个点)对多(线和面多个折点),或多对一;不适合于线和线、线和面或者面和面等多(面或线有多个折点)对多的复杂情况,操作界面如图 6-15 所示。

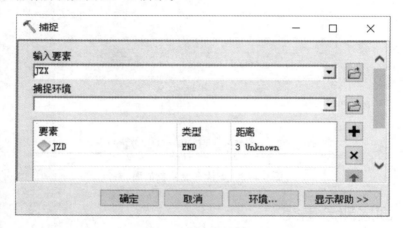

图 6-15 捕捉让 JZX 的端点和点重合在一起

捕捉(SNAP)中输入的要素是需要修改要素,选 JZX,修改的要素就是 JZX,如果想让 JZD 修改,输入要素就选 JZD。捕捉环境的类型选项:

① END:将输入要素折点捕捉到(捕捉环境)要素末端。
② VERTEX:将输入要素折点捕捉到要素折点。
③ EDGE:将输入要素折点捕捉到要素边。

距离-输入要素折点被捕捉到此距离范围内的最近折点,满足条件的最小值,如目前线到点的距离,2.8m 多,所以输入 3m。

6.3.5 面线不重合

面线不重合,需要的是修改面,前面所讲的对齐边工具和对齐形状工具,上面讲的捕捉工具,处理起来工作量都很大。只要线闭合,没有"不能有悬挂点"的拓扑错误,线在交叉地方打断,生成面的边界就和线重合。测试数据:chp6\面线不重合.gd\ds 下 xzq 和 xzqjx,方法如下:

(1) 面生成点:使用"要素转点(FeatureToPoint)"工具,勾选内部,如图 6-16 所示。一个面生成一个点,点在面内部,点的属性和面属性一致。

(2) 线生成面:使用"要素转面(FeatureToPolygon)"工具,输入要素就是原始线(JZX),下面的标注要素选上面要素转点得到的点要素,选中保留属性(默认是选中,不要去掉)。生成的面,图形取线要素,属性取最早的面。

第 6 章 空间数据的拓扑处理

图 6-16 要素转点,需要面的属性

注意:该操作面不要有多部件要素,如果存在多部件要素先使用"多部件至单部件(MultipartToSinglepart)"工具转成单部件;也只适合面线边界稍微不重合的情况,由线生成面记录数和最早的面记录数一致。

如果不考虑最早面的属性,直接使用要素转面操作就可以,下面标注要素不需要,如图 6-17 所示。

图 6-17 要素转面 生成图形取线,属性取点

6.3.6 面必须被其他面要素覆盖

测试数据:chp6\不能跨行政区.gdb 下 DLTB 和 XZQ,DLTB 不能跨 XZQ,拓扑

143

检查后发现,有 29 个拓扑错误,如图 6-18 所示。

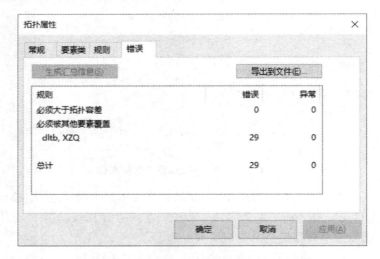

图 6-18 必须被其他要素覆盖的拓扑错误

解决方法:两个图形相交,跨行政区自动分解,拓扑错误就自动解决了,后面再根据自己的情况解决碎图斑和属性问题,如图 6-19 所示。

图 6-19 相交解决拓扑错误

第 7 章 地图制图

7.1 专题图的制作

地图制图是将数据的可视化和表达输出的过程。专题图制作就是地图数据的可视化,通过借助符号、颜色和标注等多种方式来表示图层。制作好的专题一定要保存为 ArcMap 文档 MXD 文件,本章大部分操作都在 ArcMap 中。

专题图的操作:右击或者直接双击图层,切换到符号系统标签页。

7.1.1 一般专题

使用数据:chp7\世界地图.gdb\ds\各大洲,放在数据集 DS,坐标系是地理坐标系,首先把数据添加到 ArcMap 中。

1. 单一符号

(1) 右击图层,切换到符号系统标签页。

(2) 单击符号区域,如图 7-1 所示。

(3) 左边列表有一些样式,可以根据需要选择,单击右边填充颜色,下拉颜色组合框,可以进行选择,如图 7-2 所示。

(4) 单击右下更多颜色。可以选择 RGB 色彩模式,通过对红(R)、绿(G)、蓝(B) 三个颜色通道的变化以及它们相互之间的叠加来得到各种颜色,如图 7-3 所示。

也可以选择印刷四原色 CMYK,C:Cyan = 青色,又称天蓝色或湛蓝;M:Magenta = 品红色,又称洋红色;Y:Yellow = 黄色;K:Key Plate(blacK) = 定位套版色(黑色),K 指代 Black 黑色。

(5) 单击当前符号区域编辑符号,修改轮廓宽度,右边单位修改成 mm,轮廓宽度输入 1(1mm,在任意比例尺下打印出来线宽都是 1mm,ArcGIS 所有符号默认都不随比例尺改变,除非设置数据框的参考比例尺),如图 7-4 所示。

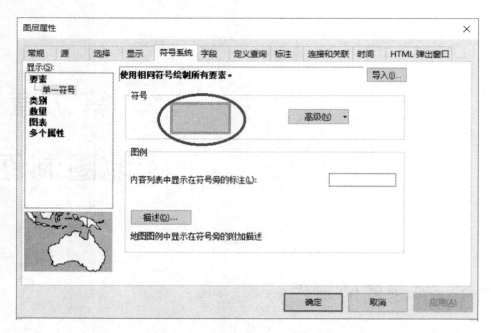

图 7-1　单一符号设置

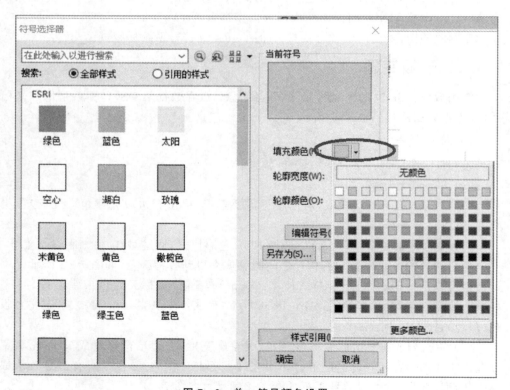

图 7-2　单一符号颜色设置

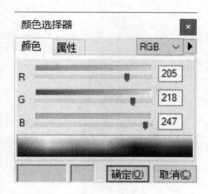

图 7-3　RGB 颜色设置

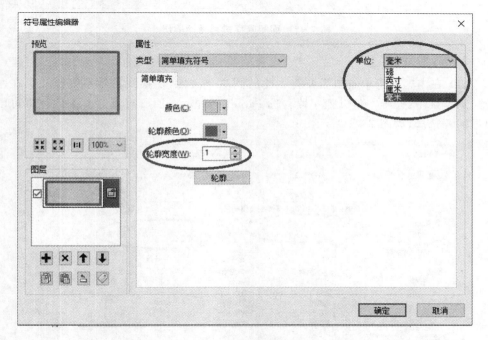

图 7-4　轮廓宽度设置

注意: 在 Window 和 ArcGIS 中,很多默认单位为磅(英文 point,简称 pt),我国标准是 mm。mm 和 pt 是这样转换的:以英寸(in)为中间换算单位,1in＝25.4mm,1in＝72pt,1mm＝72/25.4(pt)＝2.834645669291337pt,由于接近整数 3,很多时候也认为是 3pt。

当一个面层有重叠面,数据是按记录先后顺序显示的。当有一大一小的面重叠,如果大面在前,小面在后,两个都会正确显示,否则只显示大面,小面不显示,请使用"排序(Sort)"工具,按面积降序(DESCENDING)排列,如图 7-5 所示。

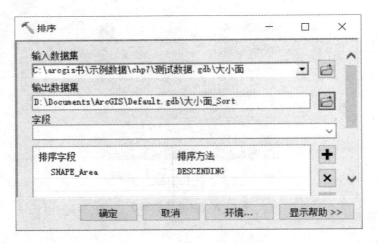

图 7-5 面积降序排列重新输出

2. 类别专题

（1）在内容列表中右击需要符号化的图层→属性，切换到符号系统标签页在左边显示类别中选"唯一值"，值字段移选 name。单击"添加所有值"，右上的色带可以根据需要选择，如图 7-6 所示。

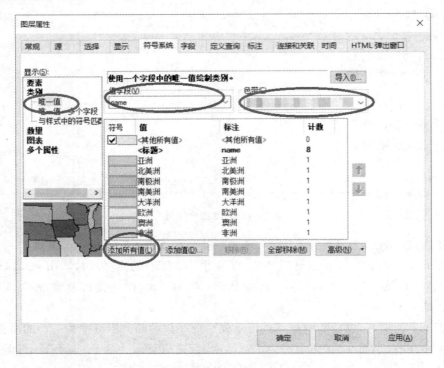

图 7-6 唯一值设置

（2）双击图 7-6 中的亚洲，可以修改样式，如果选择多个大洲，右键菜单如图 7-7 所示。

可以分组值(合并分组)、反向排序等很多操作。

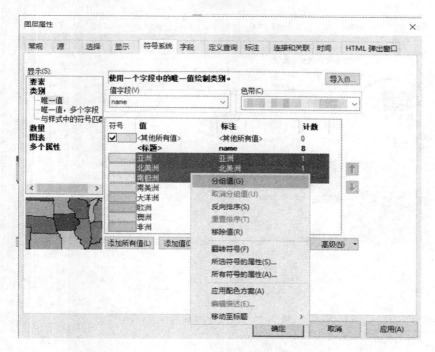

图 7-7 唯一值分组值设置

（3）确定后，结果如图 7-8 所示。

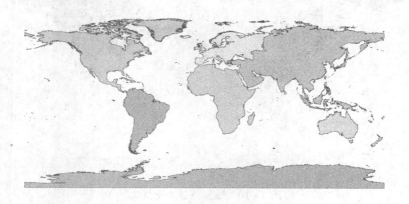

图 7-8 唯一值设置结果

3. 数量专题

（1）右击图层，切换到符号系统标签页，左边的数量选项选分级色彩，字段选

SQKM(面积平方公里),分类可以选择,色带可以自己调整,如图 7-9 所示。数量专题只是支持数字字段(短整数、长整数和双精度字段),面积越大,颜色越深。

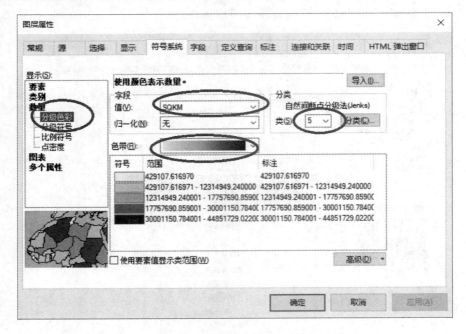

图 7-9　数量分级专题设置

(2)确定后,结果如图 7-10 所示。

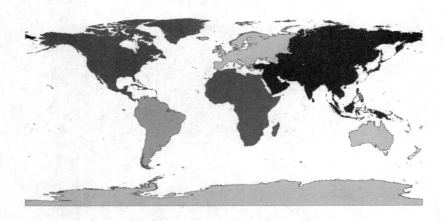

图 7-10　数量分级专题结果

4. 柱状图(直方图)

(1)图层右键属性,切换到符号系统标签页,左边的图表选项选"条形图/柱状图",字段选择 SQKM(面积平方公里)使用 > 移动右边,色带可以自己调整,如

图 7-11 所示。可以双击修改颜色,这个专题只支持数字字段(短整数、长整数和双精度字段),不支持字符和其他类型。

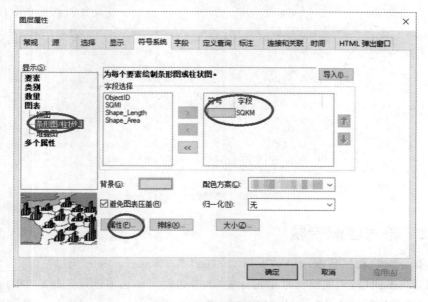

图 7-11 柱状图设置

(2)单击如图 7-12 所示的属性。

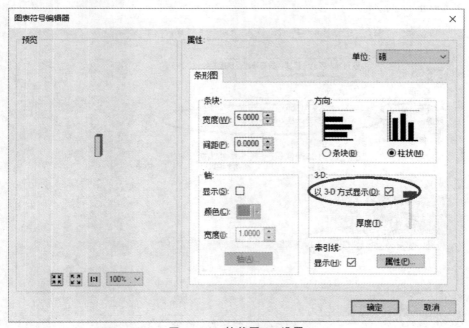

图 7-12 柱状图 3D 设置

(3) 确定后效果如图 7-13 所示。

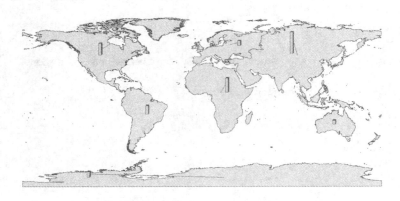

图 7-13 柱状图 3D 效果

7.1.2 符号匹配专题

数据：chp7\测试数据.gdb\DLTB，添加到 ArcMap。

(1) 右击图层，切换至符号系统标签页，左边的类别选项选择与样式中的符号匹配，值字段选"地类编码"，单击 浏览(B) 找到本章下的 fh\land.style，单击匹配符号，如图 7-14 所示。

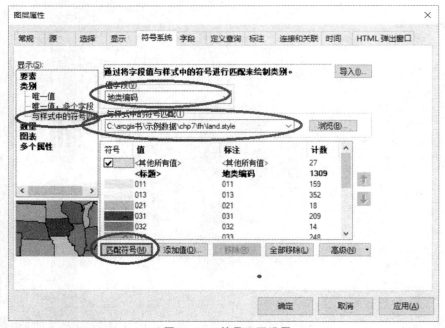

图 7-14 符号匹配设置

(2) 效果如图 7-15 所示。

图 7-15 符号匹配效果

(3) 查看符号库,主菜单自定义→样式管理器,单击样式,如图 7-16 所示。

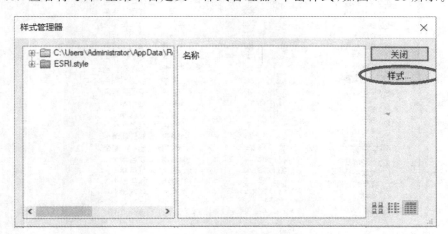

图 7-16 样式管理器

(4) 出现如图 7-17 所示的选项框。

(5) 单击"将样式添加到列表",找到本章的 fh\land.style,单击确定。

(6) 可以看到符号名称和地类编码一一对应,所以制作符号库,每个符号名字一定要和表中关键字段值一一对应,这样才能匹配,如图 7-18 所示。

图 7 – 17 添加已有样式

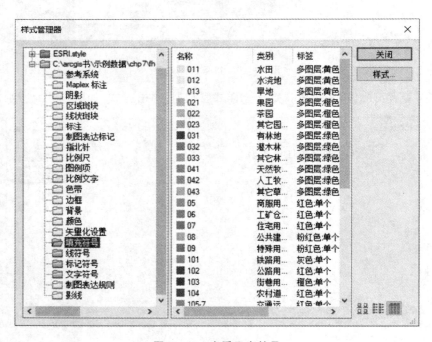

图 7 – 18 查看已有符号

7.1.3 两个面图层覆盖专题设置

两个面图层覆盖有两种方法：①设置图层透明度；②无色填充。

数据：chp7\山体阴影.mxd，直接打开"山体阴影.mxd"文件，打开文件或者 Arc-Catalog 拖动，具体操作如下：

(1) 数据如图 7-19 所示,有三维立体感。

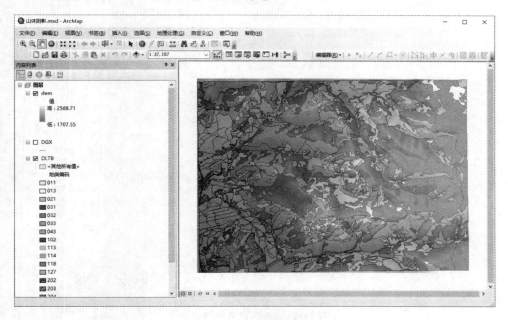

图 7-19 立体图展示

(2) 查看 DEM 右键属性设置,透明度 50%,为半透明,如图 7-20 所示。

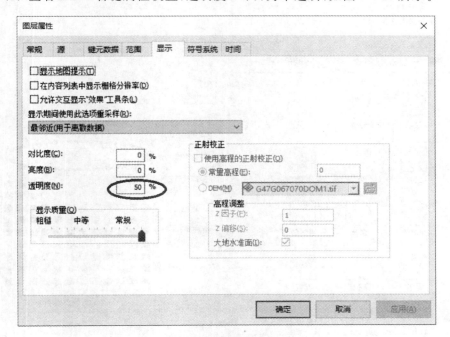

图 7-20 DEM 透明度设置

(3) 关闭 DEM 图层,打开最下面的"测试数据 DOM.tif"图层。

(4) 设置 DLTB 图层属性,左边设置单一符号选项,如图 7-21 所示。

图 7-21　单一符号图层设置

(5) 单击符号,填充颜色选无颜色,如图 7-22 所示。

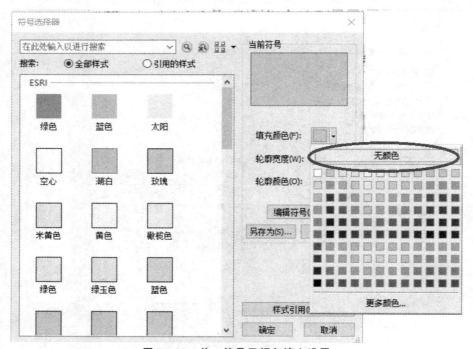

图 7-22　单一符号无颜色填充设置

（6）轮廓颜色设置为红色等比较鲜艳的颜色，如图 7-23 所示。

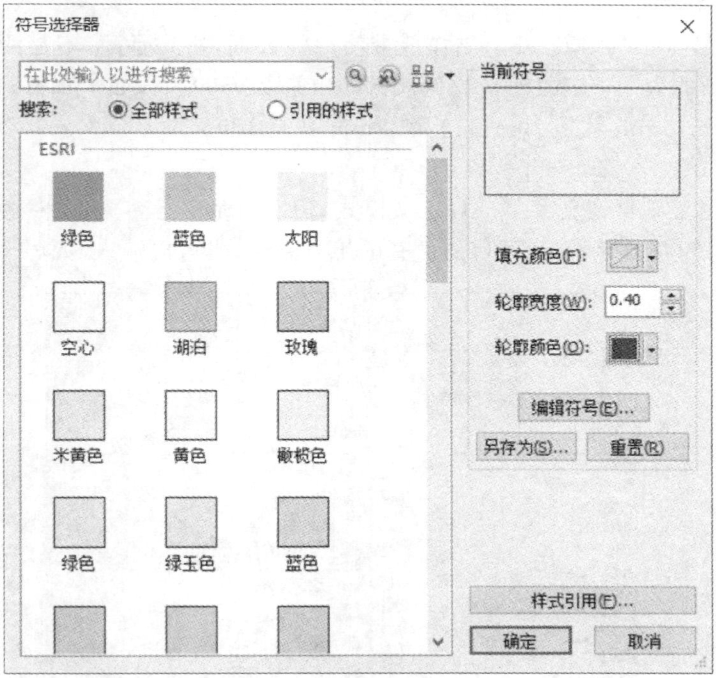

图 7-23　单一符号轮廓设置

（7）结果如图 7-24 所示，可以看到矢量数据是根据影像边界勾画出来的，反之，可以用来检查矢量数据和影像地物的边界是否一致。

图 7-24　单一符号无色填充两个图层覆盖效果

7.1.4 行政区边界线色带制作

使用数据：chp7\XZQ.shp，制作色带使用的数据，格式是面，不是线。色带一般 3～5 圈，每圈的大小一般是对应比例尺打印出来 2mm 左右，如 1∶1 万，1mm 对应实际距离为 10m，2mm 就是 20m；1∶5 万，2mm 就是 100m。

（1）加载数据 XZQ.Shp。

（2）在主菜单自定义菜单→自定义模式，切换到命令标签页，在左边类别的工具选项中，找到缓冲向导，拖动到目前已有的工具条中，也可以输入，如图 7-25 所示。

图 7-25　自定义加缓冲向导命令

（3）单击缓冲向导，假定 1∶5 万，2mm 就是 100m，界面如图 7-26 所示。

（4）如图 7-27 所示，融合类型选择"是"，缓冲区位置仅位于面外部，输出结果保存在数据库中，数据库可以是 GDB 或 MDB（已建），也可以是 SHP 文件，SHP 文件放在文件夹下。

（5）设置"缓冲_XZQ"样式，去掉边界颜色。色带颜色也可以自己修改，选择所有符号，右击选择所选符号的属性，如图 7-28 所示。

（6）轮廓颜色设置为无颜色，或者轮廓宽度为 0，如图 7-29 所示。

（7）效果如图 7-30 所示。

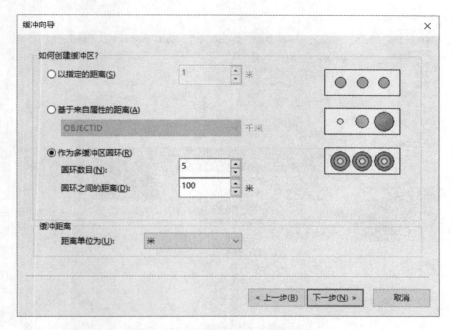

图 7-26 缓冲向导多缓冲圆环设置

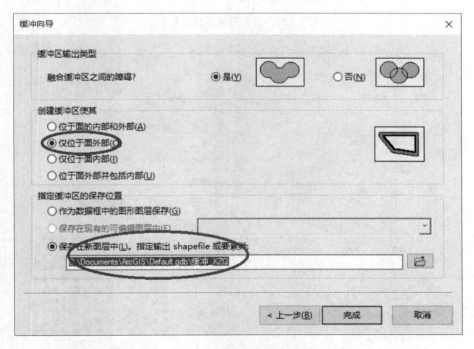

图 7-27 缓冲向导选外部,输出要素

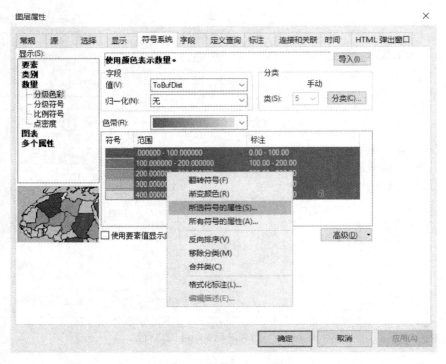

图 7-28 所选符号去掉边界线

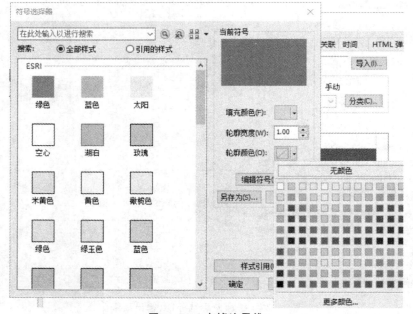

图 7-29 去掉边界线

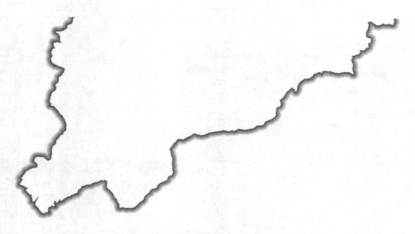

图 7-30 色带效果显示

7.2 点符号的制作

例如,制作: ,类似一个圈中有字的符号。方法如下:
(1)查看符号,主菜单自定义→样式管理器。
(2)单击样式,出现如图 7-31 所示的对话框。

图 7-31 创建新样式

(3)单击创建新样式,自己确定一个保存符号库位置和文件名,如保存为 fh\ss.syle,确定后,双击标记符号,在右边区域右击,新建标记符号,如图 7-32 所示。
(4)按如图 7-33 所示设置类型、字符标记符号和圆圈字符。

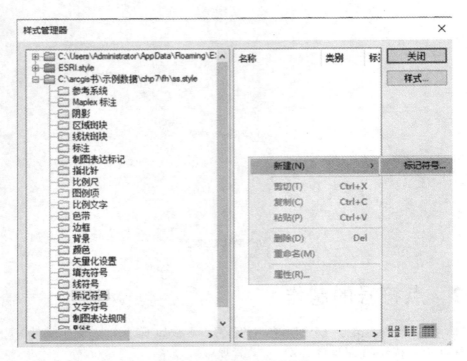

图 7-32　创建标记(点)符号

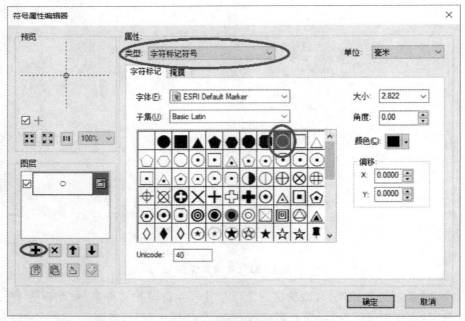

图 7-33　符号属性编辑器字体标记符号设置

(5) 单击图 7-33 中的 ✚ 出现如图 7-34 所示的界面,字体选宋体(或者黑体)等,在 Unicode 中输入 23429,调整字体大小在圈范围中(也可以把圈的字体调整大一些)。

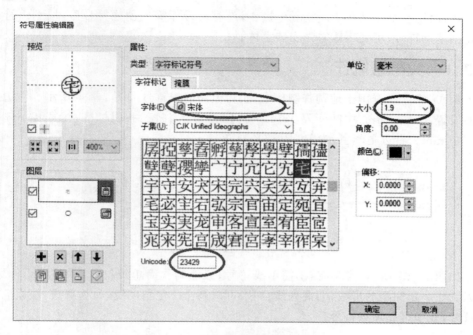

图 7-34　符号属性编辑器汉字输入

(6) 关键是如何获得一个汉字的 Unicode 编码,使用本章的"获得 unicode.exe"程序,输入一个或多个汉字,单击获得就可以了,如图 7-35 所示。

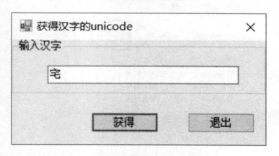

图 7-35　获得汉字的 Unicode 工具

(7) 复杂的点符号一般都是字体,可使用 FontCreator.exe 字体创建工具创建,字体文件一定要安装到 windows 字体库文件夹中,在 windows7、Windows10 找到对应的 ttf 文件,右击安装。

7.3 线面符号的制作

线、面符号制作都在 ArcMap 中操作,没有符号库需先创建符号库,用到点符号需先创建点符号,用到字体需先安装字体。

7.3.1 线符号制作

例1:第三次全国土地调查制作中,农村道路的线符号如图 7-36 所示。左边是线型设置:实线 4mm,中间间隔 1mm,线宽 0.2mm,注意:我国标准,线宽和字体单位都是 mm。右边是颜色,为 RGB(170,85,80)。

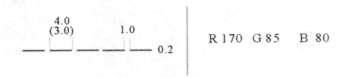

图 7-36 农村道路线符号

如图 7-37 所示,类型有:①简单线符号,只能制作简单线符号;②制图线符号,可以制作一定间距的虚线;③混列线符号,可以制作一定角度线,如垂直线;④标记线状符号,线中可以加点符号。

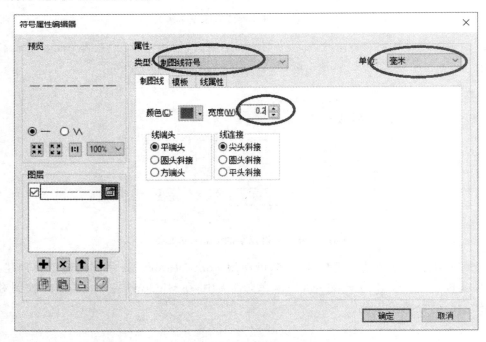

图 7-37 农村道路颜色和线宽设置

这里选制图线符号,可以定制虚线模板,右上角单位选 mm,在制图线中,根据 R170、G85 和 B80,设置颜色和线宽。

如图 7-38 所示,间隔和线样式的计算单位为磅,黑点表示实线,空白表示间距,1mm 是 2.83 磅。复杂的需要增加多个图层,通过计算来设置。

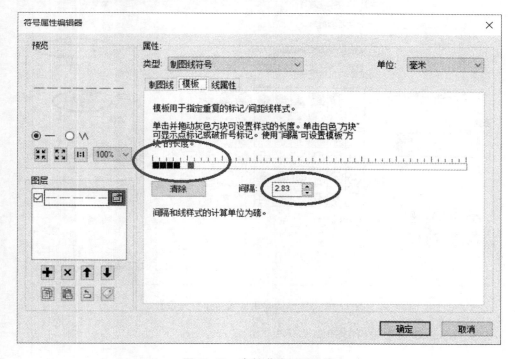

图 7-38 农村道路间距设置

例 2:管道运输用地符号制作。

管道运输用地符号,如图 7-39 所示,左边是线型设置:实线线宽 0.3mm,有时也可以是 0.2mm,20mm 加一个点,中心为空心,大小是 1.2mm。右边是颜色,为 RGB(235,130,130)。

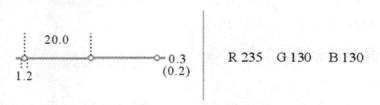

图 7-39 管道运输用地线符号

多个符号图层,单击 ➕ 增加图层,点层应该在上面,线层在下,因为点是空心的,可以使用 ⬆⬇ 调整图层上下顺序,点符号图层移到最上面。线中带点,选标记线状符号,模板间距20mm,56.6磅,设置如图7-40所示。

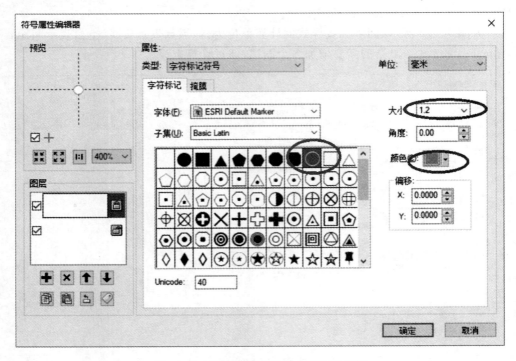

图7-40 管道运输用地线中点符号设置

例3:水工建筑用地符号如图7-41所示。

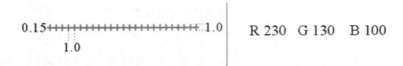

图7-41 水工建筑用地线符号

线中有垂直线,选混列线符号,间距1mm,2.83磅,线宽是0.15mm,RGB值为(230,130,130),设置如图7-42所示。

7.3.2 面符号制作

例1:城市201符号,如图7-43所示。

设置颜色,面颜色RGB(230,103,118),线的颜色CMYK(0,70,35,0),面中线,选线填充符号,间距4mm,交叉线通过两个线符号图层实现,角度一个为-45°,如图7-44所示;一个为45°,如图7-45所示。

例2:乔木林地符号,如图7-46所示。

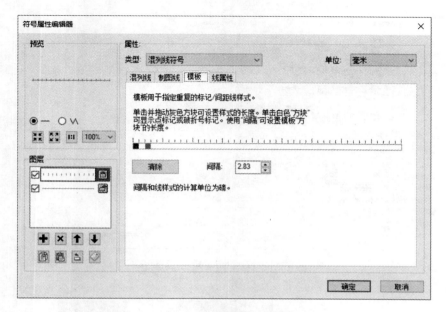

图 7-42 水工建筑用地线符号设置

图 7-43 城市面符号

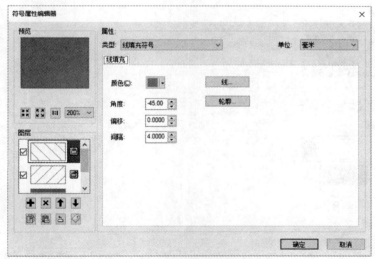

图 7-44 城市线方向负 45 设置

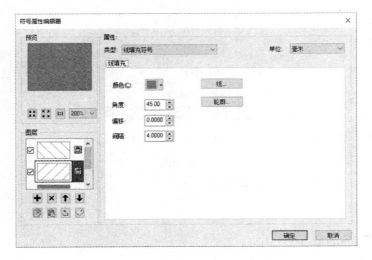

图7-45 城市线方向正45设置

图7-46 乔木林地符号

面的颜色RGB(50,150,60),面中加点,点大小为1.5mm,间距为10mm,如图7-47所示。

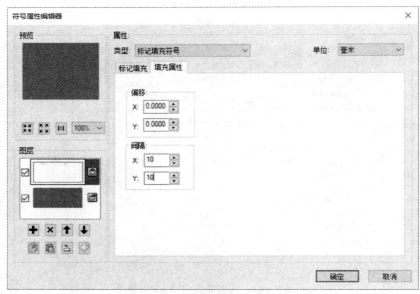

图7-47 乔木林地符号设置

7.4 MXD 文档制作

ArcMap 文档是 MXD 文件,一个文档中可以保存一个和多个数据框,一个数据框包括几个图层,每个图层都可以对专题符号、标注、比例尺和显示范围等信息进行保存,下次打开后,显示上次所有设置。数据并不真实保存在 MXD 文档中,文档和数据要求保存在同一文件夹中。

7.4.1 保存文档

(1) 打开 ArcMap,单击文件菜单新建,或者标准工具条的新建(文档)。
(2) 自己加入一个或多个图层(这些数据来自同一个路径),设置专题。
(3) 单击文件菜单下地图文档属性,如图 7-48 所示。

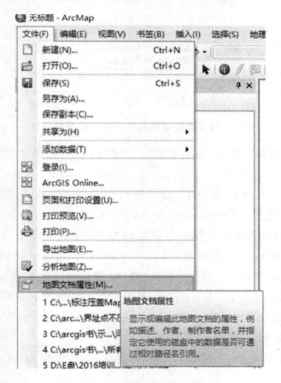

图 7-48　地图文档属性位置

(4) 单击后,如图 7-49 所示,"存储数据源相对路径名"前面的方框一定要选中,设置为相对路径,只要文档和数据相对位置不变就可以,切记不是绝对路径;如果选择绝对路径位置,不能做任何改变。

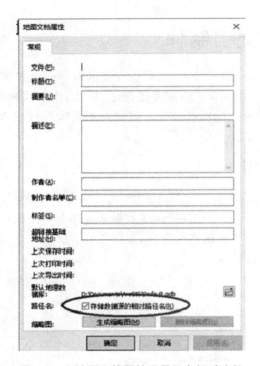

图 7-49 地图文档属性设置保存相对路径

(5) 单击文件菜单的保存,或者标准工具条的保存,保存文件到数据所在文件夹(目录)。

(6) 图 7-48 中的文件菜单下,选另存可以对 MXD 改名,同时可以减小 MXD 文件的大小,MXD 使用一段时间会变大,另存可以减小文件大小,同时提高性能。

总结:保存文档 MXD 一定要保存成相对路径,文档和数据在同一个文件夹下,文档所在路径就是默认的工作目录,默认的工作目录在 ArcCatalog 的最上面,非常方便地可以找到和添加数据。注意拷贝文档时,数据要一起拷贝,少一个都不可以。

文档 MXD 版本:ArcGIS 10.5 和 ArcGIS 10.4 不兼容,ArcGIS 10.4 和 ArcGIS 10.3 不兼容,ArcGIS 10.3 和 ArcGIS 10.2 不兼容,ArcGIS 10.2 和 ArcGIS 10.1 兼容,ArcGIS 10.1 和 ArcGIS 10.0 不兼容。

文件菜单主菜单→保存副本,单击图 7-48 中文件菜单的"保存副本",如图 7-50 所示。

可以保存成其他版本,其他版本的 ArcGIS 就可以打开;但如果其他版本在 ArcMap 10.5 中保存,将自动转成 ArcGIS 10.5 版本。

第 7 章 地图制图

图 7-50 地图文档保存副本为其他版本

7.4.2 文档 MXD 默认相对路径设置

MXD 一定要保存为相对路径，可以把相对路径设置为默认，设置方法如下：
（1）单击自定义菜单下的 ArcMap 选项，如图 7-51 所示。

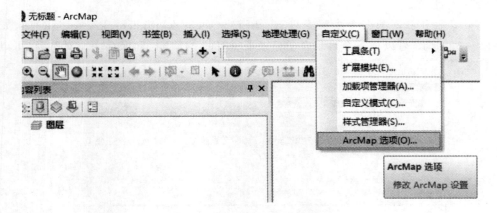

图 7-51 ArcMap 选项的位置

（2）常规下将相对路径设为新建地图文档的默认设置，如图 7-52 所示。

图 7-52 相对路径作为新建文档默认设置

注意：只对新建地图文档有效，以后新建地图文档都是自动保存为相对路径的；对已有文档无效，已有文档按原来的设置不变，是相对就是相对路径，不是相对路径就是绝对路径。

可以使用我写的一个小程序检查：chp7\mxdcheck\mxdcheck.exe，运行后，如图 7-53 所示，可以把一个目录含子目录下所有的 MXD 自动保存为相对路径，可以

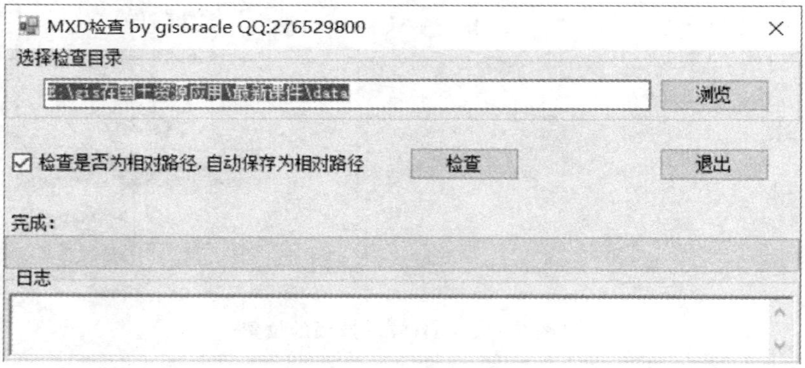

图 7-53 MXD 检查

去掉 ☐检查是否为相对路径,自动保存为相对路径 选项,只检查数据有效性,检查数据是否存在,并报告检查结果。

7.4.3 地图打包

通过 7.4.1 和 7.4.2 小节可以看出,ArcGIS 地图文档拷贝给别人时,文档和数据要一块拷贝,由于别人的路径和你的路径不一样,所以一定要保存为相对路径,别人的 ArcGIS 和你的 ArcGIS 版本不一致,就可能无法正确打开。不能只拷贝一个文件,这里可以采用地图打包,步骤如下:

(1) 自己先保存一个文档(有数据的文档),如:chp7\地图打包文档.mxd。
(2) 单击文件菜单→共享为→地图包,如图 7-54 所示。

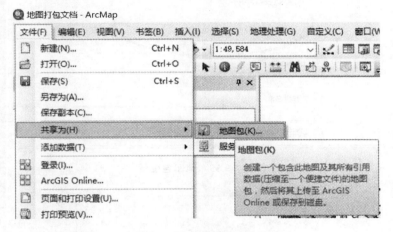

图 7-54 地图包位置

(3) 在项目描述中填写必填信息(描述也是必填),如图 7-55 所示。
(4) 单击图 7-55 右上角的共享,保存的 MPK 位置就是原始文档路径,如图 7-56 所示。

完成后,只拷贝这个 MPK 文件就可以了。

为了深入了解 MPK,做如下测试:把 MPK 扩展名修改成 RAR,发现其可以解压(因为本身就是特殊 RAR,千万不要模仿,不能将你的 Word 文档扩展名改成 RAR),解压后如图 7-57 所示。

V10 是 ArcGIS 10.0 版本,V105 是 ArcGIS 10.5 版本。进入 V10 后如图 7-58 所示。

ArcGIS10.0 文档和数据(地理数据库)在一起,如果有 SHP 格式的(所有版本兼容)地图打包,SHP 文件放在 Commondata 下,如图 7-59 所示。

总结:地图打包后,MPK 文件在 ArcGIS10.0(含 10.0)以上的所有版本都可以打开,都兼容。但不可以是 ArcGIS9.3 以下版本打开。通过地图包(.MPK)可方

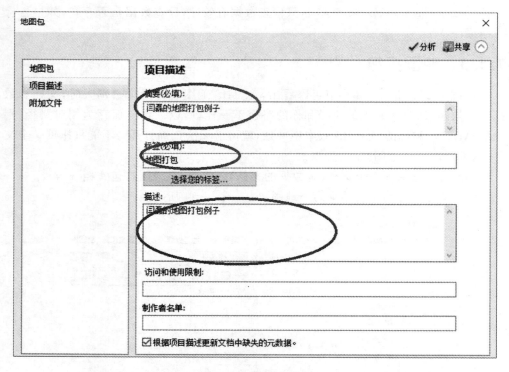

图 7-55 地图包位置

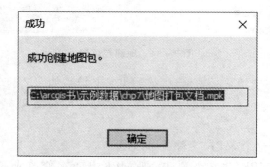

图 7-56 地图打包成功

便地与其他用户共享完整的地图文档。地图包中包含一个地图文档（.MXD）以及它所包含的打包到一个方便的可移植文件中的图层所引用的数据。使用地图包可在工作组中的同事之间、组织中的各部门之间共享地图。

注意：前面说过地理数据库有版本问题，ArcGIS10.0 和 10.5 兼容，9.3 和 10.0 不兼容，但 MXD 文档版本更多、更复杂，一定要考虑版本问题。

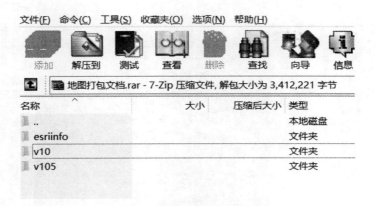

图 7-57 地图打包文件解压信息

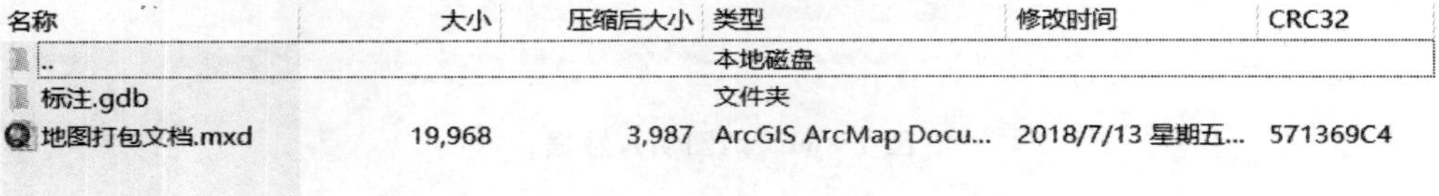

图 7-58 地图打包文件解压 V10 的详细信息

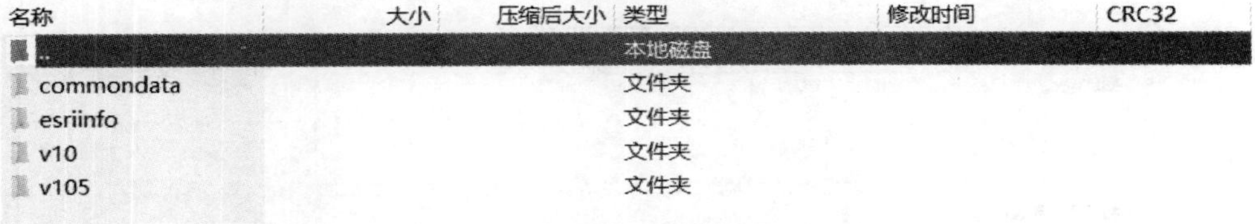

图 7-59 地图打包文件有 SHP 信息

7.4.4 地图切片

像高德、百度等 App 应用程序,矢量数据不能直接使用,数据都是以瓦片(地图切片)图片方式展示的,在不同的比例尺显示不同的数据,小比例尺下显示的范围大,是一个大的轮廓,大比例尺下显示的是更详细的内容。如果手机上安装 ArcGIS Runtime 开发的 App 程序,就可以读取地图数据。

(1) 制作 MXD 数据在不同比例下可见,如:chp7\切片包.mxd,如图 7-60 所示。

XZQ 的图层比例尺如图 7-61 所示。只有最大比例尺,地图比例尺大于 1:1 万不显示,小于 1:1 万都显示。

DLTB 图层设置如图 7-62 所示。

DLTB 只有最小比例尺,比例尺大于 1:1 万显示,小于 1:1 万不显示。如果在实

图 7-60 地图切片数据

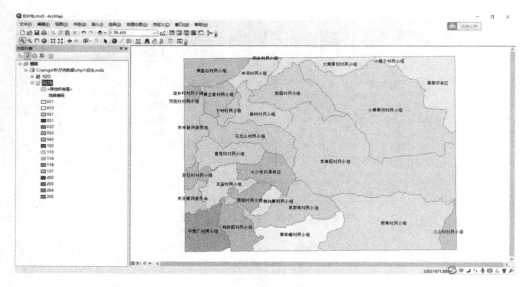

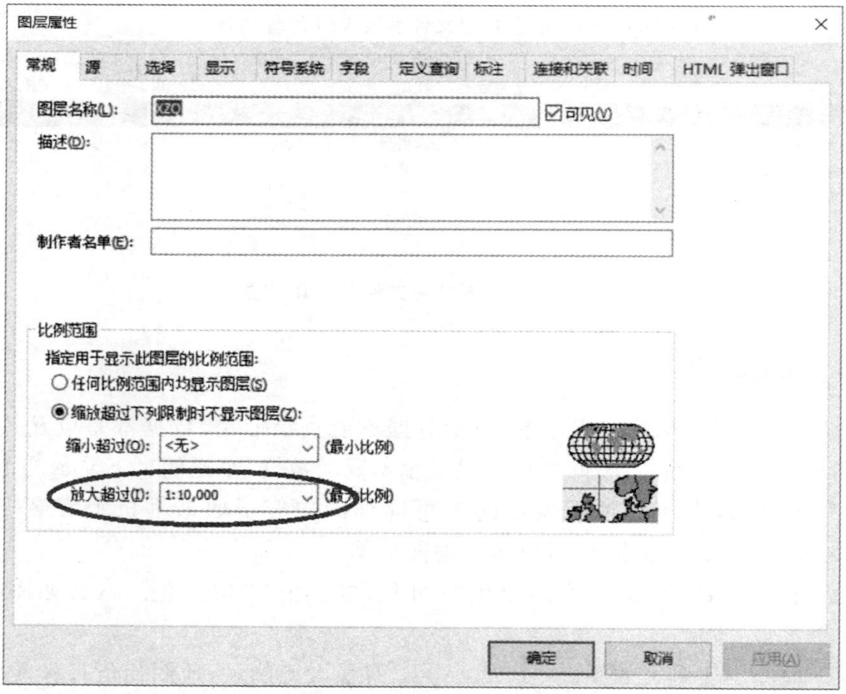

图 7-61 设置 XZQ 可见比例尺设置

际项目中,你可以设置更多,有最小比例尺和最大比例尺。

图 7-62 设置 DLTB 可见比例尺设置

（2）MXD 属性一定要设置，在文件菜单→地图文档属性中，如图 7-63 所示。

图 7-63 文档属性设置

（3）制作切片方案：找到"生成地图服务器缓存切片方案（GenerateMapServer-CacheTiling Scheme）"工具，如图7-64所示。

图7-64 地图切片工具打包

输入地图文档（就是原来保存的文档），保存文档所有数据一定要全部显示，打开切片地图第一界面就是保存文档的界面。

输出文件是一个TPK文件，就是切片结果，也是RAR文件，输出后可以修改扩展名，保存路径可以自己修改。

细节层次设置为5，比例尺范围多，设置大一些，但设置细节层次级数越多，切片速度越慢，切片文件就越大。

当文档做好后，也可以按照下面方法切片：

（4）单击主菜单上的自定义菜单→ArcMap选项，随即显示ArcMap选项对话框。单击共享标签页下，勾选启动ArcGIS Runtime工具，如图7-65所示。

（5）主菜单文件→共享为→切片包，如图7-66所示，不启动ArcGIS Runtime就没有这个菜单。

（6）打开文档切片包.mxd，切片格式的切片方案文件选择第3步生成的dd.xml，切片格式PNG24不用修改，级别自动设置为5，如图7-67所示。

第 7 章 地图制图

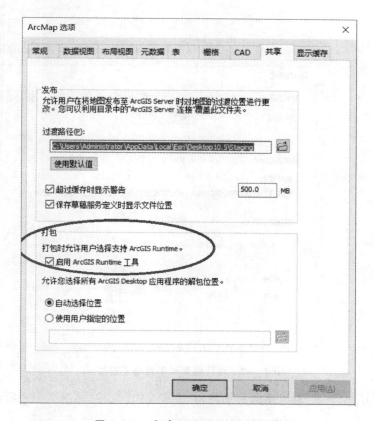

图 7-65 启动 ArcGISRuntime 工具

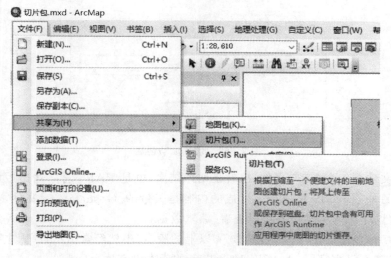

图 7-66 切片包位置

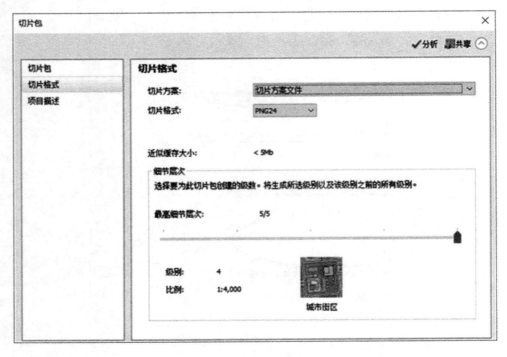

图 7-67　切片级别和图片格式设置

（7）单击图 7-67 右上角的共享按钮,生成 TPK 文件,如图 7-68 所示。

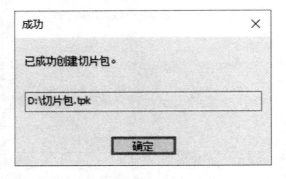

图 7-68　切片成功创建

输出文件是一个 TPK 文件,也就是切片结果,也是 RAR 文件,输出后可以修改扩展名。另外,ArcGIS Runtime 生成的内容是矢量的.Geodatabase 文件,本地离线数据库文件,手机等移动设备可以查看、编辑数据。

创建切片包建议使用 ArcGIS 10.4 以上的版本,不然经常出错,原因主要在于字段太多,或者有汉字字段,ArcGIS 10.4 以上的版本没有这个问题。

7.4.5 MXD 文档维护

MXD 文档使用一段时间,会有几个问题:
(1) 文件变得很大;
(2) MXD 文档数据的加载过程很慢。

所以一定要对文档进行维护,说白了就是如果文档生病了不维护,后面问题会越来越多,文档打开会越来越慢,维护方法如下:

① 在文件主菜单下另存,使用:chp7\mxd 维护\aaa.mxd,aaa.mxd 文件为 38M,另存后只有 288 KB,文件小了很多。

② 在 Windows 开始菜单中,在 ArcGIS 下找到 ArcGIS Document Defragmenter,运行界面如图 7-69 所示。

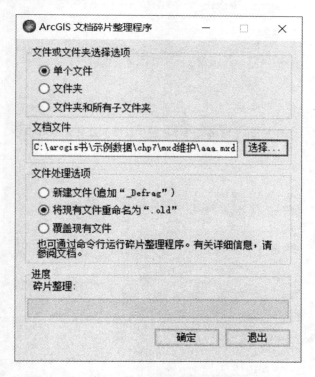

图 7-69　地图文档碎片整理程序处理单个 MXD

选择"文件夹和所有子文件夹",可以批量处理,如图 7-70 所示。

(3) 在 Windows 开始菜单中,ArcGIS 下找到 MXD Doctor,有严重问题时,使用诊断找到对应文件,如图 7-71 所示。

切换到处理,修复文档就可以,如图 7-72 所示。

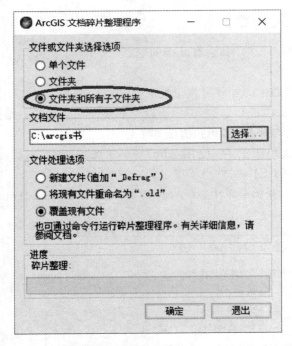

图 7-70 地图文档碎片整理程序批量处理 MXD

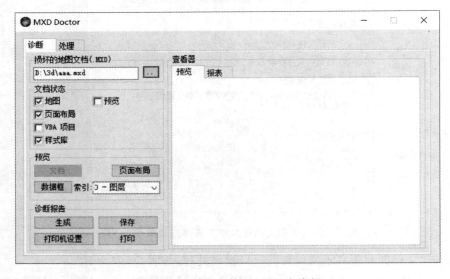

图 7-71 地图文档 MXD 医生诊断

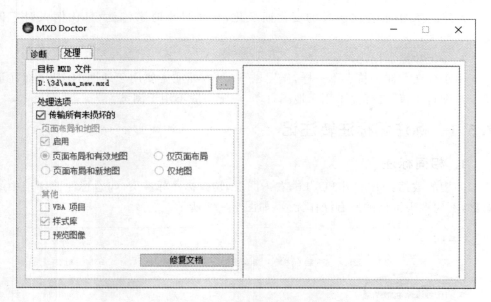

图 7-72 地图文档 MXD 医生修复文档

7.5 标 注

ArcGIS 中地图文字信息有两种表达方式:标注(Label)和注记(Annotation)。

标注用于显示地图要素图层的属性字段内容。标注是动态的,即每次重绘地图时(例如平移和缩放地图时)都会重新计算标注显示。标注不是所有对象都标注,地块太小时可能无法标注。

标注特点如下:
- 显示内容由字段属性值决定;
- 字体大小不随比例尺变化;
- 标注位置,会随地图位置、比例尺的改变而移动位置;
- 设置后必须以 MXD 方式保存;
- 标注永远不能覆盖(下部图层标注永远可见)。

注记存放在地理数据库中,SHP 文件不支持注记。与其他要素类一样,注记要素类中的所有要素均具有地理位置和属性,可以位于要素数据集内或独立的要素类内。每个文本注记要素都具有符号系统,其中包括字体、大小、颜色以及其他任何文本符号属性。注记通常为文本,但也可能包括需要其他类型符号系统的图形形状(例如方框或箭头)。

注记特点如下:
- 注记是一个实实在在的图层;

> 字体大小跟着比例尺的变化而变化，比例尺小时字体就小，比例大时字体变大；
> 注记位置是固定的。

由于标注和注记特点不一样，作用也不一样，标注主要用于地图的浏览，而注记用于地图打印，反之标注不用于地图打印，注记一般不用于浏览。

7.5.1 标注和标注转注记

1. 相同标注

使用的数据：chp7\小班.shp，右击图层，切换标注标签页，勾选标注此图层中的要素，不勾选则下面的所有操作无效，如图7-73所示。

图7-73 标注的设置

标注字段，自己选择一个字段，字段内容不为空。字体名称可以自己选，字体大小可以设置，单位为磅。

标注字段，自己选一个就可以，效果如图7-74所示。

2. 标注转注记

标注转注记：图层一定先标注，先设置转换注记的参考比例尺。有两种方法：

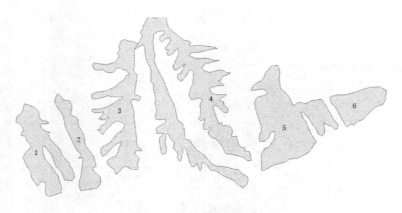

图 7-74 标注的结果

（1）直接设置地图浏览比例尺，如图 7-75 所示。

图 7-75 地图比例尺设置

（2）右击数据框，参考比例→设置参考比例，设置参考比例尺，如果两种都同时设置，ArcMap 采用第二种方式。右击图层将标注转换为注记，如图 7-76 所示。

图 7-76 标注转换注记菜单位置

如果没有标注,该菜单是灰色的,不能用,一定要先标注,出现如图7-77所示的界面。

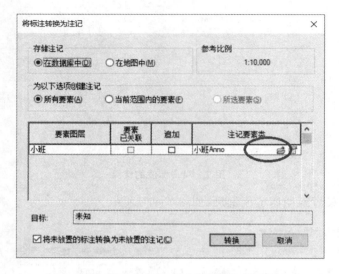

图7-77 标注转换注记输出数据库位置设置

单击图7-77中的 图标,把注记放在数据库中(如果开始是数据库的数据,这一步就可以省略),一定要放在数据库(当然可以是任意一个地理数据库)内部,如图7-78所示。

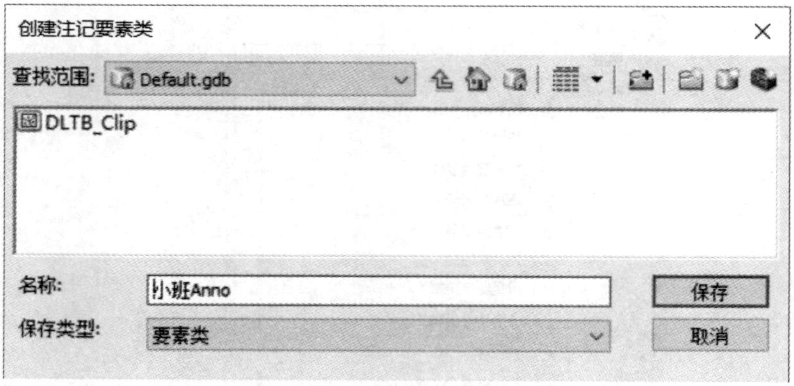

图7-78 注记输出数据库位置正确设置

如果没有进入地理数据库内部,只选地理数据库,是不可以的,如图7-79所示。

保存后,就有目标位置,单击转换就可以了,如图7-80所示。

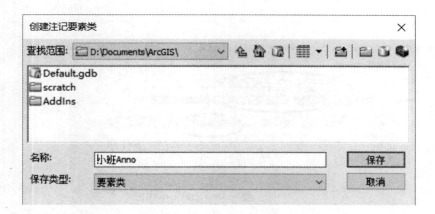

图 7-79　注记输出数据库位置错误设置

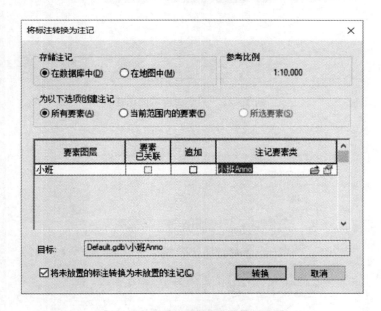

图 7-80　标注转注记界面最后结果

3. 一个图层不同标注

使用的数据：chp7\小班.shp，右击或双击图层，切换标注标签页，勾选标注此图层中的要素。

（1）在标注方法的下拉框选"定义要素类并且为每个类加不同的标注"，如图 7-81 所示。

（2）单击 SQL 查询，SQL 语句可以根据自己的情况设置。输入：FID＜＝2，单击确定，如图 7-82 所示。

（3）修改字段大小为 14 磅，颜色为红色，如图 7-83 所示。

图 7-81 一个图层不同标注

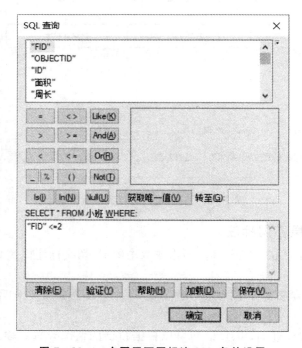

图 7-82 一个图层不同标注 SQL 条件设置

图 7-83　一个图层不同标注设置

（4）单击添加，给定类名称：大于 2，如图 7-84 所示。

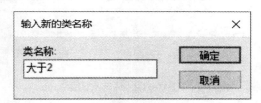

图 7-84　一个图层不同标注类名指定

（5）再次单击 SQL 查询，输入：FID>2。
（6）确定后，效果如图 7-85 所示。

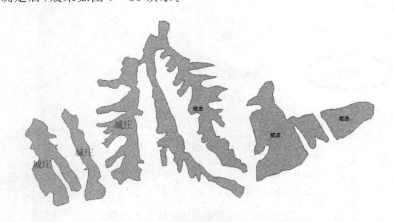

图 7-85　一个图层不同标注结果查看

7.5.2 一个图层所有的对象都标注

标注不是默认所有数据都标注,需要处理压盖,使用数据：chp7\所有都标注.mxd,直接加载 MXD。加标注工具条,单击 可以看到地图有很多红色没有标注,如图 7-86 所示。

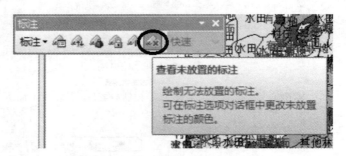

图 7-86 标注工具条查看未放置的标注

右击数据→属性,如图 7-87 所示。

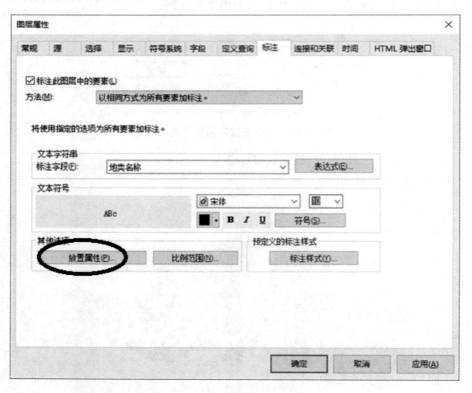

图 7-87 一个图层标注放置属性设置

单击图 7-86 中的"放置属性",出现如图 7-88 所示的对话框。

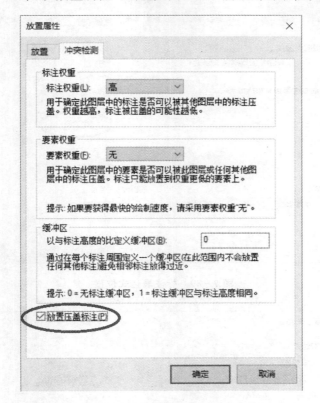

图 7-88　放置属性设置压盖标注

勾选放置压盖标注,原来很多红色没有放置标注,就消失了。这样操作的优点是都标注,缺点是标注相互压盖。默认不压盖,缺点是有些没有标注。

7.5.3　取字段右边 5 位

使用数据:chp7\DK.shp,右击数据→属性,如图 7-89 所示。

单击"表达式",如图 7-90 所示。

输入 right([DKBM],5)。下面解析程序 VBScript,VBScript 不区分大小写,但括号、逗号一定是半角的,字段一定使用中括号括起来,字符串使用双引号。

如果需要左边 5 位,写法:left([DKBM],5),当出现语法错误,一个重要的方法是拷贝到记事本仔细看,认真研究。

如果需要从 2 位取 3 位,写法:mid([DKBM],2,3),VBScript 第一位从 1 开始,不是从 0 开始。VBScript 更多语法参考:https://msdn.microsoft.com/EN-US/LIBRARY/D1WF56TT(V=VS.84).ASPX。

Python 写法如图 7-91 所示。

图 7-89　标注表达式位置

图 7-90　标注表达式取右边 5 位 VBScript 设置

图 7-91　标注表达式取右边 5 位 Python 设置

必须勾选高级,下面解析程序为 Python。

如果只取左边 5 位,Python 的高级语法如下:

```
def FindLabel ( [DKBM] ):
  return [DKBM][0:5]
```

含义:从第一位(0 开始)到第 5 位结束,不包括第 5 位。Python 更多语法参考:http://docs.python.org/library/index.html。

7.5.4　标注面积为亩,保留一位小数

测试数据:chp7\面积亩保留一位小数.mxd,首先加一个字段 a,类型为双精度。
字段计算器中,计算面积为亩,保留一位小数,表达式 round([shape_Area] * 3/2000,1)中 1 表示保留一位小数,如果需要 2 位则输入 2,需要整数输入 0,如图 7-92 所示。

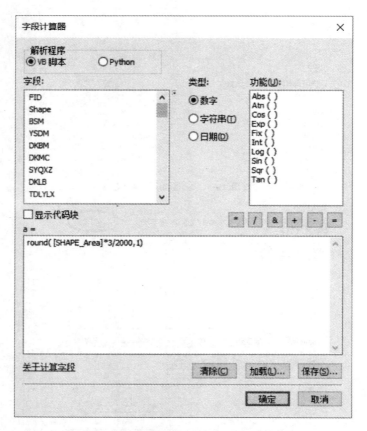

图 7-92 计算面积为亩保留一位小数

在标注中,选择 a 字段,结果如图 7-93 所示。

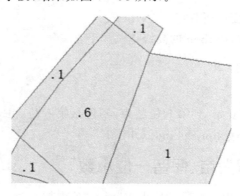

图 7-93 标注结果

可以看到 1 后面没有其他的了,如果需要 1.0,设置如下:打开属性表,找到对应字段,右击,如图 7-94 所示。

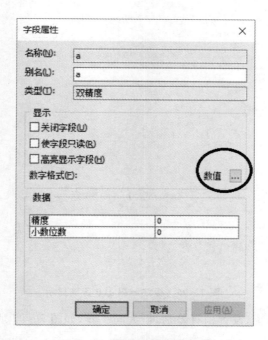

图 7-94　数值字段属性设置

单击"数值",设置一位小数,勾选补零,如图 7-95 所示。

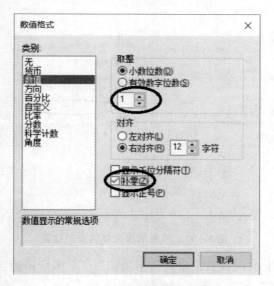

图 7-95　数值字段数值设置

效果如图 7-96 所示。

可以看到是 1.0,但".1"和".6"前面的 0 没有显示,这是在控制面板中设置的,

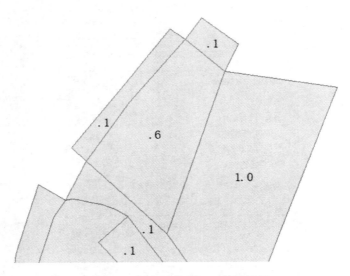

图 7-96　标注结果 1.0 正确显示

不同的 Windows 系统,设置稍有差别,但大同小异,如图 7-97 所示。

图 7-97　控制面板数字格式的位置

单击"更改日期、时间或数字格式",出现如图 7-98 所示的界面。
单击"其他设置",出现如图 7-99 所示的界面。
显示前导零,选 0.7 就可以了,这里是 Window 10 版本,其他 Windows 版本操作类似,如果设置后没有正确显示,则重启计算机。

第 7 章　地图制图

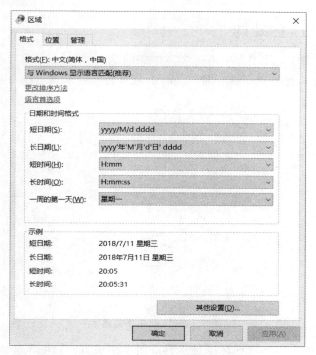

图 7-98　区域和日期等设置

图 7-99　数字 0.7 正确设置

7.5.5 标注压盖处理

标注压盖处理,实际工作中有很多类似的问题,可以通过设置被压盖要素权重来实现。数据:chp7\界址点不压界址线.mxd,直接打开这个 MXD,如图 7-100 所示。

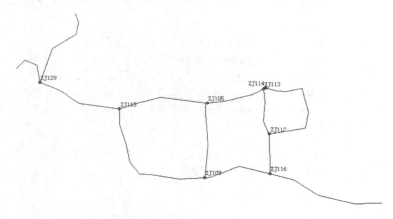

图 7-100 标注压盖显示

可以看到,很多界址点标注压盖了界址线。解决方法:在界址线图层右键属性,而不是界址点,如图 7-101 所示。

图 7-101 标注放置属性

单击"放置属性"按钮,出现如图 7-102 所示的界面。

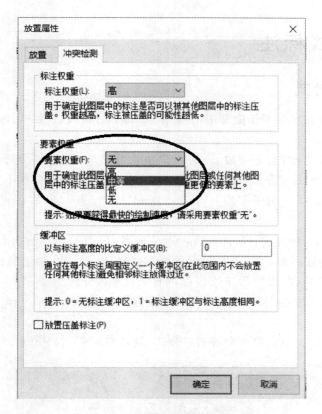

图 7-102 放置属性设置要素权重

要素权重,选高、中等其中之一,以后不想压盖哪个,要素权重就设置哪个。效果如图 7-103 所示,可以看到很多没有压盖。

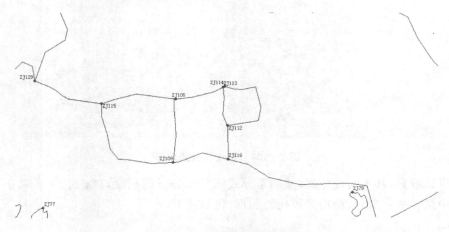

图 7-103 标注不压盖效果

7.6 分式标注

7.6.1 二分式

二分式标注在实际工作中常用,有分子、分母和分数线,使用 VBScript 有如下三种方式:

① "<und>"& [分子字段] & "</und> "&vbcrlf & [分母字段];
② "<und>"& [分子字段] & "</und> "&vbnewline & [分母字段];
③ "<und>"& [分子字段] & "</und> "& chr(13)& chr(10)& [分母字段]。

其中换行有三种方式:vbcrlf、vbnewline 或者 chr(13) & chr(10),chr(13)是硬回车,chr(10)是软回车,<und>表示开始下划线,</und>表示结束下划线,字段名前后使用中括号,& 是字段串连接符,VB 语言不区分大小写。

Python 的表达式:"<und>" +[分子字段] +"</und>" + "\n" + [分母字段]。

看 chp7\分式.mxd,第一个普通二分式,效果如图 7 - 104 所示。

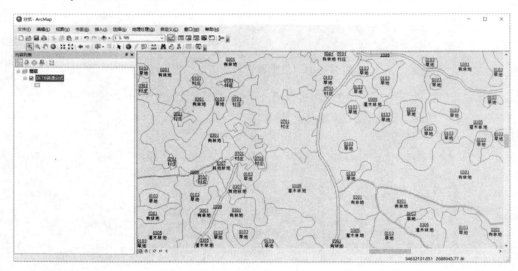

图 7 - 104 标注二分式效果

可以看到,基本实现分式,缺陷是分式线只取分子的长度,理论上应该取分子和分母中最长的一个,只能用高级代码实现,代码如下:

```
'设计人:闫磊
FUNCTION strlen(str)
```

```
        dim p_len
        p_len = 0
        strlen = 0
        p_len = len(str)

        FOR xx = 1 to p_len

            IF asc(mid(str,xx,1))＜0 then
                strlen = int(strlen) + 2
            ELSE
                strlen = int(strlen) + 1
            END if

        NEXT

END function

FUNCTION myFind ( DZM,NAME )
    a = strlen(dzm)
    b = strlen(NAME)

    IF a＞b then
        myFind = "＜und＞" & DZM & "＜/und＞" &  vbnewline & NAME
    ELSE
        str = space((b－a)/2)
        myFind = "＜und＞" & str & DZM & str & "＜/und＞" & vbnewline & NAME
    END if

END Function

'调用修改的地方,
Function FindLabel ([字段 1],[字段 2])
    FindLabel = myFind([字段 1],[字段 2])
End Function
```

把其中的字段,修改成自己所需的字段,也可以是更多字段的二分式,如下所示:

```
Function FindLabel ([字段 1],[字段 2],[字段 3])
    FindLabel = myFind([字段 1],[字段 2]&[字段 3])
End Function
```

右击 chp7\分式.mxd 下"DLTB 高级二分式"数据→属性,如图 7-105 所示。

201

图 7-105 二分式标注高级代码设置

效果如下:

修改 FindLabel 中的内容,如果需要调用三个字段,修改如下,具体见 chp7\分式.mxd 下"DLTB 高级二分式三字段"数据:

```
Function FindLabel ( [DLBM],[DLMC],[shape_area] )
    FindLabel = myFind([DLBM] & "面积:"& round([shape_area] * 3/2000,1) &"亩",[DLMC])
End Function
```

效果如下:

7.6.2 三分式

使用数据:chp7\三分式.mxd,效果如下:

代码如下:

```
'设计人:闫磊


'- - - - - - - - - - FUNCTION STRLEN(STR) - - - - - - - - -
FUNCTION strlen(str)
    dim p_len
    p_len = 0
    strlen = 0
    p_len = len(str)

    FOR xx = 1 to p_len

        IF asc(mid(str,xx,1))＜0 then
            strlen = int(strlen) + 2
        ELSE
            strlen = int(strlen) + 1
        END if

    NEXT

END function

FUNCTION myFind(cunname,DJH,SHAPE_Area )
    dim str
    str = SHAPE_Area
    dim d
    d = strlen(str)
    dim d1
    dim d2
    d1 = strlen(cunname) /2
    d2 = strlen(DJH) /2
    if d2＞d1 then
        d1 = d2
    end if
```

```
        myFind = cunname & space(d) & vbnewline  & string(d1,"—") & str & vbnewline & DJH & space(d)
    END Function


'修改这里
Function FindLabel([DLBM],[DLMC],[shape_area]   )
  FindLabel = myFind([DLBM],[DLMC],Round([shape_area] * 3/2000,1) & "亩" )
End Function
```

修改 FindLabel，可以是三个，也可以是更多个；还需要设置间距，如图 7-106 所示。

图 7-106　标注字体符号设置

单击"符号"按钮，界面如图 7-107 所示。

单击"编辑符号"，切换到格式化文本，设置字符间距和行距，都设置为负值，如图 7-108 所示。

图 7-107 编辑字体符号

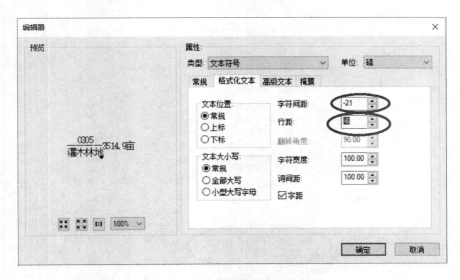

图 7-108 设置字体间距和行间距

7.7 等高线标注

等高线是地形图上高程相等的相邻各点所连成的闭合曲线，位于同一等高线上的地面点，海拔高度相同，除了悬崖以外，不同高程的等高线不能相交。

等高线按其作用不同,分为首曲线和计曲线等。首曲线,又叫基本等高线;是按基本等高距测绘的等高线,一般用细实线(0.15mm)描绘,是表示地貌状态的主要等高线。计曲线,又叫加粗等高线;为了便于判读等高线的高程,自高程起算面开始,每隔 4 条首曲线就有一个加粗描绘的等高线。一般用粗实线(0.3mm)并在适当位置断开注记高程。字头朝向上坡方向,计曲线是辨认等高线高程的依据。等高线只是等值线的一种,其他如等深线等,操作方法类似。

标注高程一般只标注计曲线,数据:\chp7\dgx.shp,BSGC 是高程,DGXLX 是等高线类型,其中值是 710102,是计曲线。

7.7.1 使用 Maplex 标注等高线

新建一个文档(关闭其他数据),添加 dgx 数据。

ArcGIS 10.1 以前的版本,先勾选 Maplex 扩展模型,在 ArcGIS 10.5 中不需要,右击数据框→属性,如图 7-109 所示。

图 7-109　数据框选 Maplex 标注引擎

右击"等高线"图层→属性,按一个图层的不同标注,SQL 查询条件为"DGXLX" = '710102',设置方法如图 7-110 所示。

第 7 章 地图制图

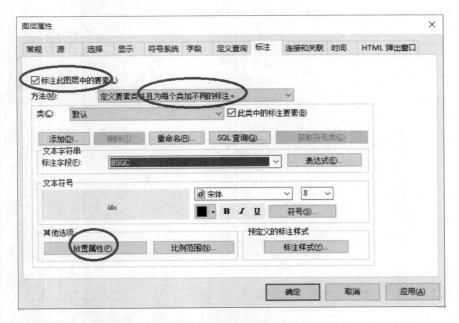

图 7-110 数据属性标注设置

单击"放置属性",选等值线放置,如图 7-111 所示。

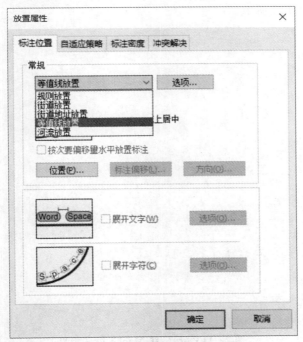

图 7-111 放置属性等值线放置

按字体设置方法,选晕圈,如图 7-112 所示。

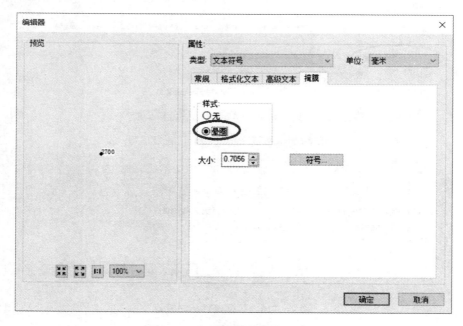

图 7-112　放置属性等值线放置

结果如图 7-113 所示。

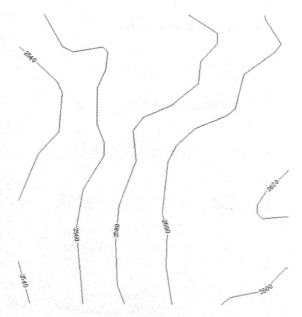

图 7-113　等值线 Maplex 标注结果

7.7.2 等值线注记

等值线注记（ContourAnnotation）生成结果是注记，一定要放在地理数据库中，如果原始数据在数据库中，就放在对应数据库中，原始是 SHP，请自己指定数据库。

先选择对象→属性选择，如图 7-114 所示。

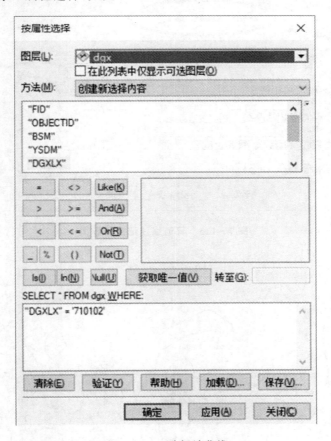

图 7-114　选择计曲线

等值线注记的操作界面如图 7-115 所示。

工具运行放在前台，具体见 2.3.5 小节。查看输出结果如图 7-116 所示，需要把原来的数据关闭，选择对象取消（清除选择）。

注记在线的中央，线看起来是打断的，但并没有真的打断，如果需要真的打断则使用"擦除（Erase）"工具，操作如图 7-117 所示。

dgx_Erase 就是真的被打断的等高线。

图 7-115 等值线注记操作界面

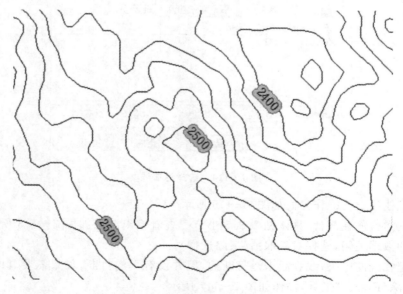

图 7-116 等值线注记操作结果

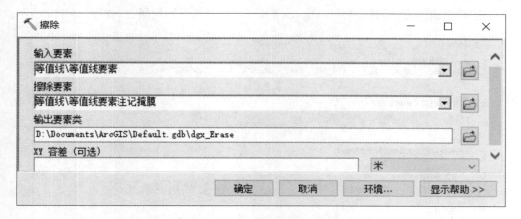

图 7-117　擦除真的打断等值线

7.8　Maplex 标注

Maplex 标注引擎提供了一系列特殊的工具,用来帮助提高地图上的标注质量。利用 Maplex 标注引擎,可以定义一些参数来控制标注的位置和大小。Maplex 标注引擎随后使用这些参数来计算地图上所有标注的最佳放置位置,还可以为要素指定不同级别的重要性,以确保较重要的要素在重要性较低的要素之前进行标注。

使用 Maplex,有两种方法:

(1) 右击数据框→使用 Maplex 标注引擎;

(2) 标注工具条的标注→使用 Maplex 标注引擎,如图 7-118 所示。

图 7-118　标注工具条中启动 Maplex

7.8.1　河流沿线标注

数据:chp7\河流标注.mxd,字段:河流名称是标注的内容。

按照上面的方法，首先启动 Maplex 标注引擎，右击→图层属性，如图 7–119 所示。

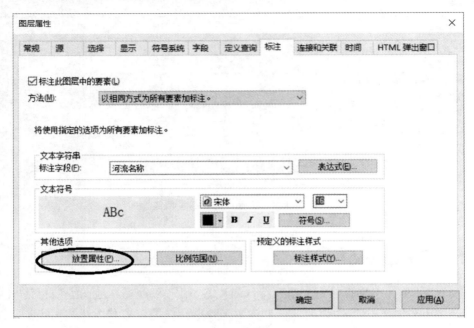

图 7–119　按河流放置标注设置

单击"放置属性"，出现如图 7–120 所示界面。

图 7–120　Maplex 河流放置设置

上面选河流放置,下面选展开字符,效果如图7-121所示,该操作也适用于道路名称。

图7-121 河流名称按线展开效果

7.8.2 标注压盖Maplex处理

数据:chp7\标注压盖Maplex处理.mxd。

首先启动Maplex标注引擎,打开"标注"工具条,单击标注管理器,如图7-122所示。

图7-122 打开标注管理器

打开后，勾选界址点的默认，设置偏移 5 磅（标注文字到界址点图形距离），如图 7-123 所示。

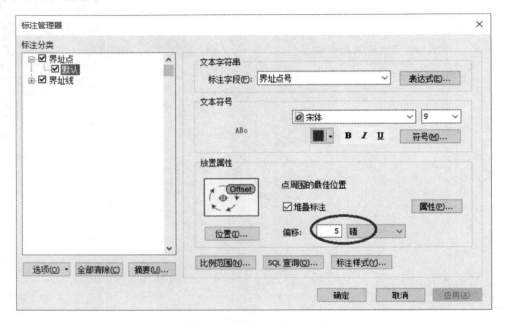

图 7-123　标注管理器界面设置偏移距离

单击界址线，进入默认设置，如图 7-124 所示。

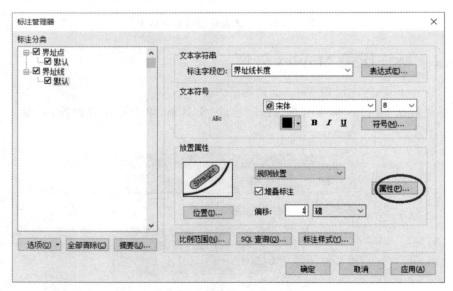

图 7-124　界址线设置

单击"属性",切换冲突解决,要素权重输入 100(0～1000 之间,多个可以通过这个区分,值越大,权重越大,越不能压盖),0 是可以压盖的,如图 7-125 所示。

图 7-125　要素权重设置

效果如图 7-126 所示。

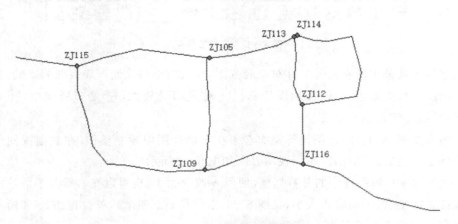

图 7-126　Maplex 压盖效果

界址点标注不压盖界址线,打印时标注转注记也压盖,效果比 7.5.5 小节好一点。

第 8 章

地图打印

8.1 布局编辑

ArcGIS 的地图打印是在布局视图中完成的,所以地图打印前一定要切换到布局视图,切换方法:在视图主菜单中单击布局视图,布局工具条如图 8-1 所示。

图 8-1 布局工具条

布局工具条中所有工具只针对布局视图,放大缩小只改变布局页面的比例,相当于布局图片放大缩小,不改变地图比例尺。是布局放大,是布局缩小,是布局平移,是缩放这个页面。

插入图例、指北针、比例尺等操作必须在布局视图中才能操作,在数据视图中这些图标是灰色的,不能用。布局视图界面如图 8-2 所示。

图 8-2 中,内部选中的是数据框,使用改变大小,也可以在右键菜单属性的大小和位置标签页,手动输入大小,见图 8-3,单位是 cm(厘米),单位在图 8-4 所示的页面和打印设置中确定的。

外部的矩形,加阴影的是地图页面。需要修改地图页面的大小,在文件主菜单→打印和页面设置。具体设置如图 8-4 所示。

图 8-4 中,上面是打印机设置,可以选择打印机,不同的打印机支持的纸张大小不一样,同时可以设置方向:横向或纵向;下面是地图页面大小设置,默认和打印机纸张设置一致也可以不选使用打印机纸张设置,自己手动输入设置。

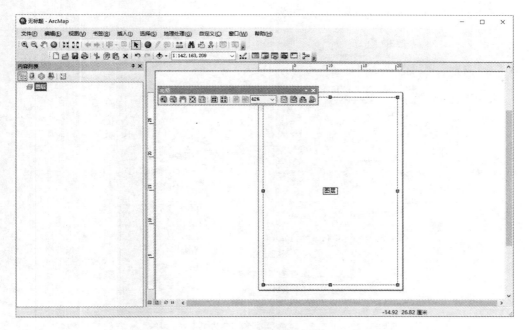

图 8-2 布局视图

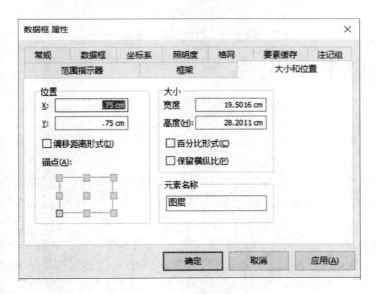

图 8-3 数据框属性设置

地图页面是理论上的最大打印范围,所有需要打印内容必须放在地图页面范围中。如果超过地图页面范围无法打印,也无法预览。

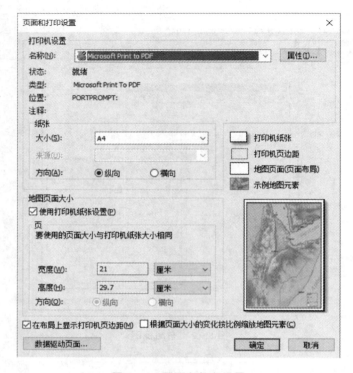

图 8-4 页面和打印设置

8.1.1 插入 Excel 的方法

使用数据：chp8\界址点成果表.xlsx。

注意：电脑要安装 Office2007 以上的版本，步骤如下：

（1）使用 office Microsoft Excel 打开对应文件；

（2）在 Excel 中选需要插入的内容并复制；

（3）切换到 ArcMap 的布局视图，主菜单编辑→选择性粘贴，不考虑原来的公式，只要具体的数值，本数据使用粘贴，结果一样；

（4）使用选择元素工具 ，改变大小和位置。

这种方法，缺点是不能修改。注意可能的错误操作：主菜单插入→对象，插入 excel 对象，会发现插入 excel 后总是多一些东西或者不太容易调整大小。优点是插入对象方法，可以双击修改。

8.1.2 插入图片

主菜单插入→图片，如图 8-5 所示。

可以看到支持 JPG、GIF、TIF、EMF、BMP、PNG 和 JP2，我推荐的格式是 PNG 和 EMF，只有 PNG 和 EMF 打印出来失真度最小，清晰度最高。

图 8-5 插入图片

8.1.3 固定比例尺打印

使用数据：chp8\固定比例打印.mxd，固定 1∶10000 打印。

（1）打开"固定比例打印.mxd"：文件菜单→打开，也可以从 ArcCatalog 目录树中拖动到 ArcMap 中。

（2）切换到布局视图，设置地图比例尺为 1∶10000，可以看到，数据框大小和地图页面大小都不够，范围太小。首先设置地图页面大小，地图页面大小的设置，一般是先设置一个比较大的值，回到布局视图，不改变比例尺（固定 1∶10000），改变数据框的大小，让数据全部在数据框中显示，查看数据框大小，再去设置地图页面大小，地图页面比数据框稍大一点。

（3）主菜单文件→设置地图页面大小，不使用打印机纸张设置，输入宽度为720mm，高度为 620mm（多次尝试的结果），如图 8-6 所示。

（4）调整数据框大小：让数据框都在地图页面范围中，不要放大或缩小地图，如果地图不在中间位置，使用平移按钮，移动地图。

（5）效果如图 8-7 所示。

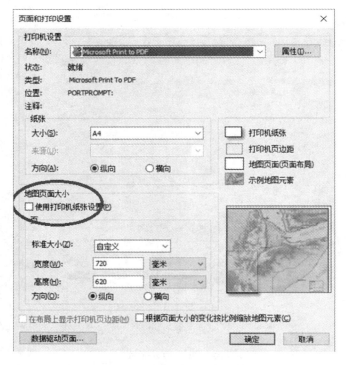

图 8-6　固定比例尺页面设置

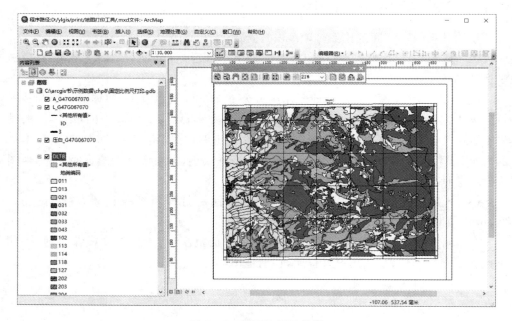

图 8-7　固定比例尺效果

8.1.4 导出地图

ArcGIS 的地图打印,可以在 ArcMap 中直接打印,但一般都是导出图片格式,然后在其他软件中打印,如 Photoshop。

切换布局视图(而不是在数据视图),主菜单文件→导出地图,如图 8-8 所示。

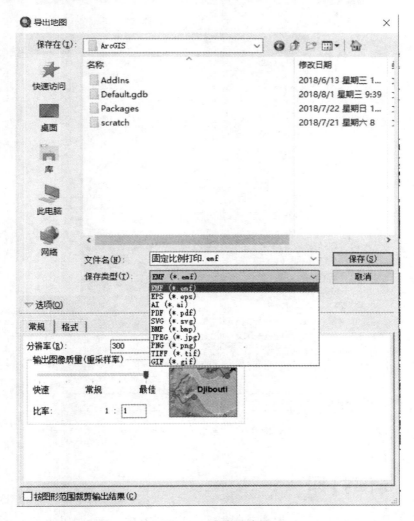

图 8-8　导出图片

可以导出 EMF、EPS、AI、PDF、SVG、BMP、JPG、PNG、TIF 和 GIF,推荐 PDF 格式,打印分辨率是 300DPI(每英寸 300 个点),不推荐 JPG 格式,JPG 文件比 PDF 大,图形质量稍差,很多人的图片质量问题就是因为导出 JPG,打印出来不清晰。因为 JPG 文件比较大(比 PDF 文件大约大 10 倍以上,比 TIF 大约小 10 倍以上),所以经常出现内存不足,最好导出 PDF 格式,PDF 还支持矢量格式。PDF 推荐设置,勾选标记符号转换为面,不然有些符号会变成乱码(强烈建议大家使用正版软件,盗版软件会出来乱码),图形符号选用位图标记/填充矢量化图层,这样导出的 PDF 文件是矢量格式,文件又小,效果又好,如图 8-9 所示。

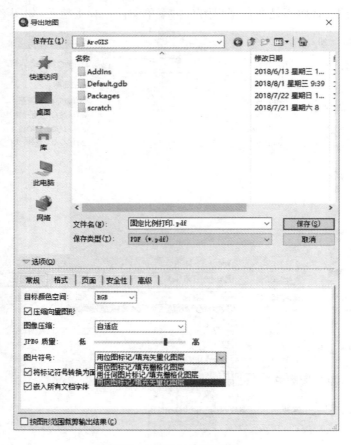

图 8-9　导出 PDF 图片

8.2　局部打印

局部打印也是切割打印,地图范围很大,只打印其中一部分,周边其他数据暂时看不到,就不能被打印。具体操作如下:

使用数据:\china\省级行政区.shp,中国县界.shp,主要公路.shp,只打印一个省的数据如青海省,按固定纸张 A4 打印出来。

(1) 添加数据,在省级行政区中只选择青海省(关闭其他所有图层,只打开省级行政区,选择青海省后,再打开其他图层)。

(2)右击数据框→属性,如图8-10所示,切换到数据框标签页,在裁剪选项选择裁剪至形状,由指定的形状确定,不选裁剪格网和经纬网。

图 8-10　局部切割打印数据框设置

(3)单击指定形状,选要素的轮廓,图层选省级行政区,要素中选"已选择",如图8-11所示。

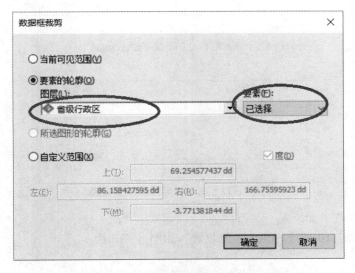

图 8-11　局部切割打印数据框裁剪设置

(4)确定后,切换到布局视图。

(5)在省级行政区图层右键菜单→选择→缩放至所选要素,然后取消所有选择。

(6)在数据框右键菜单属性格网中添加经纬网,如图8-12所示。

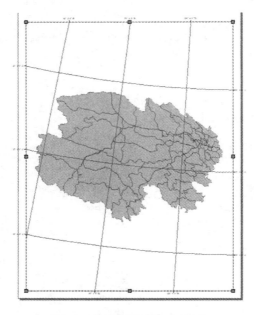

图8-12 局部切割打印结果

(7)如果想把周围主要公路显示出来,在图8-10中单击 排除图层(X)... 按钮,选中主要公路,如图8-13所示。

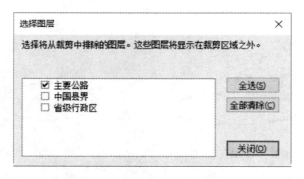

图8-13 局部打印排除主要公路

(8)最后效果如图8-14所示。

取消局部打印,裁剪选项选"无裁剪",如图8-15所示。

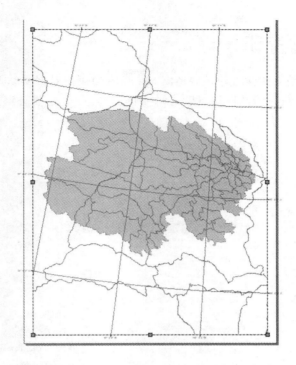

图 8-14 局部打印显示周围公路效果

图 8-15 恢复不局部打印设置

8.3 批量打印

批量打印就是一次性打印多幅地图，ArcGIS 使用的数据驱动页面。

使用数据：\china\省级行政区.shp，中国县界.shp，主要公路.shp，批量打印每个省的地图。

(1) 添加上面三个数据。

(2) 文件主菜单→页面和打印设置，如图 8-16 所示。

图 8-16　批量打印数据驱动设置

(3) 单击数据驱动页面，勾选启用数据驱动页面，图层选"省级行政区"，如图 8-17 所示。

(4) 确定后，进入布局视图，右击数据框→属性，切换到数据框标签页，裁剪选项选择裁剪至当前数据驱动页面范围，不选裁剪格网和经纬网，如图 8-18 所示。

(5) 在数据框属性格网中插入经纬网。

(6) 插入主菜单→动态文本→数据驱动页面名称，移动位置修改字体大小。

(7) 文件主菜单→打印预览，如图 8-19 所示。

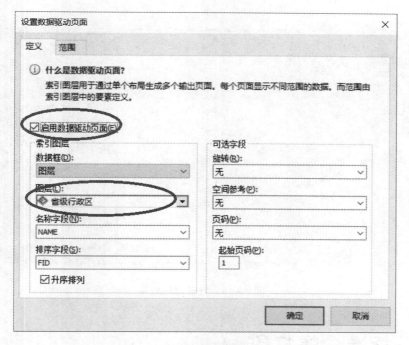

图 8-17 启动数据驱动页面设置

图 8-18 批量打印数据框的设置

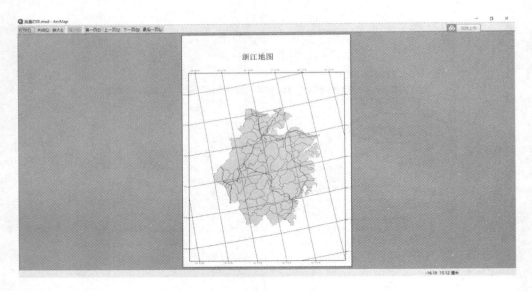

图 8-19　批量打印效果

8.4　标准分幅打印

　　ArcGIS 本身不能打印国家标准的标准分幅图,此处提供一个标准分幅图打印工具,在 chp8\地图打印工具\地图打印工具 setup.exe,有说明书,自己安装一下,安装前先关闭 ArcMap,安装密码为 ylgis(小写),软件运行环境是 ArcGIS 10.0 及其以上所有版本。安装后软件自动打开 ArcMap,在 ArcMap 自动添加一个地图打印工具条,如图 8-20 所示。

图 8-20　地图打印工具条

　　该工具适合于大比例高斯投影的数据(如 1∶1 万,1∶5 万,1∶10 万等),不适合 1∶50 万以下小比例尺数据。

　　测试数据:chp8\标准分幅打印.mxd。

　　使用 ▢,在数据视图屏幕任意拉框,框的中心点就是需要打印的图幅,当然可以先创建标准接幅表。软件可以同时导出 PDF 等图片,导出的分辨率 DPI 为 300。生成的图框可以是 GDB 和 MDB,在 D:\dd.mdb 中,自己修改,如图 8-21 所示。

　　结果如图 8-22 所示。

　　标准分幅是梯形的,左边的内外图框线是斜线,左上角的经度和左下角经度一致,同理,左上角纬度和右上角的纬度一致。对于行政区划图,图框是矩形,左上角的

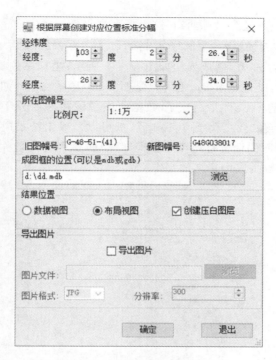

图 8-21　标准分幅打印设置

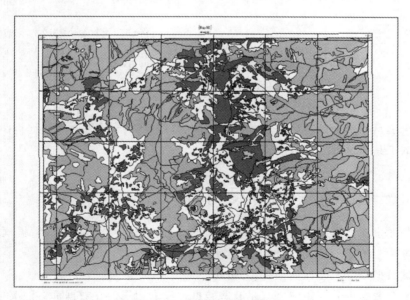

图 8-22　标准分幅打印结果

经度和左下角经度一般不一致,只有中央经线上如三度的中央经线 105°或 108°等,这种概率太低,同理左上角纬度和右上角的纬度一般不一致,只有赤道上的相同,在我国不存在,或者中央经线对称两边,这个概率也很低。

在工具条 ![icon] 生成接幅表,比例尺是 1:5 千、1:1 万、1:2.5 万、1:5 万、1:10 万、1:25 万、1:50 万和 1:100 万,生成界面如图 8-23 所示;坐标系由数据框的确定(先定义数据框坐标系,可以是北京 54,也可以是西安 80,国家 2000,如果数据框定义 3 度分度,比例尺可以是 1:5 千或 1:1 万,数据范围应该在 3 度分度中央经线附近正负 1.5°范围内,6 度分度 1:2.5 万到 1:100 万,都可以),输出结果应该放在数据库(gdb 或 mdb),没有数据库的话会自动创建数据库,后面要素类的名称,名字有三个不要,可以看 2.5.2 小节数据库中命名的规定。

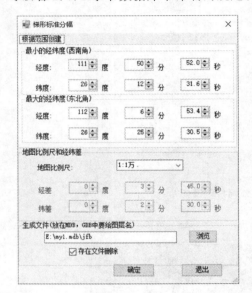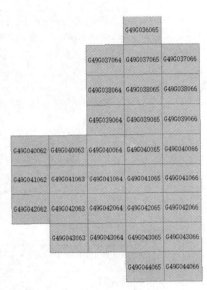

图 8-23　生成接幅表的界面和结果

这个工具一次只能打印一个分幅。相同文件夹下:图框和地图批量打印.rar,自己开发的工具,可以批量打印。

8.5　一张图多比例尺打印

一张图多比例打印是通过插入多个数据框,插入在主菜单插入→数据框,一个数据框确定一个地图比例尺,如图 8-24 所示。

测试数据:chp8\多比例尺打印.mxd。

由 6 个数据框共同组成。只是有些数据框没有边线。在数据框右键菜单属性中设置,如图 8-25 所示。

切换到数据视图,可以看到,只能看一个数据框,想看另一个,在数据框右键菜单中激活。

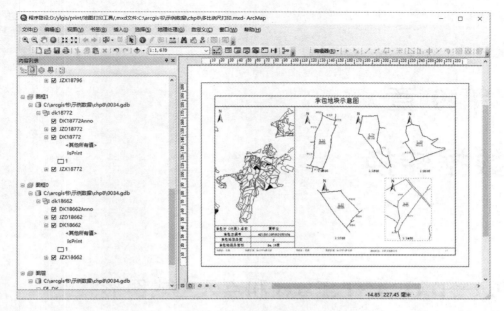

图 8-24 多数据框多比例尺打印

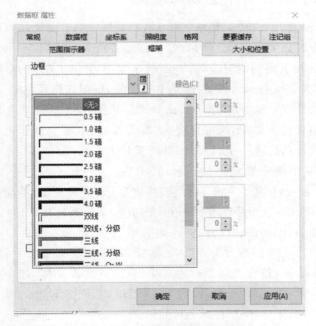

图 8-25 数据框边框的设置

多个数据框,就可以解决一张图多比例尺打印的问题,例如做位置示意图:示意河南省在中国地图的位置,金水区在郑州市位置;南海诸岛和中国其他地方地图比例尺不一样,就可以通过多个数据框来实现。

第 9 章

数据转换

9.1 DAT、TXT、Excel 和点云生成图形

9.1.1 DAT、TXT 文件生成点图形

野外用全站仪或者 RTK 采集格式是 DAT 文件，DAT 文件在 ArcGIS 中无法直接打开，使用词本时先要另存成 txt 格式，并且加首行为字段名，中间使用"，(半角的逗号)"，字段个数和下面的值对应，并判断哪个是 X 字段。在 ArcGIS 中，我国境内高斯投影的数据 X 是 6 位和 8 位，6 位是中央经线，根据比例尺判断是 3 度分带还是 6 度分带，比 1∶2.5 万(含 2.5 万)小的比例尺是 6 度分带，大于 1∶2.5 万的是 3 度分带，数据在哪里就选那里，不跨带直接选，跨带按面积，哪个面积大就选哪个，如果两边面积一样大，自己任选一个，后测试看位置是否正确；如果 8 位加带号，前 2 位就是带号，大于 24 是 3 度分带，小于 24 是 6 度分带。

如果坐标是 0～180°和 0～90°，就是经纬度坐标，只能是度，不能是度分秒，如果度分秒先转换为度，0～180°是经度，0～90°是纬度，坐标系选择地理坐标系。

测试数据：chp9\test.dat，打开之后，如图 9-1 所示。

观察 36586417.6876 的整数为 8 位，X 坐标，36 就是带号 3 度分带；3826481.1931 整数位是 7 位，Y 坐标，符合高斯投影的规律，修改成文本文件，加字段，字段和字段之间使用"，"，不是空格，字段个数和内容一一对应，不能多不能少，如图 9-2 所示。

(1) 在 ArcCatalog 中右击 test.txt，如图 9-3 所示。

(2) 选 X,Y 字段和坐标系如图 9-4 所示。

坐标系选择 CGCS2000_3_Degree_GK_Zone_36，当然最好咨询相关测绘者，按其选择北京 54、西安 80 或是国家 2000。生成的结果在默认数据库，也可以自己修改，但不会自动添加到 ArcMap，需要自己找到打开看。

第 9 章 数据转换

```
test.dat - 记事本
文件(F) 编辑(E) 格式(O) 查看(V) 帮助(H)
b1,3826481.1931,36586417.6876,1021.4136,
b2,3826480.2188,36586412.0286,1021.3124,
b3,3826475.3077,36586402.1168,1024.8457,
b4,3826474.9810,36586391.7667,1023.9287,
b5,3826470.0206,36586382.9284,1024.2778,
b6,3826465.4479,36586386.0215,1022.9844,
```

图 9-1 Dat 文件内容

```
test.txt - 记事本
文件(F) 编辑(E) 格式(O) 查看(V) 帮助(H)
bh,y,x,z,q
b1,3826481.1931,36586417.6876,1021.4136,
b2,3826480.2188,36586412.0286,1021.3124,
b3,3826475.3077,36586402.1168,1024.8457,
b4,3826474.9810,36586391.7667,1023.9287,
b5,3826470.0206,36586382.9284,1024.2778,
```

图 9-2 Dat 加字段后内容

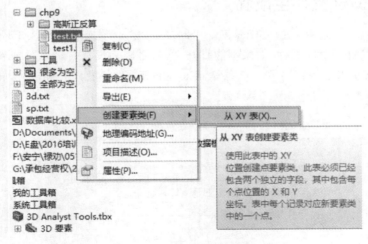

图 9-3 文本文件生成点的操作

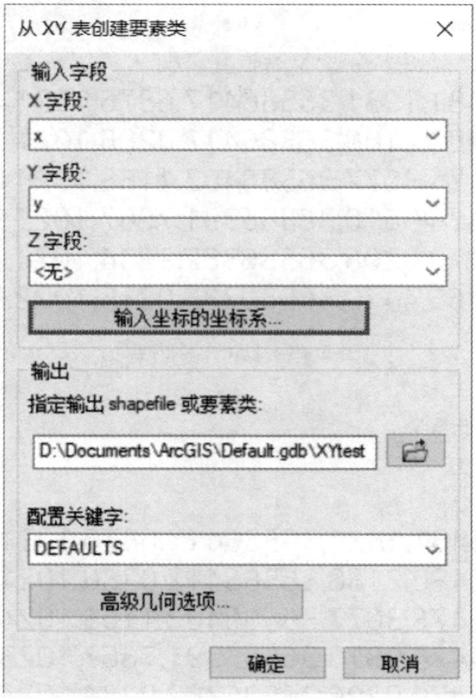

图 9-4 设置 XY 字段和坐标系

9.1.2 Excel 文件生成面

ArcGIS 10.1 之后支持 Office Excel 2003 的".xls",或者 Office Excel 2007 的".xlsx",可以打开对应文件,如果不能打开文件,是因为没有对应软件或者驱动没有安装,也可以使用工具箱中"Excel 转表(ExcelToTable)"工具进行转换,转换界面如图 9-5 所示。

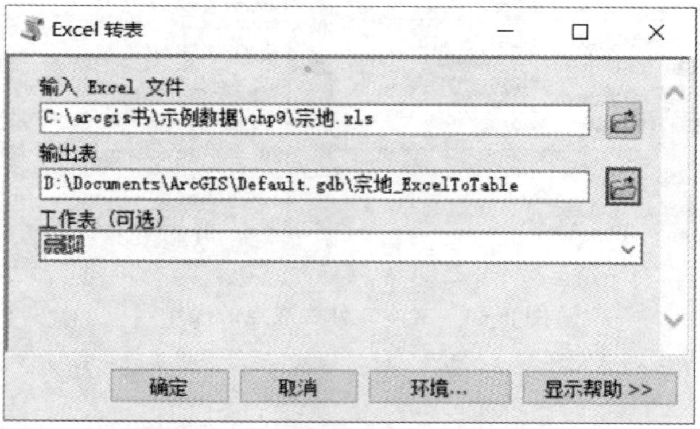

图 9-5 Excel 数据转 ArcGIS 表

测试数据:chp9\宗地.xls 或者宗地.xlsx,要 DJH(地籍号)相同的转成一个宗地。

(1) ArcMap 打开宗地.xls,无法打开使用"Excel 转表"转换,观察数据,X 坐标是 8 位,前 2 位是 39。

(2) 右击 ArcMap 的数据,显示 XY 数据,如图 9-6 所示。

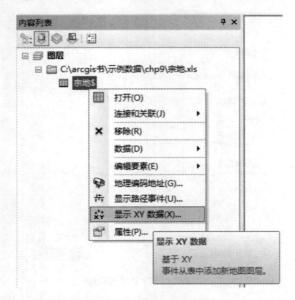

图 9-6　Excel 数据生成点

(3) 单击显示 XY 数据,后选择坐标系 CGCS2000_3_Degree_GK_Zone_39,如图 9-7 所示。

(4) 生成点后,使用工具箱中"点集转线(PointsToLine)"工具生成线,线字段不选,所有点生成一条线,如图 9-8 所示,线字段参数选一个字段,字段值相同的生成一条线,该字段值不能是唯一值,因为一个点无法生成一条线;排序字段,按字段值从小到大排序,不选则按表中记录顺序。如果生成的线相互交叉,可能原因是点的顺序不对,操作界面如图 9-8 所示。

(5) 确定后,上面的操作失败,需要把"宗地$ 个事件"另存成一个真实的数据(ArcGIS10.2 之前的版本,需要转成 SHP,不然点集转线操作失败),操作方法:右击数据框图层,数据→导出数据,如图 9-9 所示。

(6) 重复第 4 步操作,把"输入要素"改成第 5 步导出的数据。

(7) 要素转面,操作如图 9-10 所示。

(8) 结果如图 9-11 所示。

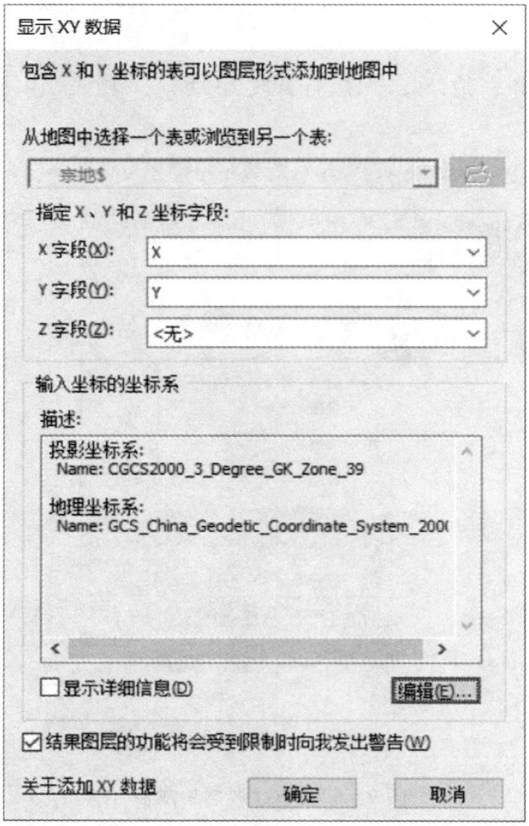

图 9-7 选择 XY 字段和编辑坐标系

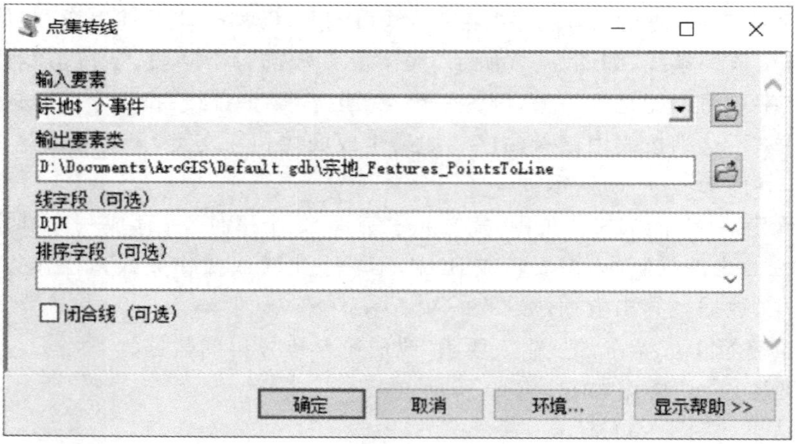

图 9-8 点生成线的操作

第 9 章　数据转换

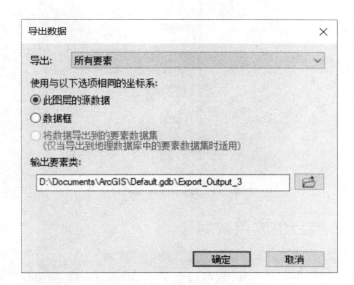

图 9-9　内存表数据导出操作

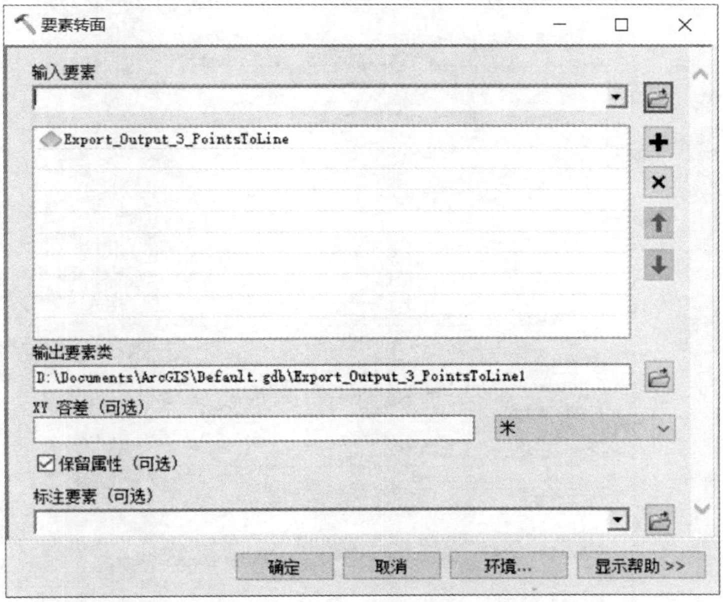

图 9-10　线生成面

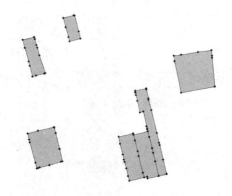

图 9-11　Excel 生成面结果

9.1.3　XYZ 点云生成点数据

XYZ 点云是激光点云的一种成果，使用工具箱"3D ASCII 文件转要素类（ASCII3DToFeatureClass）"工具，就可以生成点，如图 9-12 所示。样例数据在:\chp9\dsm.xyz。

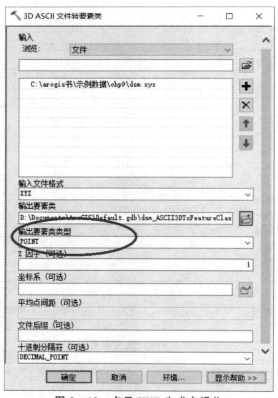

图 9-12　点云 XYZ 生成点操作

输出类型选 Point，生成的点是三维的点，结果在 ArcScene 中观看，如图 9-13 所示。

图 9-13　点云 XYZ 结果在 ArcScene 中查看

由三维点生成 XYZ 数据，使用工具箱中"要素类 Z 转 ASCII（FeatureClassZ-ToASCII）"工具，操作如图 9-14 所示。

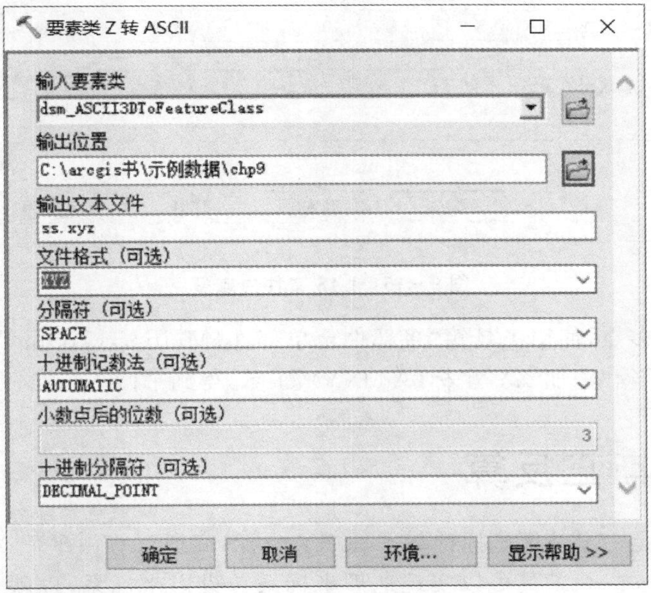

图 9-14　三维点生成点云 XYZ 数据

9.1.4　LAS 激光雷达点云生成点数据

LAS 文件采用行业标准二进制格式，用于存储机载激光雷达点云数据生成点，使用工具箱中"LAS 转多点（LASToMultipoint）"的工具。

测试数据:chp9\las\ 2000_densified10.las。如图 9-15 所示,输入平均点间距 10m,为激光布点的距离。

图 9-15　LAS 文件生成多点

生成点是多点,使用工具箱"多部件至单部件(MultipartToSinglepart)工具"转单点,使用工具箱"添加 XY 坐标(AddXY)"工具,得到平面 X,Y,高程 Z 坐标。

9.2　高斯正反算

高斯正算是由经纬度坐标计算平面 XY 坐标,高斯反算由平面 XY 坐标计算经纬度。投影(Project)工具可以实现地理坐标系转投影坐标系,也就是高斯正算;反之,由投影坐标系转地理坐标系就是高斯反算,也是使用投影工具。

9.2.1　高斯正算

数据:chp9\高斯正反算\经纬度转 XY.xls。
(1) 使用 office 的 excel 打开对应文件,可以看到如图 9-16 所示的界面。

第 9 章 数据转换

	A	B			C			D
	XH	经度			纬度			Z
2	1	102°	58'	51.323″	25°	43'	37.640″	2592.1074
3	2	102°	58'	43.372″	25°	43'	44.907″	2433.6611
4	3	102°	58'	7.496″	25°	44'	24.953″	2300.8599
5	4	102°	57'	50.862″	25°	43'	46.058″	2421.4719
6	5	102°	57'	39.482″	25°	43'	33.043″	2516.865
7	6	102°	56'	54.113″	25°	43'	36.546″	2436.8345
8	7	102°	56'	50.499″	25°	44'	7.293″	2466.5107
9	8	102°	57'	8.724″	25°	44'	22.936″	2459.3926
0	9	102°	56'	55.168″	25°	43'	57.377″	2422.5796
1	10	102°	58'	54.461″	25°	44'	34.523″	2218.9143
2	11	102°	58'	1.348″	25°	43'	50.925″	2376.5938
3	12	102°	57'	8.744″	25°	44'	25.340″	2438.4482
4	13	102°	57'	17.710″	25°	44'	33.296″	2349.2705
5	14	102°	57'	56.507″	25°	44'	23.690″	2390.8992
6	15	102°	58'	6.353″	25°	43'	53.703″	2281.8884
7	16	102°	58'	21.218″	25°	43'	20.744″	2429.0952
8	17	102°	57'	50.820″	25°	43'	4.115″	2452.8657
9	18	102°	56'	50.254″	25°	42'	58.902″	2343.583
0	19	102°	56'	46.773″	25°	43'	46.479″	2483.9512
1	20	102°	57'	5.087″	25°	44'	13.342″	2419.0061
2	21	102°	57'	15.095″	25°	44'	15.597″	2338.8293
3	22	102°	58'	7.126″	25°	43'	39.272″	2338.0359

图 9-16 高斯正算原始度分秒数据

如果是度分秒格式,需要转成度。

(2) 我们提供免费软件工具,文件位置在:chp9\高斯正反算\Excel 度分秒转度\excel 度分秒转度\度分秒转度.exe,如图 9-17 所示。

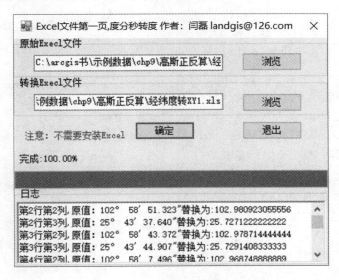

图 9-17 Excel 度分秒转度工具演示

经纬度转 XY1.xls 就是转换十进制度，不是度分秒格式。

（3）在 ArcCatalog 中，右击 excel 中表 Sheet1$，如图 9-18 所示。

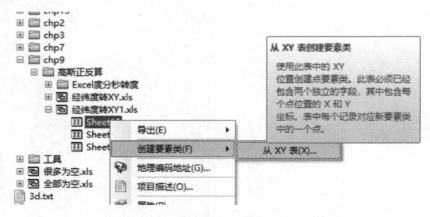

图 9-18　Excel 数据生成点 ArcCatlog 操作演示

（4）如图 9-19 所示，X 字段选经度，Y 字段选纬度，坐标系选地理坐标系国家 2000，具体是 GCS_China_Geodetic_Coordinate_System_2000，输出位置，放在默认数据库中名字默认 XY-Sheet1$，需要修改成 XYSheet1，因为$是特殊字符，切记，切记。

（5）数据不会自动加载，可以自己从默认数据库中找到，加载过来。

（6）使用工具箱投影工具，操作如图 9-20 所示。

因为数据经度在 102°附近，所以选 CGCS2000_3_Degree_GK_CM_102E，也可以选 CGCS2000_3_Degree_GK_Zone_34，前者得到的 X 坐标是 6 位，后者得到的 X 坐标是 8 位。

（7）使用工具箱 XY"添加坐标（AddXY）"工具，如果数据是投影坐标系就得到平面 XY，如果数据是地理坐标系就得到经度和纬度。

（8）打开属性表，如图 9-21 所示。

前面是经纬度，后面是 XY 坐标，实现高斯正算。

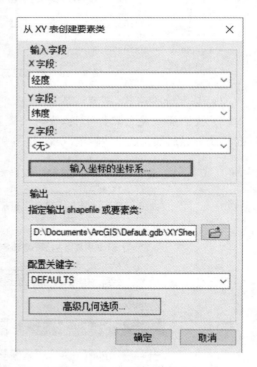

图 9-19　Excel 数据生成点
XY 字段和坐标系设置

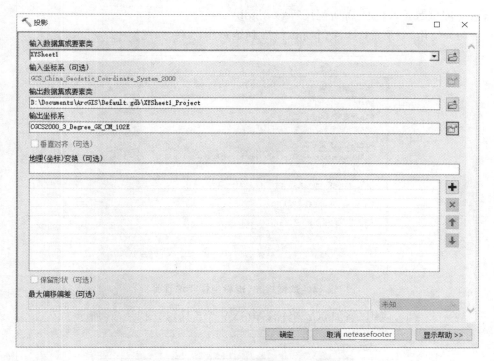

图 9－20　点数据投影(地理坐标转投影坐标)

表

XYSheet1_Project

OBJECTID *	XH	经度	纬度	Z	形状 *	POINT_X	POINT_Y
1	1	102.980923	25.727122	2592.1074	点	598436.5695	2846969.3591
2	2	102.978714	25.729141	2433.6611	点	598213.261	2847191.3635
3	3	102.968749	25.740265	2300.8599	点	597204.116	2848416.4431
4	4	102.964128	25.729461	2421.4719	点	596749.2096	2847216.0119
5	5	102.960967	25.725845	2516.865	点	596434.5934	2846813.1483
6	6	102.948365	25.726818	2436.8345	点	595169.3609	2846911.8082
7	7	102.947361	25.735359	2466.5107	点	595061.8205	2847857.3526
8	8	102.952423	25.739704	2459.3926	点	595566.3649	2848342.4389
9	9	102.948658	25.732605	2422.5796	点	595194.1625	2847553.1133
10	10	102.981795	25.742923	2218.9143	点	598511.0206	2848720.6495
11	11	102.950374	25.730812	2376.5938	点	595367.8633	2847355.7864
12	12	102.952429	25.740372	2438.4482	点	595566.3883	2848416.4285
13	13	102.954919	25.742582	2349.2705	点	595814.5317	2848663.0893
14	14	102.965696	25.739914	2390.8992	点	596898.095	2848375.3271
15	15	102.968431	25.731584	2281.8884	点	597179.3156	2847454.4567
16	16	102.972561	25.722429	2429.0952	点	597601.1653	2846443.1559
17	17	102.964117	25.71781	2452.8657	点	596757.4673	2845925.1652
18	18	102.947293	25.716362	2343.583	点	595070.0978	2845752.5076
19	19	102.946326	25.729578	2483.9512	点	594962.5526	2847216.0368
20	20	102.951413	25.737039	2419.0061	点	595467.117	2848046.4425
21	21	102.954193	25.737666	2338.8293	点	595745.5833	2848117.8571
22	22	102.968646	25.727576	2338.0359	点	597204.1235	2847010.4856
23	23	102.972309	25.721763	2437.6365	点	597576.3399	2846369.168

(0 / 32 已选择)

XYSheet1_Project

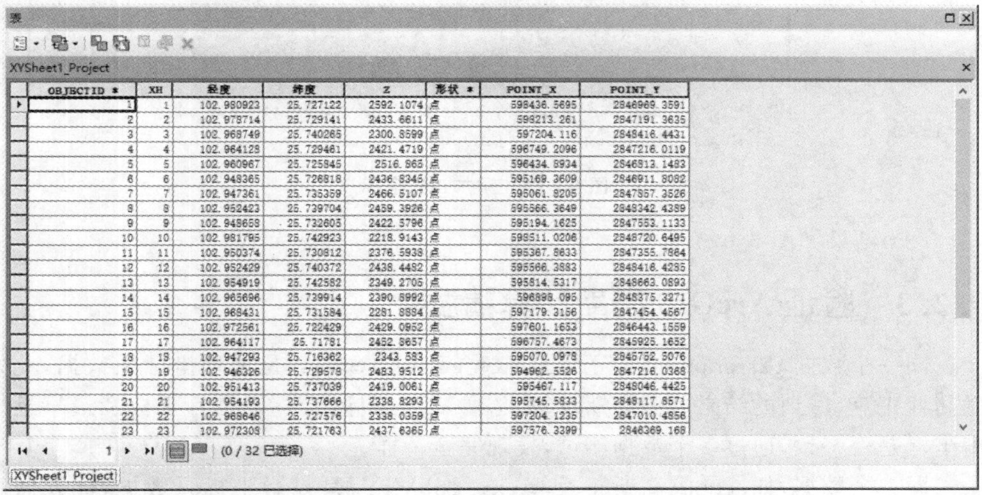

图 9－21　高斯正算结果查看

9.2.2　高斯反算

高斯反算从平面 XY 计算经纬度，操作和上面类似，由投影坐标系转换为地理坐标系。测试数据:chp9\高斯正反算\xy.gdb\point。

(1) 使用"投影"工具,把 point 投影到地理坐标系,如图 9-22 所示。

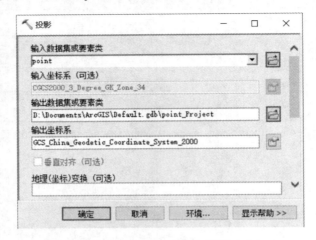

图 9-22 数据投影(投影坐标转地理坐标)

(2) 下一步,使用"添加 XY 坐标(AddXY)"工具,如图 9-23 所示。

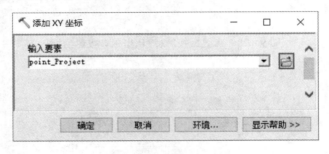

图 9-23 添加 XY 坐标

(3) 结果如图 9-24 所示。

9.2.3 验证 ArcGIS 高斯计算精度

同一个数据,如:chp9\高斯正反算\xy.gdb\XYSheet,是地理坐标系数据,此处做高斯正算,得到的结果再做高斯反算,添加 XY 坐标,看一下最后坐标和最早经纬度坐标是否一致,通过多个数据测试,发现完全一样。

同一个数据,如:chp9\高斯正反算\xy.gdb\XY,是投影坐标系数据,此处做高斯反算,得到的结果再做高斯正算,添加 XY 坐标,看一下最后坐标和最早平面 XY 坐标是否一致,通过多个数据测试,发现有差值,如图 9-25 所示,误差为 0.0001 左右,有正值有负值,由于数据的 XY 容差为 0.001m,因此在合理范围。而由于经纬度保留 6 小数,XY 容差为 0.000000008983153 度(这个数字是 ArcGIS 自动计算的,大

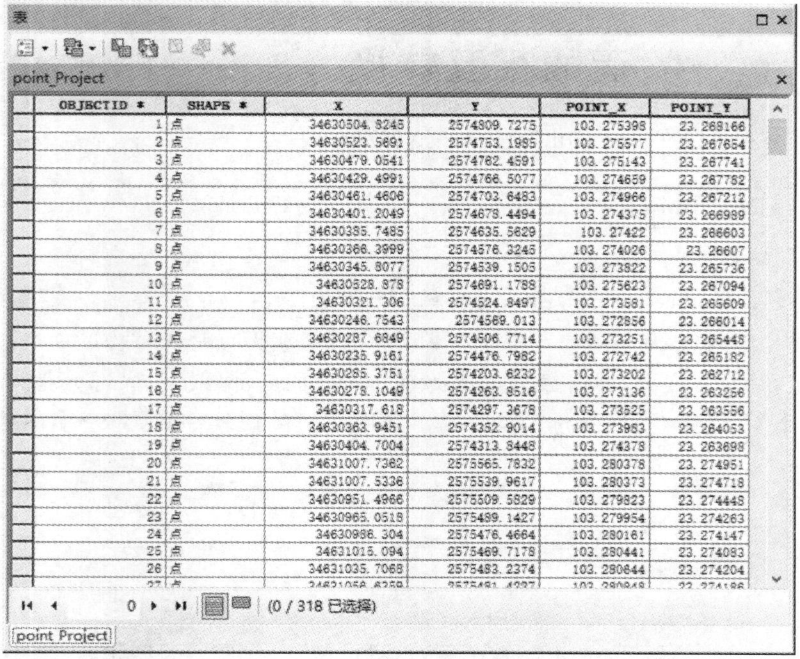

表

point_Project

OBJECTID *	SHAPE *	X	Y	POINT_X	POINT_Y
1	点	34630504.8245	2574809.7275	103.275398	23.268166
2	点	34630523.5691	2574753.1985	103.275577	23.267654
3	点	34630479.0541	2574762.4591	103.275143	23.267741
4	点	34630429.4991	2574766.5077	103.274659	23.267782
5	点	34630461.4606	2574703.6483	103.274966	23.267212
6	点	34630401.2049	2574678.4494	103.274375	23.266989
7	点	34630385.7485	2574635.5629	103.27422	23.266603
8	点	34630366.3999	2574576.3245	103.274026	23.26607
9	点	34630345.8077	2574539.1505	103.273822	23.265736
10	点	34630528.878	2574691.1788	103.275623	23.267094
11	点	34630321.306	2574524.8497	103.273581	23.265609
12	点	34630246.7543	2574569.013	103.272856	23.266014
13	点	34630287.6849	2574506.7714	103.273251	23.265446
14	点	34630235.9161	2574476.7982	103.272742	23.265182
15	点	34630285.3751	2574203.6232	103.273202	23.262712
16	点	34630278.1049	2574263.8516	103.273136	23.263256
17	点	34630317.618	2574297.3678	103.273525	23.263556
18	点	34630363.9451	2574352.9014	103.273983	23.264053
19	点	34630404.7004	2574313.8448	103.274378	23.263698
20	点	34631007.7362	2575565.7832	103.280378	23.274951
21	点	34631007.5336	2575539.9617	103.280373	23.274718
22	点	34630951.4966	2575509.5829	103.279823	23.274448
23	点	34630965.0518	2575489.1427	103.279954	23.274263
24	点	34630986.304	2575476.4664	103.280161	23.274147
25	点	34631015.094	2575469.7178	103.280441	23.274083
26	点	34631035.7068	2575483.2374	103.280644	23.274204

(0 / 318 已选择)

point_Project

图 9-24　高斯反算结果查看

概原理是这样，最小误差是 0.001m = 对应椭球体赤道周长（m）/360 * 0.000000008983153)，保留小数点 8 位后，所以一点误差也没有。

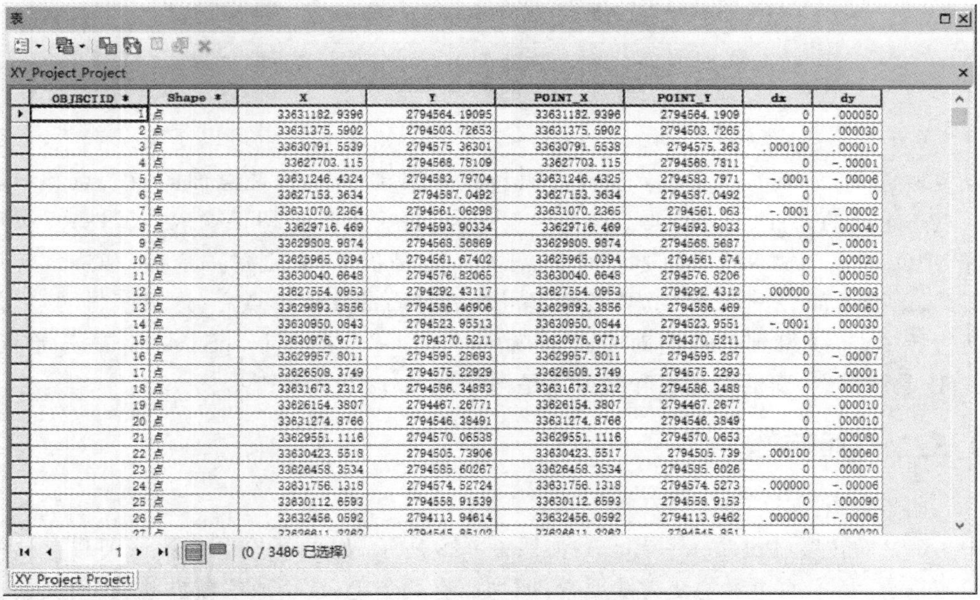

表

XY_Project_Project

OBJECTID *	Shape *	X	Y	POINT_X	POINT_Y	dx	dy
1	点	33631182.9396	2794564.19095	33631182.9396	2794564.1909	0	.000050
2	点	33631375.5902	2794503.72653	33631375.5902	2794503.7265	0	.000030
3	点	33630791.5539	2794575.36301	33630791.5538	2794575.363	.000100	.000010
4	点	33627703.115	2794568.78109	33627703.115	2794568.7811	0	-.00001
5	点	33631246.4324	2794583.79704	33631246.4325	2794583.7971	-.0001	-.00006
6	点	33627153.3634	2794587.0492	33627153.3634	2794587.0492	0	0
7	点	33631070.2364	2794561.06298	33631070.2365	2794561.063	-.0001	-.00002
8	点	33629716.469	2794593.90334	33629716.469	2794593.9033	0	.000040
9	点	33629808.9874	2794568.56869	33629808.9874	2794568.5687	0	-.00001
10	点	33625965.0394	2794561.67402	33625965.0394	2794561.674	0	.000020
11	点	33630040.6648	2794576.82065	33630040.6648	2794576.8206	0	.000050
12	点	33627554.0953	2794292.43117	33627554.0953	2794292.4312	.000000	-.00003
13	点	33629893.3856	2794586.46906	33629893.3856	2794586.469	0	.000060
14	点	33630950.0843	2794523.95513	33630950.0844	2794523.9551	-.0001	.000030
15	点	33630976.9771	2794370.5211	33630976.9771	2794370.5211	0	0
16	点	33629957.8011	2794595.28693	33629957.8011	2794595.287	0	-.00007
17	点	33626508.3749	2794575.22929	33626508.3749	2794575.2293	0	-.00001
18	点	33631673.2312	2794586.34883	33631673.2312	2794586.3488	0	.000030
19	点	33626154.3807	2794467.26771	33626154.3807	2794467.2677	0	.000010
20	点	33631274.8766	2794546.38491	33631274.8766	2794546.3849	0	.000010
21	点	33629551.1116	2794570.06538	33629551.1116	2794570.0653	0	.000080
22	点	33630423.5518	2794505.73906	33630423.5517	2794505.739	.000100	.000060
23	点	33626458.3534	2794585.60267	33626458.3534	2794585.6026	0	.000070
24	点	33631756.1318	2794574.52724	33631756.1318	2794574.5273	.000000	-.00006
25	点	33630112.6593	2794558.91539	33630112.6593	2794558.9153	0	.000090
26	点	33632456.0592	2794113.94614	33632456.0592	2794113.9462	.000000	-.00006

(0 / 3486 已选择)

XY_Project_Project

图 9-25　ArcGIS 高斯正反算精度对比表

9.3　点、线、面的相互转换

测试数据：chp9\test.gdb 下 ZD、JZX、JZD。

9.3.1　面、线转点

面、线转点有两个工具：

（1）要素转点（FeatureToPoint）：操作界面如图 9-26 所示，输入要素输入的数据源可以是面或线，有一个参数内部，不选择内部，获得点是面（线）的中心点，但中心点不一定在面内（线上）；选内部，生成的点一定在面内部（线上，大部分是线的长度中点）。一个面（线），获得一个点，点的属性和面（线）的属性一致，对于多部件要素，也只生成一个点。

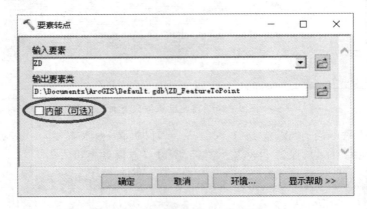

图 9-26　要素（面或线）转点

（2）要素折点转点（FeatureVerticesToPoints）：输入要素可以是面或者线，参数点类型选 ALL，在每一个输入所有要素折点处创建一个点，注意面的第一点和最后一点是重合的，所以四边形得到的点是 5 个点，每个点都保留了输入的属性；点类型选 MID，在每个输入线或面边界的中点（不一定是折点）处创建一个点（和要素转点工具，不选内部，是不一样的，要素转点得到的是面的几何中点心，这里获得的点，是面边界中点，线得到的点绝对是线长度的中心，一定在线上）；START 是开始点，END 是结束点，面的开始点和结束点是同一点，如图 9-27 所示。

9.3.2　面转线

面转线有三个工具：

（1）面转线（PolygonToLine）：如图 9-28 所示，如果不勾选参数识别和存储面邻域信息，每个面边界均变为线要素，原来面有几条记录，生成线就有几条，中央带孔

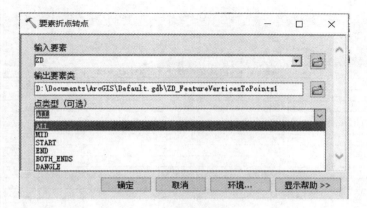

图 9-27 要素(面或线)折点转点

面,生成线是一个多部件的两个闭合环,线的属性和面的属性完全一样;勾选上,对于共用边界,被分割成单条线段,属性储存两个左右面 FID 值,这里左右是相对线的方向,如果不是公用边,LEFT_FID 是 -1(包括有孔的面,因为外多边形是顺时针,内多边形是逆时针),RIGHT_FID 是所在面的 FID(主键 ObjectID 值)。

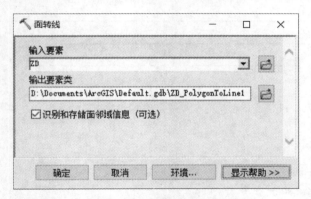

图 9-28 面转线(识别相邻信息)

打开属性表,结果如图 9-29 所示。

(2) 要素转线(FeatureToLine):①输入要素可以是线,单个线层输入用于线的打断,不保留属性,还可以用删除重复线,但如果保留属性勾上没有删除重复线功能;多个线层,不保留属性时,用于相互打断。②输入要素是面,单个面输入,保留属性,共用边是两条公共线,属性和原来面属性一致,不保留属性,共用边只有一条,原始属性就不保留。

(3) 在折点处分割线(SplitLine):输入要素可以是面或线,在每个折点分割一个小小的线段(只有两个节点),通过这个工具还可以分析面、线折点之间的距离是否过小,如是否小于 0.2m,使用这个工具转线段,然后查询线的长度就可以了。

表

ZD_PolygonToLine2

Object ID *	shape *	LEFT_FID	RIGHT_FID	shape_Length
1	折线	-1	5	46.158106
2	折线	-1	12	104.83682
3	折线	-1	11	162.953464
4	折线	6	5	86.479295
5	折线	-1	6	151.0723
6	折线	-1	6	10.858786
7	折线	-1	4	94.047709
8	折线	-1	3	17.093338
9	折线	-1	5	51.273487
10	折线	5	4	91.514992
11	折线	-1	10	136.98283
12	折线	-1	4	52.262793
13	折线	4	3	56.673828
14	折线	-1	10	284.892882
15	折线	-1	2	72.055096
16	折线	3	2	86.123326
17	折线	-1	1	7.518049

图 9－29　面转线，识别相邻信息结果

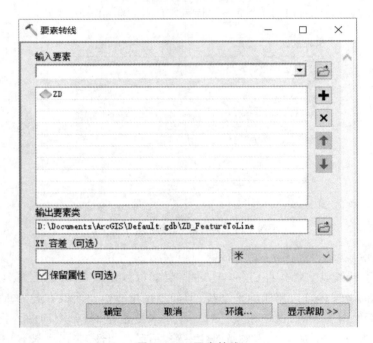

图 9－30　要素转线

9.3.3　点分割线

点分割线使用“在点处分割线(SplitLineAtPoint)”工具，输入要素只能是线，点要素要求是点数据，点可以在线的折点上，也可以在线上；搜索半径是点到线的距离。

操作界面如图 9-31 所示。

图 9-31 在点处分割线一定要输入搜索半径

注意：必须输入搜索半径，否则很多数据就无法分割，搜索半径是点到线的距离，如果点就在线上，输入值就是数据的 XY 容差。当然这个操作建议两个数据坐标系一致，XY 容差一致，并且都是二维数据。

9.4 MapGIS 转换成 ArcGIS

MapGIS 是武汉中地公司研发的一款优秀的国产 GIS 软件，在国内地质、矿产和自然资源广泛应用。MapGIS 数据要转 ArcGIS 格式，如果包含了比例尺，需先转成 1∶1 数据（ArcGIS 所有的数据都是真实坐标，1∶1 存储），由于 MapGIS 数据的图纸单位是 mm，ArcGIS 地图单位是 m，如果数据是 1∶1 万，由于 m 到 mm 已乘以 1000，所以再乘以 10 就可以了，其他比例尺以此类推，如 1∶2000，乘以 2；如 1∶5 万，乘以 50；如 1∶10 万，乘以 100 等，在 MapGIS 整图变换中，XY 都乘以这个值。先转比例尺，再转 ArcGIS 格式，转 ArcGIS 有以下几种方式：

（1）MapGIS 本身转 ArcGIS 的 SHP 可能存在的问题：不能批量转换，汉字经常乱码，属性表有丢失，MapGIS 中的注记先转 MappInfo 的 MIF 格式，再用 FME 软件转 MIF 为 ArcGIS 数据库格式。

（2）商业软件 Map2Shp 是国产的软件，优点：可以批量转换，文字注记无法转换，主要是由于 SHP 格式本身存在缺陷，不支持注记。

（3）使用 MyFME For MapGIS 转。

其他国产软件基本类似如超图、苍穹等，先转成 ArcGIS 的 SHP，ArcGIS10.2 以后汉字字段名默认只支持 3 个汉字，还需要做两件事：

（1）定义投影（也就是定义坐标系），具体参见本书3.4节。

（2）修复几何（RepairGeometry），如图9-32所示。最新版的Map2Shp Pro转SHP，不需要这个操作。点、线不需要修复几何，面必须执行修复几何操作，之所以修复几何，是因为在ArcGIS中面有严格多边形方向：外多边形是顺时针，内多边形是逆时针，如果方向不对，计算的面积就不对，有时甚至是负值，数据本身会有拓扑错误。

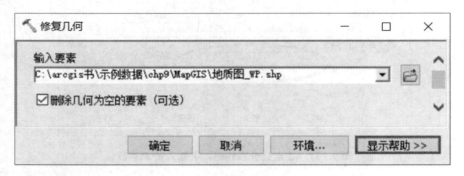

图9-32 数据修复几何

注意：原图上的样式符号不会一起转入，需要在ArcGIS中重新地图符号化，保存地图文档。

为保证转换后的数据精度及正确性，必须在数据转换完成后进行数据核查工作，检查数据是否丢失，属性数据是否完整，有没有乱码，面积是否变化，是否满足数据拓扑规则等，如不满足要求，则利用ArcGIS软件进行编辑或修改。

9.5 CAD 和 ArcGIS 转换

CAD是计算机辅助设计软件，广泛用于机械、建筑、工程、产品设计和工业产品的制造，用于相对规则几何图形，CAD和GIS主要区别如下：

① CAD画图和制图功能强大，空间分析功能较弱；

② CAD注重图形，属性管理弱，没有数据库概念；

③ CAD拓扑关系检查和处理功能弱；

④ CAD数据相对坐标多，GIS要求有坐标系，坐标是绝对的，在地球上的位置是固定的。

由于CAD画图和制图功能强大，所以很多测绘成果都使用此软件。由于很多测绘人员对CAD比较熟悉，习惯用CAD做图，而数据建库又要求使用ArcGIS，所以把CAD数据转成ArcGIS是一项非常重要的工作。

9.5.1 CAD 转 ArcGIS

CAD 转 ArcGIS 有以下几种方法：

（1）ArcGIS 内置 Data Interoperability 工具箱下"快速导入（QuickImport）"工具，遗憾的是 ArcGIS 10.5 不能用，可以使用 ArcGIS 10.2（含 10.2）以前的版本，内置 FME 的，也可以直接使用 FME。

（2）CAD 至地理数据库（CADToGeodatabase）工具，测试数据：chp9\my.dwg，ArcGIS 可以直接打开 CAD，我们打开这个数据，仔细分析数据。比例尺在地图下面中部，是 1∶1 万，看左下角的，写着 1980 西安坐标系，再仔细看 XY 坐标，X 坐标有 6 位，Y 是 7 位，内图框左下角经度为 110°56′15″，所以中央经线是 111°；再看公里网 X 坐标是 37 开头的 8 位，37 分带对应的中央经线也是 111°，具体转换如图 9-33 所示。

图 9-33 CAD 转 ArcGIS

转换后数据放在同一个数据集 my_CADToGeodatabase 下，所有点放在 Point 图层，所有线放在 Polyline 图层，所有面放在 Polygon 图层，面域转换成 MultiPatch（多面体），所有注记放在 Annotation 层，其中注记的参考比例尺就是上图转换设置的参考比例。仔细打开这些表，主要有以下信息：

（1）Layer 字段是原来 CAD 中的图层名，可以使用工具箱"按属性分割（SplitByAttributes）"工具，操作界面如图 9-34 所示，分解成和 CAD 一样图层。目标工作空间选文件夹输出结果为 SHP，SHP 文件名就是 Layer 字段值，相同的则输出到一个 SHP；目标工作空间选数据库，输出结果放在数据库中，但数据库中要素类不能使用数字开头，如果是数字开头，自动加 T(T 是 Table 的意思)。

图 9-34　CAD 转 ArcGIS 后数据分层

(2) DocVer 是 AutoCAD 软件版本，具体如表 9-1 所列，只支持 2013 以下版本。

表 9-1　CAD 内部版本和 CAD 软件对照表

版本	内部版本	AutoCAD 软件版本
DWG R13	AC1012	AutoCAD Release 13
DWG R14	AC1014	AutoCAD Release 14
DWG 2000	AC1015	AutoCAD 2000，AutoCAD 2000i，AutoCAD 2002
DWG 2004	AC1018	AutoCAD 2004，AutoCAD 2005，AutoCAD 2006
DWG 2007	AC1021	AutoCAD 2007，AutoCAD 2008，AutoCAD 2009
DWG 2010	AC1024	AutoCAD 2010，AutoCAD 2011，AutoCAD 2012
DWG 2013	AC1027	AutoCAD 2013

(3) Elevation 是 3D 数据的高程，对于一个要素具有多个 Z 坐标的实体，这是 CAD 应用程序定义的第一个实体的 Z 坐标，可以看出点、线、面都加 Z，在 ArcGIS 中经常是二维数据，需要把 3D 数据转 2D，转换方法如下，使用工具箱中"要素类至地理数据库（批量）(FeatureClassToGeodatabase)"工具，如图 9-35 所示。

第 9 章 数据转换

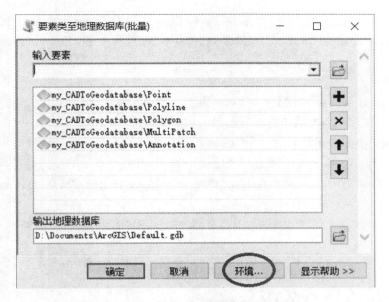

图 9-35 ArcGIS 三维数据转二维数据

单击环境按钮,默认输出包括 Z 值,设置为 Disabled(输出不含 Z 值),如图 9-36 所示。

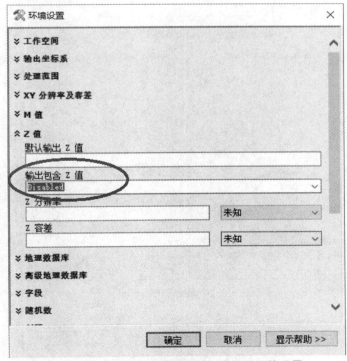

图 9-36 ArcGIS 三维数据转二维数据环境设置

253

（4）LineWt 是线宽，如果数值是 25，除以 100，单位为 mm，就是 0.25，依此类推，如果是 50 就是 0.5mm，但是如果数值为 0，对应宽度是打印机能支持的最细的线。

注意：

① CAD 数据有版本，ArcGIS 10.5 最高支持 AutoCAD 2013，比 2013 更高的版本如 AutoCAD 2014 等无法打开，也无法转换。

② CAD 中一个图层转到 ArcGIS 可能变成多个图层，因为 CAD 的一个图层可能有多个类型，ArcGIS 一个图层只能是一个类型，可能是点、线、面或注记之一。

③ CAD 中的闭合线转到 ArcGIS 中变成面，ArcGIS 中的面转到 CAD 中变成闭合线。

④ CAD 中若有弧段或圆弧，不要转 SHP，转 SHP 会变成折线，面积和长度会变化。

⑤ 线型和颜色会丢失，在 ArcMap 只能重新设置线型和颜色。

9.5.2 ArcGIS 转 CAD

ArcGIS 转 CAD 使用工具箱中的"导出为 CAD（ExportCAD）"工具，测试数据：chp9\DGX.shp，操作界面如图 9-37 所示。

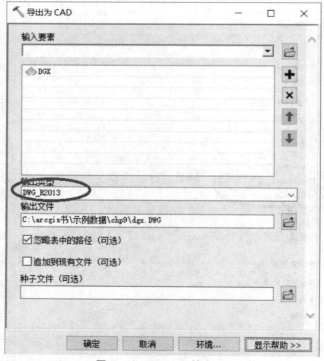

图 9-37 ArcGIS 转 CAD

输出 CAD 版本支持 CAD R14、CAD 2000 到 CAD 2013 各种版本,可以是 DXF 也可以是 DWG。如果勾选追加到现有文件:允许将输出文件内容添加到现有 CAD 输出文件后面,现有 CAD 文件内容不会丢失。注意如果导出设置 DWG_R2013,AutoCAD 2012 以下版本是不能打开上面导出的 CAD 文件。

如果 DGX 是二维线,导出到 CAD 中 DGX 不含 Z,需要把二维线转成三维线,加 Z,转换方法,使用工具箱"依据属性实现要素转 3D(FeatureTo3D ByAttribute)"工具,高程字段选 BSGC,就是 Z 值,反过来三维数据的 Z 就是 BSGC 字段值,操作界面如图 9-38 所示。

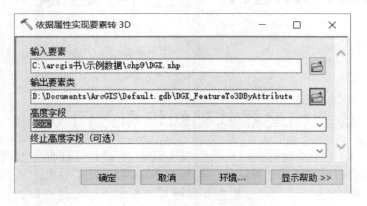

图 9-38　ArcGIS 二维转三维数据

ArcMap 的标注不能转为 CAD 文字,需要把 ArcGIS 的标注转注记图层再转为 CAD 文字,另外特殊注记如上下标(参见本书 4.1.5 小节)、下划线(开始下划线 <und>,结束下划线 </und>)转到 CAD,无法正确显示。

转换都是有损失的,ArcGIS 线型、颜色、样式和符号转到 CAD 中,无法复原。我们可以做个实验,刚才 DGX 转到 CAD,再把 CAD 转到 ArcGIS,可以发现原来闭合线转换后变成面,属性字段有些转过来了,有些没有转过来的就丢失了。

第 10 章

ModelBuilder 与空间建模

10.1 模型构建器基础知识和入门

模型构建器(ModelBuilder)是一个用来创建、编辑和管理模型的应用程序。模型是将一系列地理处理工具串联在一起的工作流,它将其中一个工具的输出作为另一个工具的输入,也可以将模型构建器看成是用于构建可视化编程语言。模型构建器本身也是一个调试模型界面,没有加阴影就是没有运行通过的地方。

模型构建器可以使用 ArcGIS 工具箱 902 个工具中一个和多个工具,一个工具还可以使用多次,每个工具有先后顺序,所以理论上可以做无数个模型。模型可以相互嵌套,模型有迭代器,可以做很多批量处理,可以大大地提高工作效率。ArcGIS 的核心在此。

注意:不能是来自菜单的工具,只能是工具箱的工具。

模型操作:在 ArcCatalog 中找到一个文件夹右击,在右键菜单的工具箱右击,新建菜单→模型,在模型中增加工具有三种方式:

① 从工具箱中拖动工具到模型中;
② 将搜索到的工具拖动到模型中;
③ 主菜单地理处理→结果中将使用过的工具拖动到模型中。

在模型构建器中,工具之间有先后顺序,使用模型构建器工具条中的 连接工具连接起来,黄色的圆角矩形表示工具,椭圆表示变量(大部分是数据), 是数据连接工具,不能工具连接工具,也不能数据连接数据。

模型是一个新的工具,输入数据和输出数据要设置参数,设置方法:右击→"模型参数"。

10.1.1 面(线)节点坐标转 Excel 模型

测试数据：chp10\模型\dc.shp(也可以是线数据)，添加到 ArcMap 中，先手动操作。

(1) 要素折点转点(FeatureVerticesToPoints)，工具箱中自己搜索，如图 10-1 所示。

图 10-1 要素折点转点

点类型参数：选 ALL，在每个输入要素折点处创建一个点，这是默认设置。

要素折点转点输入要素可以是面，也可以是线，获得对象的所有(选 ALL 参数)节点，点的属性和面、线属性的输出结果一致。

(2) 添加 XY 坐标(AddXY)，如图 10-2 所示。

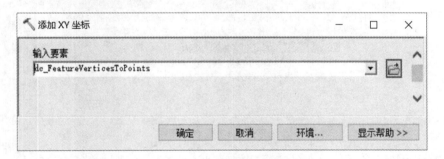

图 10-2 添加 XY 坐标

输入要素只能是点类型，获得点的 X，Y 坐标，输入表中如果没有 Point_X 和 Point_Y 字段，自动添加对应字段，如果有则更新字段的值，如果三维点，获得 Z，使用字段 Point_Z 表示，如果是地理坐标系，得到的是经度和纬度。该工具没有产生新的输出数据，输入数据就是输出数据，只是增加了 Point_X、Point_Y 字段和更新字段内容，三维点增加了字段 Point_Z。

(3) 表转 Excel(TableToExcel)，如图 10-3 所示。

只将属性表输出到 Excel，输入数据可以是点、线、面和表，输出的 Excel 第一行

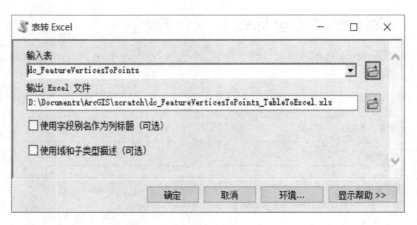

图 10-3 表转 Excel

是字段名，使用其他方法输出 Excel 汉字经常出现乱码，使用"表转 Excel"工具不会出现汉字乱码。完成后可以打开 D:\Documents \ArcGIS\scratch\dc_FeatureVerticesToPoints_TableToExcel.xls 查看。

（4）新建一个工具箱，ArcCatalog（目录）在第 chp10\模型文件夹下，右键新建工具箱。

（5）右击工具箱新建→模型。

（6）打开主菜单地理处理→结果，如图 10-4 所示。

图 10-4 查看结果

工具图标后是运行时间（095225：）和日期（07152018：2018 年 7 月 15 日）。

（7）依次把要素折点转点，添加 XY 坐标，表转 Excel，这几个工具用鼠标拖动到模型构建器中。

（8）使用模型构建器中的 ，由于上一步输出是下一步的输入，依次连接上一个工具输出数据和下一个工具，删除下一个工具输入数据对应的椭圆图形。

（9）单击模型构建器主菜单→视图→自动布局，让模型布局美观一些。

（10）设置参数：开始的输入要素和最后输出 Excel 设置参数，设置方法：使用选择工具后，右键设置参数，整个模型如图 10-5 所示。

（11）模型修改名字：右击→属性，修改名称，建议标签和名称一样，如果 ArcGIS

图 10-5　面节点坐标转 Excel 模型

二次开发软件调用模型,调用模型名称而不是标签,二次开发很多调用模型时出现:找不到模型也就是这个原因。如果使用输入数据或输出数据在当前文件夹,或调用其他模型,必须勾选 ☑存储相对路径名(不是绝对路径),如图 10-6 所示。

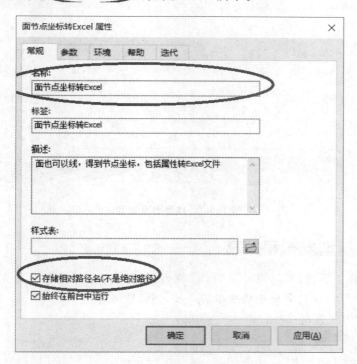

图 10-6　模型属性设置

样例模型在:chp10\模型\工具箱.tbx\面节点坐标转 Excel,可以自己编辑,查看和修改模型。

注意:右键重命名操作修改的是模型标签,不是模型名称。

(12) 不想让模型在运行时已有输入和输出值,在模型右键编辑中把输入值和输出值删除就可以,这时所有填充颜色就会消失(没有输入和输出必填参数,工具和变量就是白色的)。

(13) 模型参数顺序修改,右击→属性,切换参数,通过箭头修改先后位置,如图 10-7 所示。

图 10-7　模型参数调整

10.1.2　模型发布和共享

模型放在工具箱,工具箱是一个 tbx 文件,很多人想当然地认为把文件拷贝给其他人都可以使用,这其实只是最基本的一步,还需要考虑:

① 管理中间数据;

② 考虑版本问题。

1. 管理中间数据

运行模型时,模型中的各个流程都会创建输出数据。其中某些输出数据只是中间步骤创建的,而后连接到其他流程,以协助完成最终输出的创建。由这些中间步骤生成的数据称为中间数据,通常(但并不总是)在模型运行结束后就没有任何用处了。可以将中间数据看作是一种应在模型运行结束后即删除的临时数据。为了防止最终输出变量被删除,强烈建议不要将最终输出变量设置为中间数据。如图 10-5 模型中的"输出要素类",就是中间数据,中间数据一般放在默认数据库中,由于不同机器的默认地理数据库位置可能不一样,所以必须管理中间数据。

管理中间数据方法有两种方法:

(1) 右击→托管,如图 10-8 所示。

托管的含义是把中间数据放在各个机器的默认地理数据库中,只要是 ArcGIS

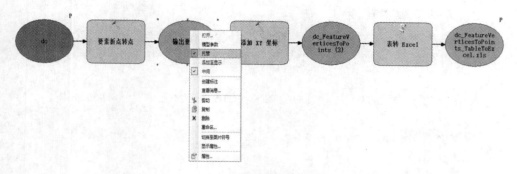

图 10-8 中间变量托管

10 以上的版本都有默认的地理数据库。

(2) 把中间数据放在内存中

把托管勾掉(不去掉托管,双击不能修改),双击,把原来默认数据库的一段修改成 in_memory(不区分大小写),由于内存读写速度远大于硬盘的读写,模型运行速度会提高很的,如图 10-9 所示。

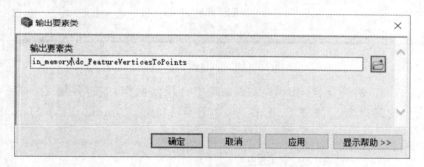

图 10-9 中间变量放在内存中设置

in_memory 是内存数据库(也是内存工作空间),"\" 是必须的,图 10-9 中变量 dc_FeatureVerticesToPoints 可以任意命名,放在内存中就不用设置为托管了,在决定将输出写入内存工作空间时,必须注意以下事项:

- 写入内存工作空间的数据是临时性的,在关闭应用程序时被删除;
- 表、要素类和栅格可写入内存工作空间;
- 内存工作空间不支持扩展的地理数据库元素,如属性域、制图表达、拓扑、几何网络以及网络数据集;
- 不能在内存工作空间中创建要素数据集或文件夹。

总结:所有中间数据都需要托管或者放在内存中;放在内存中,模型运行速度提高很多,当有很多中间数据时,模型运行速度会差几倍甚至几十倍,推荐把模型中间数据都放在内存中。

2. 工具箱版本转换

工具箱有版本，在 ArcGIS10.5 建的工具箱，ArcGIS 10.4 可能兼容，在 ArcGIS10.3 以下版本不能打开。另存其他版本才可以使用和修改，如图 10-10 所示。

注意：模型中使用的工具需要对应的 ArcGIS 版本要有这个工具才可以。

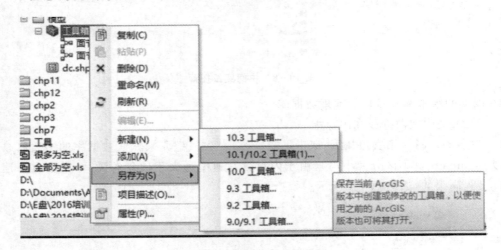

图 10-10　工具箱版本另存

反之，10.0 的工具箱，在 ArcGIS10.5 中有任何操作，如打开模型，即使没有修改，都会自动保存成 10.5 工具箱，而 10.0 不能再打开。这一点和 ArcMap MXD 文档是类似的。

10.1.3　行内模型变量使用

在模型构建器中，可以通过前后加百分号（%），一个变量替换成另一变量，这种变量替换方式称为行内变量替换。有关行内变量替换的一个简单例子，通过用户输入来代替模型中的某些文本或值，在模型迭代器中经常使用。模型内变量英文不区分大小写。

样例数据：\chp10\仅模型工具\dc.shp，查询面积小于 10 万平方米地块，假定要求"10 万"是变量，修改步骤如下：

（1）右击模型→新建变量，类型为双精度，如图 10-11 所示。

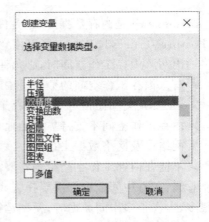

图 10-11　模型中创建变量

(2) 重命名为最小面积值,双击输入初始值:100000。

(3) 加入筛选(select)工具,设置输入数据 dc.shp,表达式为"Shape_Area">%最小面积值%,如果是查询字符串变量,字符串前后需加单引号,如图 10-12 所示。

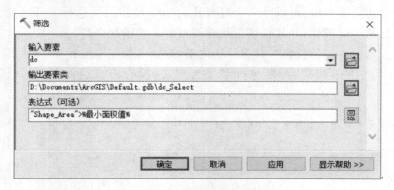

图 10-12　模型中查询调用变量

(4) 设置参数后,界面会多一个 P,界面如图 10-13 所示。

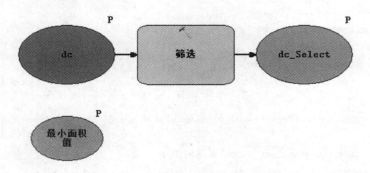

图 10-13　查询面积小于某个值模型

(5) 运行模型,界面如图 10-14 所示。

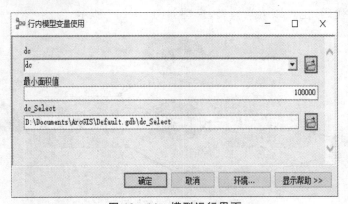

图 10-14　模型运行界面

10.1.4 前提条件设置

前提条件可用于显式控制模型中的运算顺序。例如,使第一个过程的输出成为第二个过程的前提条件;可以让一个过程在另一个过程后面运行。任何变量都可用作工具执行的前提条件,并且任何工具都可以有多个前提条件。

在第 3 章中讲述的投影工具在投影之前,数据必须定义坐标系(也是定义投影),写如下一段 Python 代码,判断坐标系是否定义,没有定义返回 False,已定义返回 True。

```
#####################
import arcpy
import os
import sys
import traceback

TableName = arcpy.GetParameterAsText(0)
dsc = arcpy.Describe(TableName)
sr = dsc.spatialReference
prj = sr.name.lower()
arcpy.AddMessage("prj:" + prj)
try:
    if prj == "unknown":
        arcpy.SetParameter(1,False) #返回 False
    else:
        arcpy.SetParameter(1,True) #返回 True
except Exception as e:
    AddPrintMessage(e[0],2)
```

在"chp10\模型\工具箱.tbx\检查坐标系是否存在"工具中,右击→编辑可以查看 Python 源代码,也可以编辑模型,模型如图 10-15 所示。

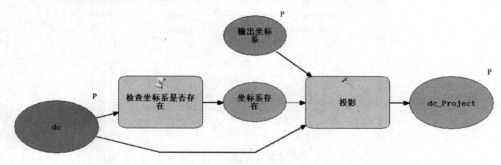

图 10-15　提前条件模型

图10-15中,箭头前面为虚线的表示前提条件,没有定义坐标系就不能投影,坐标系已定义才能投影。

如图10-16所示的模型,测试数据:chp10\模型\填行政代码.mxd,对应模型:hp10\模型\工具箱.tbx\填行政代码。

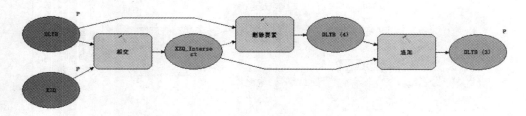

图10-16 填行政代码模型(后相交后删除)

删除要素,必须在相交之后,不能让相交结果为空,这个模型可以填DLTB图层的行政区代码。

10.2 迭代器使用

迭代是指以一定的自动化程度多次重复某个过程,通常又称为循环。模型中的迭代就是批量处理,这也是模型的强大之处。但一个模型只能支持一个迭代,不能多个,可能通过模型调用实现多个迭代。常用迭代器列表如表10-1所列。

表10-1 模型中常用迭代器列表

序号	迭代器	含义描述
1	For 循环	按照给定的增量从起始值迭代至终止值。从头到尾执行固定数量的项目。就是编程语言中的for循环
2	迭代要素选择	按一个或者字段分组,迭代要素类中的,相同输出一个要素
3	迭代行选择	按一个或者字段分组迭代表(也可以要素)中的所有行,输出结果为表
4	迭代字段值	迭代字段中的所有值,相同值返回一个
5	迭代数据集	迭代数据库的所有数据集
6	迭代要素类	迭代工作空间所有要素数据
7	迭代栅格数据	迭代工作空间或栅格数据目录中的所有栅格数据

10.2.1 For 循环(循环输出DEM小于某个高程数据)

模型在:chp10\迭代器\工具箱.tbx\For循环,可以双击运行,右击→编辑可以查看模型,最后变量为"%输出数据库%\dem%值%",调用前面两个变量,模型如图10-17所示。

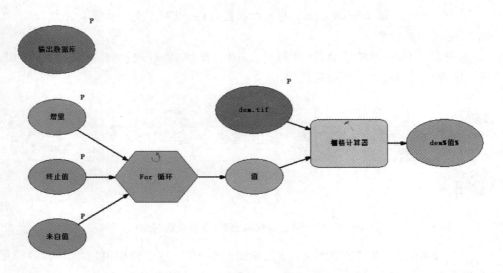

图 10-17 模型中 For 迭代器使用

注意:加入 For 循环,右键获得变量→从参数,设置增量、终止值来自几个参数,操作界面如图 10-18 所示。在图 10-17 中,输出数据库是新建一个变量,数据类型是工作空间,栅格计算器操作见 15.4 小节。

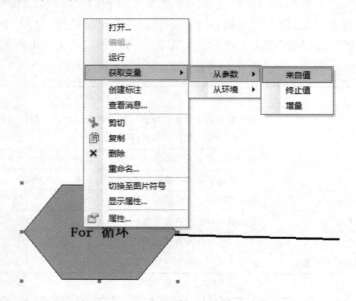

图 10-18 模型中 For 参数设置

右击 For 循环模型,属性设置如图 10-19 所示。

模型运行界面如图 10-20 所示。

结果如图 10-21 所示。

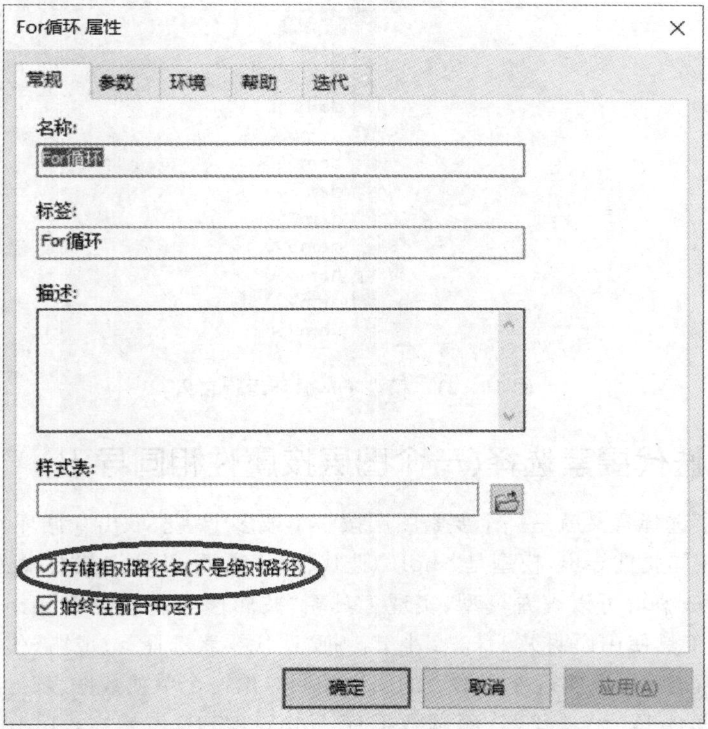

图 10-19　模型 For 循环属性相对路径设置

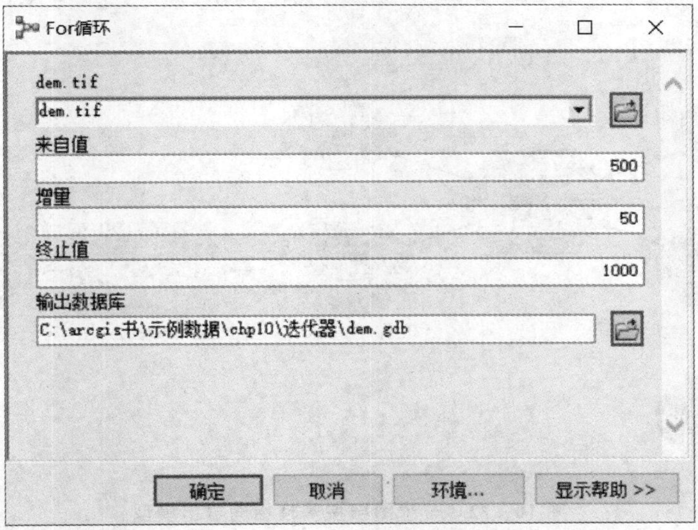

图 10-20　模型 For 循环运行界面

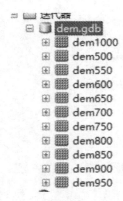

图 10 - 21　模型 For 循环运行结果

10.2.2　迭代要素选择(一个图层按属性相同导出)

迭代要素选择含义就是一个要素图层按一个或多个字段取出来循环,取出唯一值。一个图层按相同属性导出,模型是"chp10\迭代器\工具箱.tbx\迭代要素选择",可以双击运行,右击→编辑可以查看模型,实现工具箱"按属性分割(SplitByAttributes)"工具的功能,这个工具使用说明见 11.3.2 小节。把"迭代要素选择"改成"迭代行选择","筛选"改成"表筛选",可以实现非图形表的属性相同导出一个单独数据表。

测试数据:chp10\迭代器\测试数据库.gdb\DLTB,模型在:chp10\迭代器\工具箱.tbx\迭代要素选择。模型如图 10 - 22 所示,最后"%值%"变量值为"%工作空间%\%值%",一个变量是定义"工作空间",输出数据位置,"值"变量是迭代要素选择的循环结果。

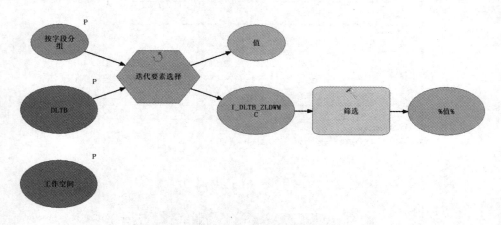

图 10 - 22　一个图层按属性相同导出模型

模型运行界面如图 10 - 23 所示。

运行结果如图 10 - 24 所示。

图 10-23 一个图层按属性相同导出模型运行界面

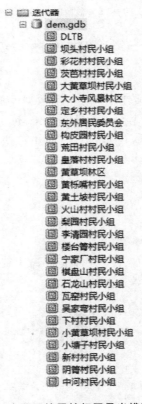

图 10-24 一个图层按属性相同导出模型运行结果

10.2.3 影像数据批量裁剪模型

图 10-25 所示的模型是一个影像数据被一个矢量数据按每一个图形批量裁剪，矢量数据每条记录迭代。

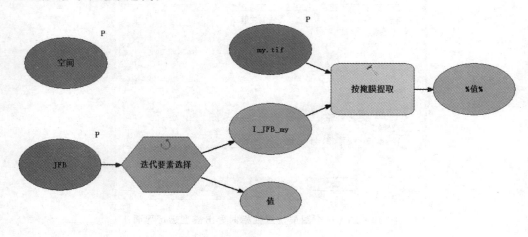

图 10-25 影像的批量裁剪模型

10.2.4 迭代数据集（一个数据库所有数据集导出到另一个数据库）

迭代数据集：如果输入是数据库，对一个数据库所有要素数据集循环，如果输入是文件夹，对文件夹下所有数据库中的数据集循环。一个数据库所有数据集导出另一个数据库，模型在：chp10\迭代器\工具箱.tbx\迭代数据集，可以双击运行，右击→编辑可以查看模型，如图 10-26 所示。

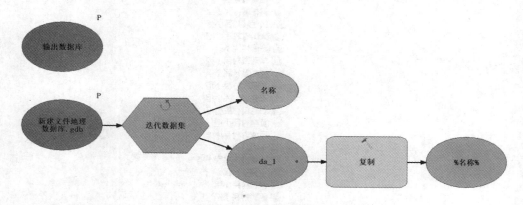

图 10-26 数据集迭代复制一个数据库所有数据集模型

模型运行界面如图 10-27 所示。

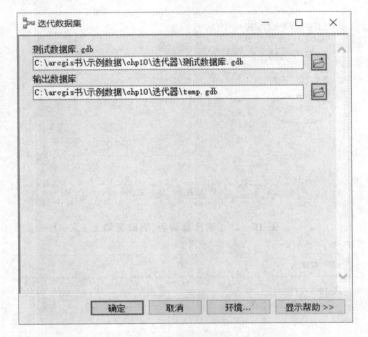

图 10-27 数据集迭代运行界面

10.2.5 迭代要素类(批量修复几何)

迭代数据类：如果输入是数据库,对数据库中所有要素类(含数据集下要素类)循环,如果输入是文件夹,对文件夹下所有数据库中的要素类和 SHP 文件都循环。模型在：chp10\迭代器\工具箱.tbx\迭代要素类,可以双击运行,右击→编辑可以查看模型,如图 10-28 所示。

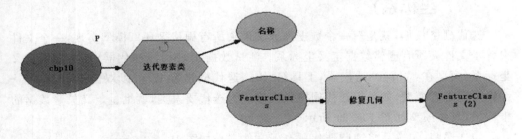

图 10-28 批量修改几何模型

勾选递归(勾选后将递归迭代所有子文件夹),如图 10-29 所示。
模型运行界面如图 10-30 所示。

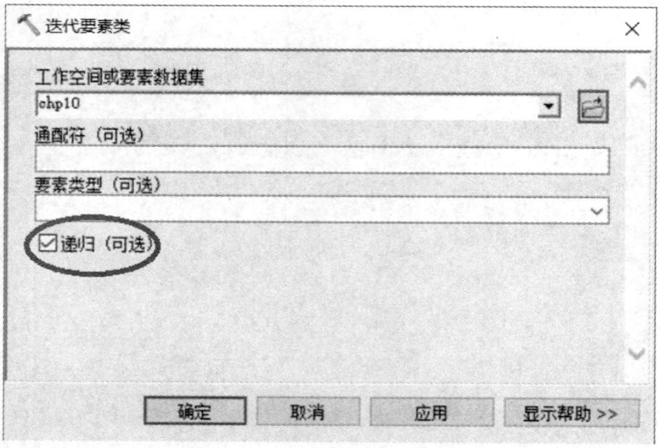

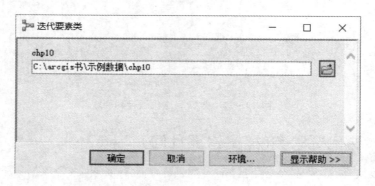

图 10-29 迭代要素类,递归要勾上

图 10-30 批量修改几何运行界面

10.2.6 迭代栅格数据(一个文件夹含子文件夹批量定义栅格坐标系)

迭代栅格数据,就是对一个数据库或文件夹所有栅格循环。模型实现:一个文件夹含子文件夹所有栅格数据定义坐标系。测试数据在 chp10\迭代器\栅格批量定义坐标系,模型在:chp10\迭代器\工具箱.tbx\迭代栅格数据,可以双击运行,右击→编辑可以查看模型,如果把迭代栅格数据修改为迭代要素类,就批量定义矢量数据的坐标系,具体模型如图 10-31 所示。

勾选递归(勾选后将递归迭代所有子文件夹),如图 10-32 所示。

模型运行界面如图 10-33 所示。

单击坐标系后的图标 ,清除坐标系,如图 10-34 所示。

批量清除坐标系,如图 10-35 所示。

第 10 章 ModelBuilder 与空间建模

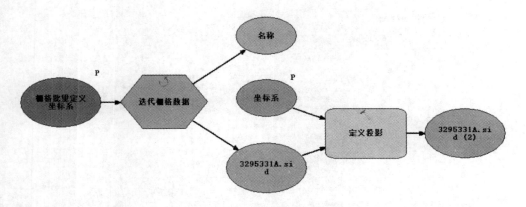

图 10-31 批量定义栅格数据坐标系模型

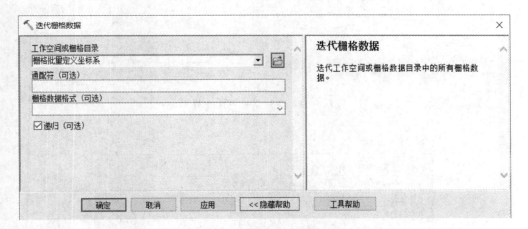

图 10-32 迭代栅格数据设置

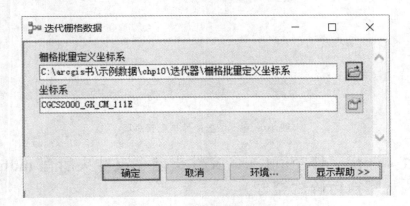

图 10-33 批量定义坐标系运行界面

图 10-34　清除坐标系操作界面

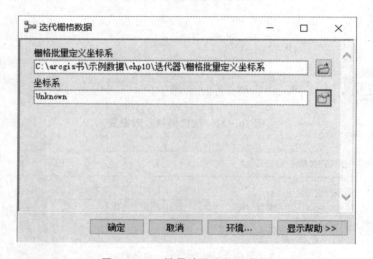

图 10-35　批量清除坐标系界面

10.2.7　迭代工作空间（一个文件夹含子文件夹所有 mdb 数据库执行碎片整理）

迭代工作空间：就是对数据库或文件夹迭代。迭代工作空间（一个文件夹含子文件夹所有 MDB 数据库的紧缩维护），样例模型在：chp10\迭代器\工具箱.tbx\迭代工作空间,可以双击运行,右击→编辑可以查看模型,模型如图 10-36 所示。

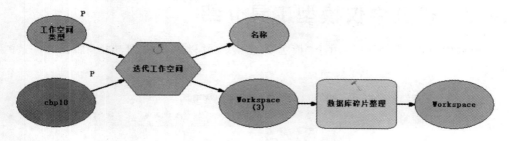

图 10-36　批量压缩数据库模型

勾选递归(勾选后将递归所有子文件夹),选 Access 是所有 MDB 数据库碎片整理,选 FILEGDB 是所有 GDB 数据库碎片整理,如图 10-37 所示。

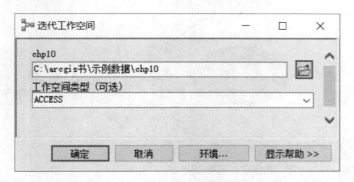

图 10-37　迭代工作空间的界面设置

模型运行界面如图 10-38 所示。

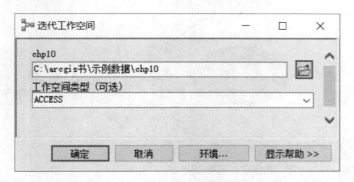

图 10-38　批量压缩数据库运行界面设置

10.3 模型中仅模型工具介绍

模型中仅模型工具，仅用于"模型构建器"，可以增加模型功能，如图 10-39 所示。

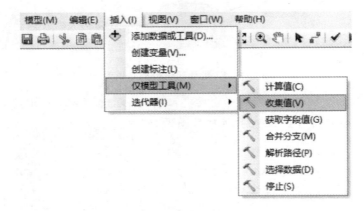

图 10-39 仅模型工具位置

10.3.1 计算值

（表中没有对应字段则加字段，有就不加）

模型在：chp10\仅模型工具\仅模型工具.tbx\计算值，右击可以编辑，这里设置前提条件，表中有对应字段，不执行添加字段；没有字段添加字段模型，如图 10-40 所示。

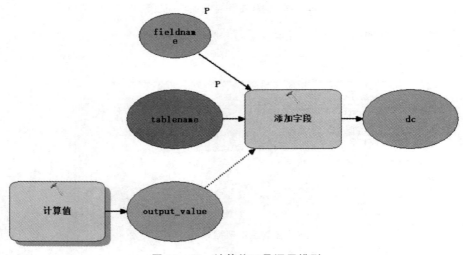

图 10-40 计算值工具调用模型

计算值设置如图 10-41 所示。

图 10-41　计算值工具调用界面

代码如下：

```
def FieldExists(TableName,FieldName):
    FieldName = FieldName.upper()
    desc = arcpy.Describe(TableName)
    for field in desc.fields:
        if field.Name.upper() == FieldName:
            return False
            break
    return True
```

计算值结果是添加字段的前提条件，如果字段不存在，返回 True，添加字段，运行界面如图 10-42 所示。

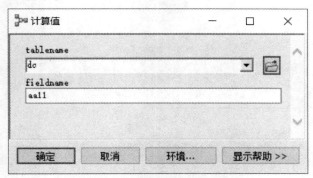

图 10-42　计算值工具运行界面

277

10.3.2 收集值

收集值工具专用于收集迭代器的输出值或将一组多值转换为一个输入。收集值的输出可用作合并、追加、镶嵌和像元统计等工具的输入。

模型在:chp10\仅模型工具\仅模型工具.tbx\收集值,用途:一个文件下所有面合并在一起,模型如图10-43所示。

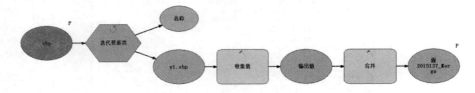

图10-43 收集值工具调用模型

10.3.3 解析路径(把一个图层数据源路径名称写入某个字段)

解析路径的解析结果由解析类型参数控制。示例:如果解析路径工具的输入是C:\ToolData\InputFC.shp,选择不同解析类型,结果如表10-2所列。

表10-2 解析路径中解析类型和结果

解析类型	结果
文件名和扩展名(FILE)	InputFC.shp
文件路径(PATH)	C:\ToolData
文件名(NAME)	InputFC
文件扩展名(EXTENSION)	shp

模型在:chp10\仅模型工具\仅模型工具.tbx\收集值,右击可以编辑,模型如图10-44所示。

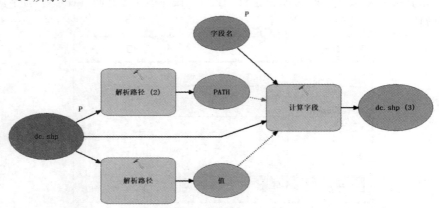

图10-44 一个图层数据源路径名称写入某个字段模型

10.4 Python

10.4.1 为什么要学习 Python

- ArcGIS 内置 Python，在 Esri 中推荐的是 Python，在字段计算器和标注等地方，ArcGIS10.5 中支持 VB 和 Python 语言，在 ArcGIS Pro 中更多的是 Python 语言，工具箱中基本上每一个工具都有 Python 调用的源码。ArcGIS 命令行是 Python，Python 做数据批量处理有优势，但缺点是界面不够灵活。
- 在工具箱中，很多工具如多环缓冲区、点集转线、所有图标是 ![] 这样的，都是用 Python 开发的，ArcGIS Python 脚本都是开源的，右击→编辑可以查看。
- Python 目前排名靠前，语言比较简练。
- Python 是未来的发展趋势。

Python 特点：

- 易于学习：Python 关键字相对较少，结构简单，语法定义明确，学习起来更加简单。
- 易于阅读：Python 代码定义的更清晰，靠":"缩进，"♯"表示注释，严格区分大小写。
- 易于维护：Python 的成功在于它的源代码相当容易维护。
- Python 是动态类型语言，不需要预先声明变量的类型，变量的类型和值在赋值的时候被初始化。
- 广泛的标准库：Python 的最大优势之一是丰富的、跨平台的库，在 UNIX、Windows 和 Macintosh 中兼容很好。
- 可移植：基于其开放源代码的特性，Python 已经被移植（也就是使其工作）到许多平台。

10.4.2 用 Python 开发 ArcGIS 第一个小程序

在 ArcGIS 中使用 Python，可以先写好 Python 代码，使用记事本写也可以用 PyCharm 等其他软件，再建一个工具箱，在工具箱的右键菜单中，添加→脚本，跟着向导操作就可以。

在 ArcGIS 中使用 Python，首先导入 ArcPy，具体代码：import arcpy，输入参数获得方法：arcpy.GetParameterAsText(0)，设置输出参数：arcpy.SetParameterAsText(0)。使用 def 定义函数，Describe 函数返回的对象元数据信息包含多个属性，如数据类型、字段、索引以及许多其他属性。

for field in desc.fields 是一个表字段循环。例如判断一个表的某个字段是否存在，代码如下：

```
import arcpy
import os
import sys
def FieldExists(TableName,FieldName):
    desc = arcpy.Describe(TableName)
    for field in desc.fields:
        if field.Name.upper() = = FieldName:
            return True
            break
    return False
TableName= arcpy.GetParameterAsText(0) #第一个输入参数
FieldName = arcpy.GetParameterAsText(1) #第二个输入参数
FieldName=FieldName.upper()
b=FieldExists(TableName,FieldName)
arcpy.AddMessage("TableName:" + TableName + ",FieldName:" + FieldName + "," + str(b))
arcpy.SetParameter(2,b) #输出参数是第三个
```

参数设置如图10-45所示。

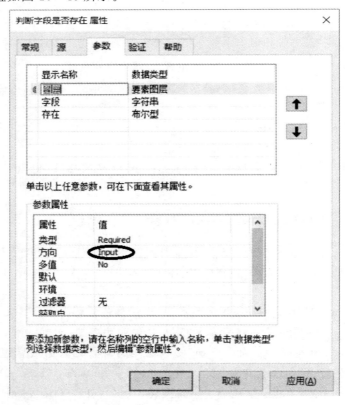

图10-45 Python参数设置界面

参数"图层"方向是 Input,输入参数;参数"存在"方向是 Output,输出参数。发布 Python 前必须导入脚本,脚本就放在工具箱中,不需要外部 py 文件,可以设置密码保护源代码,运行界面如图 10-46 所示。

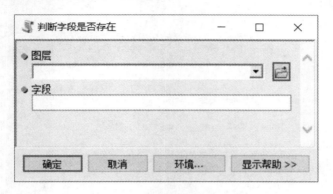

图 10-46　判断一个表字段是否存在运行界面

10.4.3　ArcGIS Python 的其他例子

1. 计算面层的面积

首先写好脚本如下:

```
#####################
import arcpy
from arcpy import env
import os

import sys
#############
###############################

fc = arcpy.GetParameterAsText(0)
fieldname = arcpy.GetParameterAsText(1)
shapeName = arcpy.Describe(fc).shapeFieldName

rows = arcpy.UpdateCursor(fc)

i = 1;
##############################
##
for row in rows:#记录循环
    feat = row.getValue(shapeName)
```

281

```
        row.setValue(fieldname,feat.area)
        arcpy.AddMessage("No:" + str(i) + ":" + str(feat.area))
        rows.updateRow(row)

        i = i + 1;
```

保存为 py 文件,新建一个工具箱,右击工具箱添加→脚本,找到对应的 py 文件,设置参数,如图 10 - 47 所示。

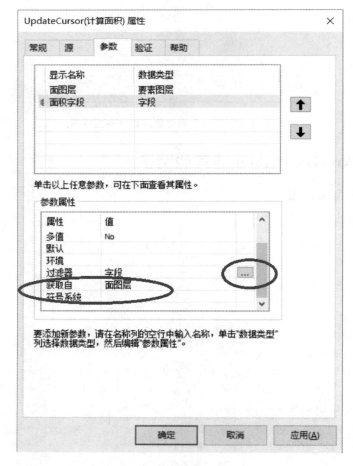

图 10 - 47　参数中字段取值和类型设置

面积字段获取自面图层,面积字段是双精度,过滤器是双精度,如图 10 - 48 所示。

右击脚本→导入脚本,如图 10 - 49 所示。

如果不导入脚本,必须将对应的 py 文件拷贝到对应的位置,否则不能使用。

工具在:chp10\python\其他.tbx\UpdateCursor(计算面积),可以直接运行,右击编辑查看代码。

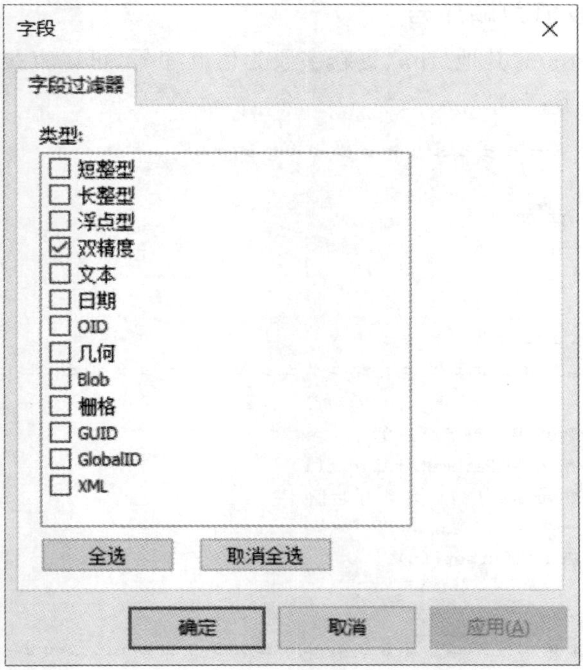

第 10 章 ModelBuilder 与空间建模

图 10-48 字段类型过滤

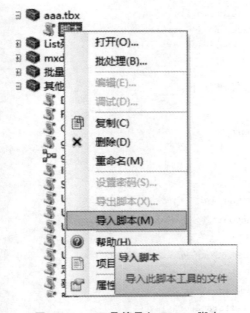

图 10-49 工具箱导入 Python 脚本

2. 更新字段值为顺序号

在:chp10\python\其他.tbx\更新字段为值顺序号,可以直接运行,右击→编辑查看代码,代码如下:

```python
######################
import arcpy
from arcpy import env
import os

import sys
###############
##########################################

fc = arcpy.GetParameterAsText(0)
fieldname = arcpy.GetParameterAsText(1)
k = arcpy.GetParameter(2)    ##开始值

rows = arcpy.UpdateCursor(fc)

i = k
##################################################
##
for row in rows:

    row.setValue(fieldname,i)
    arcpy.AddMessage("No:" + str(i))
    rows.updateRow(row)
    i = i + 1;
```

如果需要进度条,代码如下:

```python
import arcpy
from arcpy import env
import os

import sys
defaultencoding = 'utf-8'
if sys.getdefaultencoding() != defaultencoding:
    reload(sys)
    sys.setdefaultencoding(defaultencoding)

fc = arcpy.GetParameterAsText(0)
fieldname = arcpy.GetParameterAsText(1)
k = arcpy.GetParameter(2)
num = arcpy.GetCount_management(fc)
```

```
n = int(str(num))
arcpy.SetProgressor("step","更新:" + fc + ",Field = " + fieldname,0,n,1)
rows = arcpy.UpdateCursor(fc)

i = k

for row in rows:
    arcpy.SetProgressorLabel("正在等待....")
    row.setValue(fieldname,i)
    arcpy.AddMessage("当前:" + str(i))
    rows.updateRow(row)
    arcpy.SetProgressorPosition()
    i = i + 1
arcpy.ResetProgressor()
del row
```

作用:更新一个表(含要素类)字段值为顺序号,如 1,2,3,……
参数如图 10-50 所示,字段参数获取自图层。

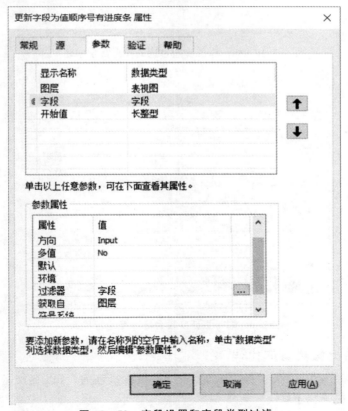

图 10-50　字段设置和字段类型过滤

参数过滤器字段,只能是短整数、长整数和双精度,如图 10-51 所示。

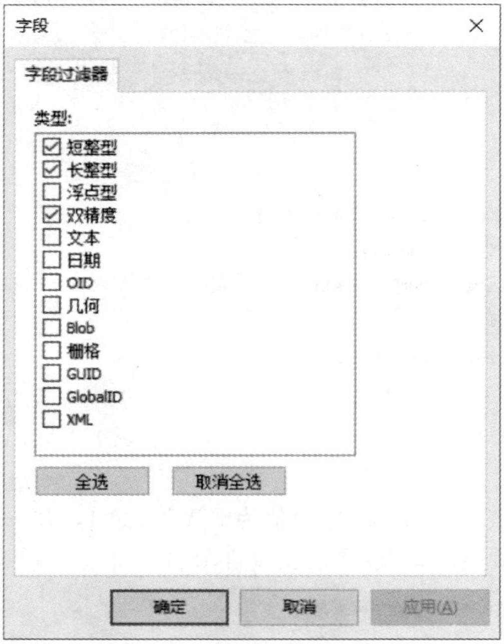

图 10-51 字段类型过滤只能是数字字段

运行界面如图 10-52 所示。

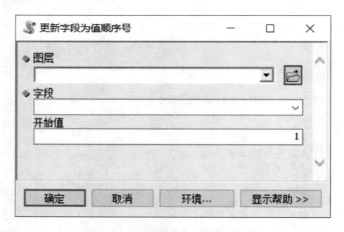

图 10-52 更新字段为顺序号运行界面

3. 矢量批量裁剪的代码

在:chp10\python\矢量批量裁剪.tbx\矢量批量裁剪,可以直接运行,右击→编辑查看代码,代码如下:

```python
# ----------------------------------------------------
# 1.py
# Created on:星期日 一月 10 2018 11:02:13 上午
#   (generated by ArcGIS/ModelBuilder)
# Usage:矢量图批量切割,by 闫磊 4个参数
# 原始数据 是图层,可以多选
# 切割工具是是接幅表 或者行政
# 字段是输出 mdb 名称
# 输出路径
# ----------------------------------------------------
# Create Geoprocessing Object
import  sys,os,string
import arcpy
from arcpy import env
defaultencoding = 'utf-8'
if sys.getdefaultencoding()!=defaultencoding:
    reload(sys)
    sys.setdefaultencoding(defaultencoding)


arcpy.env.overwriteOutput = True

inworkspace   = arcpy.GetParameterAsText(0)
arcpy.AddMessage("输入数据=" + inworkspace)
clipshp   = arcpy.GetParameterAsText(1)
arcpy.AddMessage("裁剪=clipshp" + clipshp)
fieldname = arcpy.GetParameterAsText(2)
arcpy.AddMessage("字段=fieldname" + fieldname)
outworkspace   = arcpy.GetParameterAsText(3)
arcpy.AddMessage("输出=" + outworkspace)
mdbbool   = arcpy.GetParameterAsText(4)
arcpy.AddMessage("是否 mdb=" + mdbbool)

desc = arcpy.Describe(clipshp)
filepath = desc.CatalogPath
p = filepath.find(".mdb")

ftype = "String"
for field in desc.fields:
    if field.Name == fieldname:
        ftype = field.Type
        break
arcpy.AddMessage(u"默认地理数据库:" + arcpy.env.scratchWorkspace)
jfb_Select = arcpy.env.scratchWorkspace + "\yl999" # 不能 c:\要 c:\\或者 c:/
```

```python
rows = arcpy.SearchCursor(clipshp)
#arcpy.AddMessage(u"5＝执行到这里")
row = rows.next()
#arcpy.AddMessage(u"6＝执行到这里")
while row:
    #arcpy.AddMessage(u"7＝执行到这里")
    fieldvalue = "" + str(row.getValue(fieldname))
    #arcpy.AddMessage(u"值 fieldvalue＝" + fieldvalue)
    if p>0:  #mdb
        Expression = "[" + fieldname + "]＝"
    else:
        Expression = "\"" + fieldname + "\"＝"
    #arcpy.AddMessage(u"表达式 Expression1＝" + Expression)
    if ftype == "String":
        Expression = Expression + "'" + fieldvalue + "'"
    else:
        Expression = Expression + fieldvalue
    
    #arcpy.AddMessage(u"Expression2＝" + Expression)
    arcpy.Select_analysis(clipshp, jfb_Select, Expression)
    #arcpy.AddMessage(u"6＝clipshp" + clipshp)
    out_mdb = ""
    #arcpy.AddMessage("＝＝＝＝＝＝＝＝＝＝＝＝＝＝＝＝＝＝＝＝＝＝＝＝＝＝＝＝＝＝＝＝＝＝＝＝＝＝＝＝＝＝＝＝＝＝＝ out_mdb" + out_mdb)
    if mdbbool == "true":
        out_mdb = outworkspace + "\\" + fieldvalue + ".mdb"   #os.path.basename(dataset)
    else:
        out_mdb = outworkspace + "\\" + fieldvalue + ".gdb"
    arcpy.AddMessage(u"out_mdb" + out_mdb)
    if not arcpy.Exists(out_mdb):
        if mdbbool == "true":
            arcpy.CreatePersonalGDB_management(os.path.dirname(out_mdb), os.path.basename(out_mdb))
        else:
            arcpy.CreateFileGDB_management(os.path.dirname(out_mdb), os.path.basename(out_mdb))

    mydatasets = string.split(inworkspace, ";")
    
    for dataset in mydatasets:
        
        try:
            mylayer = os.path.basename(dataset)
```

```
                arcpy.AddMessage(u"clip:" + dataset + " to " + out_mdb + "\\" + mylayer)
                mylayer = mylayer.replace("(","")
                mylayer = mylayer.replace(")","")
                arcpy.Clip_analysis(dataset,jfb_Select,out_mdb + "\\" + mylayer,"")
        except Exception,ErrorDesc:
            # If an error set output boolean parameter "Error" to True.
            arcpy.AddError(str(ErrorDesc))
    row = rows.next()
if arcpy.Exists(jfb_Select):
    arcpy.Delete_management(jfb_Select)
```

作用:使用一个矢量图层批量裁剪多个矢量数据,字段值是裁剪后的数据库名称,如图 10-53 所示。

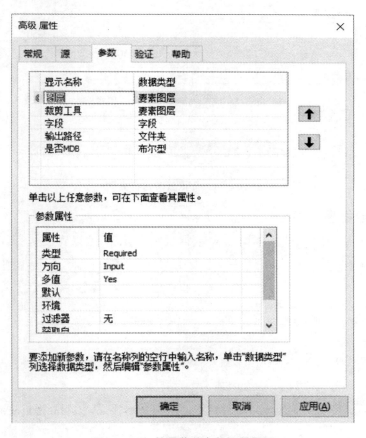

图 10-53 批量裁剪参数设置界面

界面如图 10-54 所示。

若不勾选"是否 MDB",则是 GDB。

图 10-54 批量裁剪运行界面

4. 矢量批量合并

在:chp10\python\批量合并.tbx\数据批量合并下,可以直接运行,右击编辑可以查看代码,代码如下:

```
import sys
###########
##############################
import arcpy
import string


try:
    workspace = arcpy.GetParameterAsText(0)   # 'C:\Users\Administrator\Desktop\\cc'

    outdb = arcpy.GetParameterAsText(1)    # 'C:\Users\Administrator\Desktop\\lutian.mdb'
    arcpy.env.workspace = workspace
    arcpy.AddMessage("outdb:" + outdb)
    files = arcpy.ListWorkspaces("","")
```

```
        for File in files:
            arcpy.AddMessage("File:"+File)

            arcpy.env.workspace = outdb
            fcs = arcpy.ListFeatureClasses()
            for fc in fcs:
                arcpy.AddMessage("fc:"+fc)
                if arcpy.Exists(File + "\\" + fc):
                    arcpy.Append_management([ File + "\\" + fc],outdb + "\\" + fc,"NO_TEST","","")
                else:
                    arcpy.AddMessage("not exists:"+File + "\\" + fc)

            fcs = arcpy.ListTables()
            for fc in fcs:
                arcpy.AddMessage("fc:"+fc)
                if arcpy.Exists(File + "\\" + fc):
                    arcpy.Append_management([File + "\\" + fc],outdb + "\\" + fc,"NO_TEST","","")
                else:
                    arcpy.AddMessage("not exists:"+File + "\\" + fc)

            dss = arcpy.ListDatasets()
            for ds in dss:
                arcpy.AddMessage("ds:"+ds)
                arcpy.env.workspace = outdb+"\\"+ds
                fcs1 = arcpy.ListFeatureClasses()
                for fc1 in fcs1:
                    arcpy.AddMessage("fc1:"+fc1)
                    if arcpy.Exists(File + "\\" + ds + "\\" + fc1):
                        arcpy.Append_management([File + "\\" + ds + "\\" + fc1],outdb + "\\" + ds + "\\" + fc1,"NO_TEST","","")
                    else:
                        arcpy.AddMessage("not exists:"+File + "\\" + ds + "\\" + fc1)


    except arcpy.ExecuteError:
        arcpy.AddWarning(arcpy.GetMessages())
```

参数如图 10-55 所示,工作空间可以是地理数据库(文件地理数据或者个人地理数据),也可以是一个文件夹,这里建议是数据库。

运行界面如图 10-56 所示。

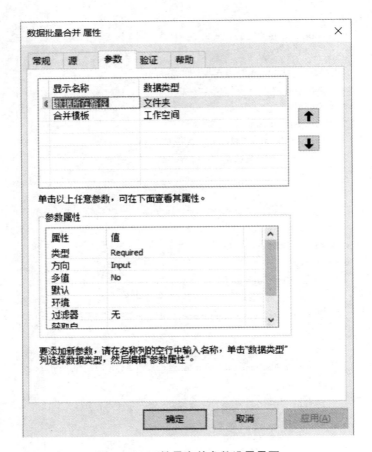

图 10-55 批量合并参数设置界面

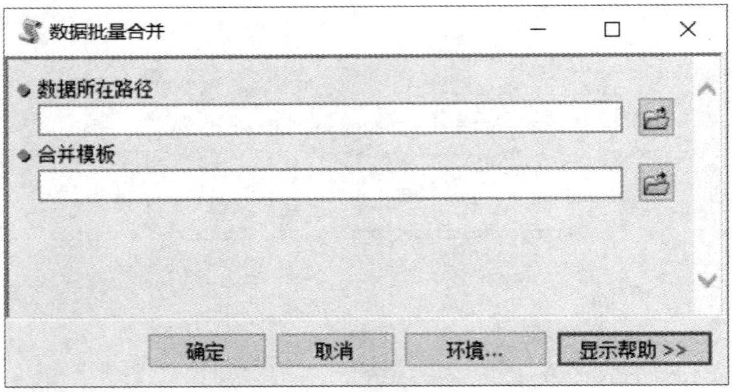

图 10-56 批量合并运行界面

5. 影像批量裁剪

在：chp10\python\影像切割.tbx\影像切割，可以直接运行，右击→编辑可以查看程序源代码，源代码如下：

```
import sys,os,string,types
import arcpy
from arcpy import env


arcpy.env.overwriteOutput = True

oldraster  = arcpy.GetParameterAsText(0)
arcpy.AddMessage("1oldraster = " + oldraster)
clipshp   = arcpy.GetParameterAsText(1)
arcpy.AddMessage("2clipshp = " + clipshp)
fieldname = arcpy.GetParameterAsText(2)
arcpy.AddMessage("3fieldname = " + fieldname)
outworkspace = arcpy.GetParameterAsText(3)
arcpy.AddMessage("4 = " + outworkspace)

arcpy.CheckOutExtension("spatial")
rows = arcpy.SearchCursor(clipshp)

jfb_Select = outworkspace + "/temp.shp"  #不能 c:\要 c:\\或者 c:/


for row in rows:

    try:
        b = 1
        value = row.getValue(fieldname)
        #gp.AddMessage("value = " + value)
        if (type(value) is types.IntType):
            fieldvalue = str(value)
            b = 2
        elif (type(value)  is types.StringType):   #是否 string 类型
            fieldvalue = value
        else:
            fieldvalue = str(value)

        arcpy.AddMessage("fieldvalue = " + fieldvalue)
```

```
        if b = = 2:
            Expression = "\"" + fieldname + "\" = " + fieldvalue + ""
        else:
            Expression = "\"" + fieldname + "\" =' " + fieldvalue + "'"
        arcpy.AddMessage("Expression = " + Expression + ",jfb_Select = " + jfb_Select
+ ",clipshp = " + clipshp)
        arcpy.Select_analysis(clipshp,jfb_Select,Expression)

        out_raster = outworkspace + "/" + fieldvalue + ".tif"
        arcpy.gp.ExtractByMask_sa(oldraster,jfb_Select,out_raster)
    except Exception,ErrorDesc:
        # If an error set output boolean parameter "Error" to True.
        arcpy.AddError(str(ErrorDesc))
    if arcpy.Exists(jfb_Select):
        arcpy.Delete_management(jfb_Select)
```

作用:使用一个矢量数据,批量裁剪一个影像,矢量字段值是裁剪后影像的数据名,格式为 tif。参数如图 10-57 所示。

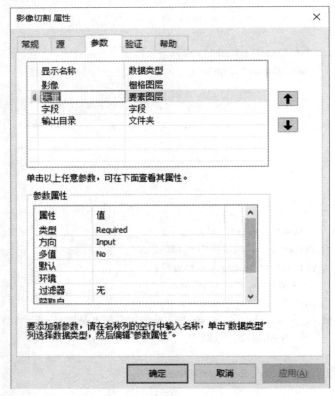

图 10-57 影像批量裁剪参数设置界面

运行界面如图 10-58 所示。

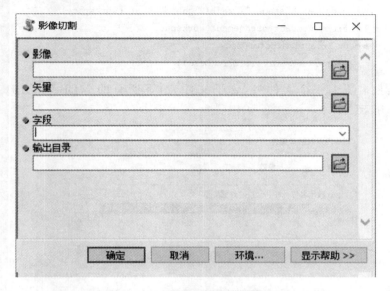

图 10-58　影像批量裁剪运行界面

6. 批量压缩数据库

在:chp10\python\压缩数据.tbx\批量压缩数据库,可以直接运行,右击→编辑可以查看程序源代码,源代码如下:

```
import arcpy
import sys
import os
from os.path import join,getsize
reload(sys)
sys.setdefaultencoding('utf8')
inpath = arcpy.GetParameterAsText(0)
for root,dirs,files in os.walk(inpath):
    arcpy.env.workspace = root
    workspaces = arcpy.ListWorkspaces("*","Access")
    for workspace in workspaces:
        try:
            arcpy.AddMessage("正在压缩 mdb:" + str(workspace))
            arcpy.Compact_management(workspace)
        except Exception,ErrorDesc:
            arcpy.AddError(str(ErrorDesc))
    workspaces = arcpy.ListWorkspaces("*","FileGDB")
    for workspace in workspaces:
```

```
try:
    arcpy.AddMessage("正在压缩 gdb:" + str(workspace))
    arcpy.Compact_management(workspace)
except Exception,ErrorDesc:
    arcpy.AddError(str(ErrorDesc))
```

作用:批量压缩一个文件夹(含子文件夹)下所有的 MDB 和 GDB。参数如图 10-59 所示。

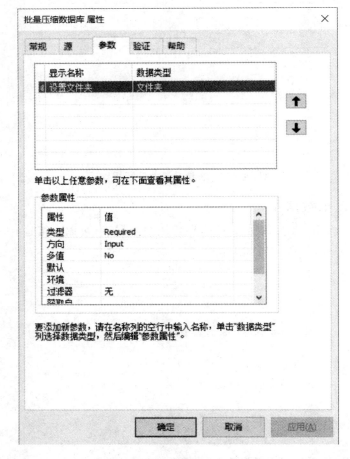

图 10-59 批量压缩数据库参数设置界面

运行界面如图 10-60 所示。

7. mxd 文档批量导出图片

在:chp10\python\批量 mxd 转图片.tbx\mxd 转图片,可直接运行,右击→编辑可以查看程序源代码,源代码如下:

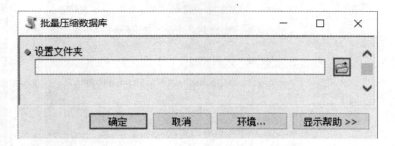

图 10 - 60　批量压缩数据库运行界面

```
#######################
import arcpy
import os
import sys
###########
##############################
indata = arcpy.GetParameterAsText(0)
outdata = arcpy.GetParameterAsText(1)
EXT = arcpy.GetParameterAsText(2)
dpi = arcpy.GetParameter(3)
EXT = EXT.upper()
for root,dirs,files in os.walk(indata): #会遍历所有文件包括子文件里的数据
    arcpy.AddMessage(u"目录:" + root)
    rootList = root.split('.')
    n = len(rootList)
    if (n<2): #不考虑进入 gdb 目录下循环
        for name in files:
            #arcpy.AddMessage(u"name:" + name)
            mystr = name.upper()
            if (mystr.endswith('.MXD')): #找到扩展名.mxd 的数据
                try:
                    fs = os.path.join(root,name)
                    mxd = arcpy.mapping.MapDocument(fs)
                    arcpy.AddMessage(u"保 存 了 :" + outdata + "/" +
                    name.split('.')[0] + "." + EXT)

                    if EXT = = "JPG":
                        arcpy.mapping.ExportToJPEG(mxd,outdata + "/" + name.split('.')[0],resolution = dpi)
                    elif EXT = = "TIF":
                        arcpy.mapping.ExportToTIFF(mxd,outdata + "/" + name.split('.')[0],resolution = dpi)
```

```
                elif EXT = = "PDF":
                        arcpy.mapping.ExportToPDF(mxd,outdata + "/" + name.split('.')
[0],resolution = dpi)
                elif EXT = = "PNG":
                        arcpy.mapping.ExportToPNG(mxd,outdata + "/" + name.split('.')
[0],resolution = dpi)
                elif EXT = = "EPS":
                        arcpy.mapping.ExportToEPS(mxd,outdata + "/" + name.split('.')
[0],resolution = dpi)
                elif EXT = = "EMF":
                        arcpy.mapping.ExportToEMF(mxd,outdata + "/" + name.split('.')
[0],resolution = dpi)
                del mxd
        except Exception,ErrorDesc:
                arcpy.AddError(str(ErrorDesc))
```

作用：一个文件夹下所有的 mxd 批量导出图片，可以是 PDF、JPG、PNG、TIF、EPS 或 EMF 格式。参数如图 10 - 61 所示。

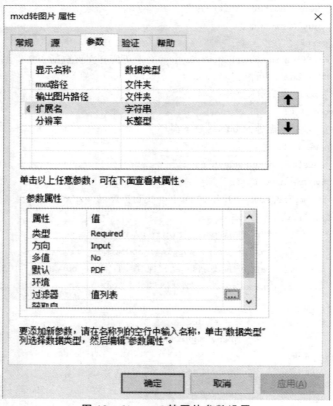

图 10 - 61　mxd 转图片参数设置

扩展名是值列表,如图 10-62 所示。

图 10-62 值列表输入界面

运行界面如图 10-63 所示。

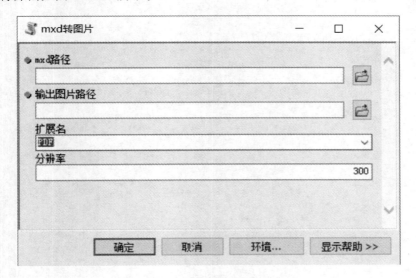

图 10-63 mxd 转图片运行界面

10.4.4　Python 汉字处理

出现类似 UnicodeDecodeError：'ascii' codec can't decode byte 0xe9 in position 0：ordinal not in range(128)问题，都是汉字问题，解决方法如下：

（1）重新装入编码体系，设置简单，推荐使用，代码如下：

```
defaultencoding = 'utf-8'
if sys.getdefaultencoding()！= defaultencoding：
    reload(sys)
    sys.setdefaultencoding(defaultencoding)
```

（2）每个汉字前加 u，如下所示：

```
＃－*－coding：cp936－*　＃放到第一行
u"你好"
```

（3）汉字后面加 encode("utf-8")，如下所示：

```
Str = "你好"
print str.encode("utf-8")
```

第 11 章 矢量数据的处理

矢量数据就是点、线、面和注记,不能是栅格,也不能是 TIN 等数据,矢量数据的处理和下一章的矢量数据分析基本原理如下:
① 多个数据的坐标系尽可能一致。
② 多个数据的 XY 容差最好一致,如果不一致,结果取 XY 容差最大值,精度最低的,XY 容差除在创建要素外,其他地方都不做任何修改。
③ 数据本身不要拓扑错误,否则无法操作,或者操作结果可能是错误的。
④ 多个数据的维数一致,都是二维或三维;一个是三维(加 Z)而另一个是二维可能无法操作,一个是点图层而另一个是多点图层,也可能无法操作。

11.1 矢量查询

矢量查询包括:
① 属性查询:基于某个或两个字段查询,一般是一个表(或要素),也可以是多个表(或要素),SHP 不支持多表复合查询,数据库 GDB 和 MDB 支持多表查询。
② 空间查询:根据空间位置查询,一般是两个图层,必须有图形。

11.1.1 属性查询

ArcGIS 中的属性查询表达式符合数据库的 SQL(见附录三)表达式,这里主要是 WHERE 子句,使用不同的数据源,SQL 语法也不相同,如果是 MDB,使用语法就是 Access 的语法,如果是 Oracle,就是 Oracle 的语法。SQL 的常用语法如表 11-1 所列。

表 11-1　SQL 的常用语法

类型	字符串	空的判断	模糊查询
shp	单引号	字符是=",数字是=0	_(下划线)表示1位,%表示多位
个人数据库(Mdb)	单双引号都可以	is Null 或者=""	? 表示1位,* 表示多位
文件数据库(gdb)	单引号	is null	_表示1位,%表示多位
Oracle	单引号	is Null 而不是=NULL	_表示1位,%表示多位
Sql server	单引号	is Null	_表示1位,%表示多位

总结:字符串查询方法一般用单引号,数字如整数、双精度,不加引号;字段名不用加任何的引号和中括号;特殊查询时,如北大,应该为'%北%大%',字符串模糊查询使用 Like,同时加通配符,通配符除 MDB 是 * 外(如果使用 C# ArcEngine 开发,程序源代码中也使用%,而不是 *),其他都是%(半角),精确查询使用=号。SQL 中不区分大小写,如 null 和 NULL 是完全一样的。

查询中用 and,查询结果更少;用 or,查询结果更多。

数字不能直接模糊查询,可以转字符串,转换语句如(FID,OBJECTID 是数字)表 11-2 所列。

表 11-2　数字模糊查询

类型	模糊查询
Shp	cast(FID as character) like '%1%'
gdb	CAST(OBJECTID AS　varchar(20))　like　'%1%'
mdb	str(OBJECTID) like ' * 1 * '
oracle	OBJECTID like '%1%'
Sql server	Str(OBJECTID) like '%1%'

如果要查询个人地理数据库数据,可以将字段名称用方括号括起来,如[AREA];对于文件地理数据库数据和 SHP,可以将字段名称用双引号括起来,如"AREA",但是通常不需要,所以字段名通常什么也不加。

查询时,数字可以大于、小于和等于,字母也可以大于、小于和等于,按 ABC 字母顺序从小到大,数字在字母之前,如果有 a、b、A、B 大小写,按 aAbB 顺序从小到大。汉字也有大小,按汉字的拼音顺序,对于多音字,以第二个拼音顺序为准,如长字可能读 zhang,也可能读 chang,排序按 zhang。

特殊字符的查询,GDB、SHP、Oracle 和 SQL Server 查询含下划线_和%等特殊字符的查询(XMMC 是字段名),查询方法如:

```
XMMC LIKE '%\_%' ESCAPE '\'        - - - 查询含下划线_的
XMMC LIKE '%\%%' escape '\'        - - - 查询含百分号%的
```

Acessmdb 中 * 和？的查询

XMMC LIKE '*[*]*'　　　　　　　---查询含 * 的
XMMC LIKE '*[?]*'　　　　　　　---查询含？的

1. 属性查询操作

第一种方法：主菜单下选择菜单→按属性选择，如图 11-1 所示。只能是要素图层，必须加到 ArcMap 地图窗口，查询后自动选择。

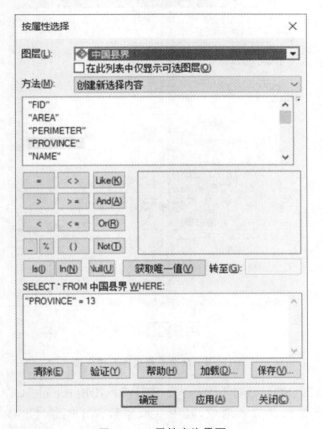

图 11-1　属性查询界面

第二种方法：工具箱中按属性选择图层（SelectLayerByAttribute），可以是要素图层也可以是表，必须加到 ArcMap 的地图窗口，查询后自动选择。

第三种方法：工具箱中筛选（Select）要素类或要素图层，输出结果是独立要素。

第四种方法：使用工具箱中表筛选（Table Select）要素类或表，输出结果只能是表。

在图 11-1 中的图层列表中选择查询图层，双击字段进入输入框，单击"获得唯一值"按钮获得选中字段的唯一值（相同的值只返回一个）。当查询出现 SQL 语法错误时,拷贝到记事本,主要引号是半角,这是一个重要的方法。

2. 实例 1 获得等高线计曲线

数据:\chp11\dgx.shp,高程字段 BSGC,等高距是 20 m,是 100 整数倍就是计曲线,如图 11-2 所示。

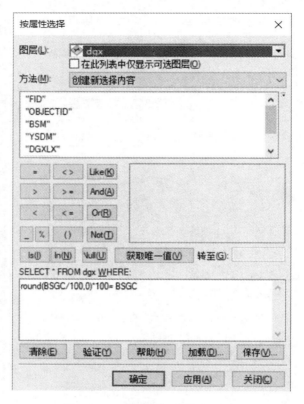

图 11-2 获得等高线计曲线查询

不同的数据源,SQL 语句不太一样。SHP 和 GDB:round(BSGC/100,0) * 100 = BSGC,round 是四舍五入取位,其中 0 取整数;MDB:int(BSGC/100) * 100 = BSGC,int 是取整。

类似或者 SHP FID 为偶数,round(FID/2,0) * 2 = FID

3. 实例 2 获得等高线长度大于平均值

数据:chp11\复合查询.mdb\dgx,查询等高线长度大于平均值,界面如图 11-3 所示。

注意:图 11-3 中中括号可以去掉,如:Shape_Length > (select avg(Shape_Length) from dgx),这里 avg 是平均值,数据可以是 MDB 和 GDB,不可以是 SHP,SHP 不支持复杂查询。

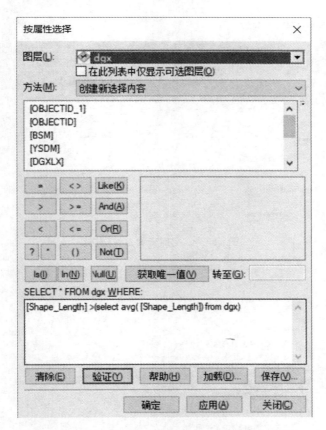

图 11-3　获得等高线长度大于平均值复合查询

11.1.2　空间查询

空间查询就是基于空间位置查询，GIS 特点就是既有属性也有空间位置，使用工具可以在主菜单中选择菜单→按位置选择，或者用工具箱中的"按位置选择图层（SelectLayerByLocation）"工具，可以根据要素相对于另一图层要素的位置来进行选择，空间查询一般是两个图层，当然也可以是一个图层，属性查询一般是一个，也可以是两个。

1. 查询河北省有哪些主要城市

使用数据：\chp11\空间查询.mxd，使用工具条中的 [图标] 选择河北，使用选择菜单中的"按位置选择"，如图 11-4 所示。

点位置的选择，按图 11-5 所示的界面设置有关内容。

打开地级城市注点图层的属性表，如图 11-6 所示。

305

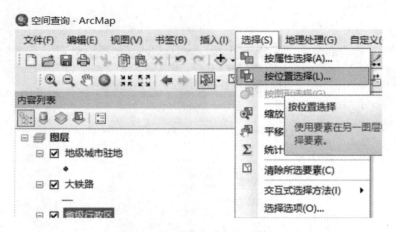

图 11-4　空间查询菜单位置

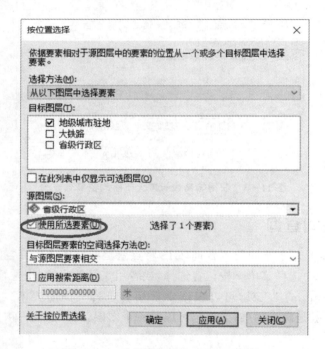

图 11-5　查询河北省有哪些主要城市

2. 查询河北省有哪些县

使用数据：\chp11\空间查询.mxd，使用工具条中 选择河北，使用选择菜单中的"按位置选择"，如图 11-7 所示。

也可以使用工具箱的"按位置选择图层（SelectLayerByLocation）"工具，如图 11-8 所示。

表
地级城市驻地
FID
Shape *
AREA
PERIMETER
name
207 点 0 0 廊坊市
208 点 0 0 唐山市
209 点 0 0 秦皇岛市
210 点 0 0 保定市
211 点 0 0 沧州市
212 点 0 0 邢台市
213 点 0 0 衡水市
216 点 0 0 邯郸市
234 点 0 0 张家口市
235 点 0 0 承德市
331 点 0 0 石家庄市
(11 / 347 已选择)
地级城市驻地

图 11－6　查询河北省主要城市结果

按位置选择
依据要素相对于源图层中的要素的位置从一个或多个目标图层中选择要素。
选择方法(M):
从以下图层中选择要素
目标图层(T):
地级城市驻地
大铁路
中国县界
省级行政区
在此列表中仅显示可选图层(O)
源图层(S):
省级行政区
使用所选要素(U)
(选择了 1 个要素)
目标图层要素的空间选择方法(P):
质心在源图层要素内
应用搜索距离(D)
100000.000000
米
关于按位置选择
确定
应用(A)
关闭(C)

图 11－7　查询河北省有哪些县

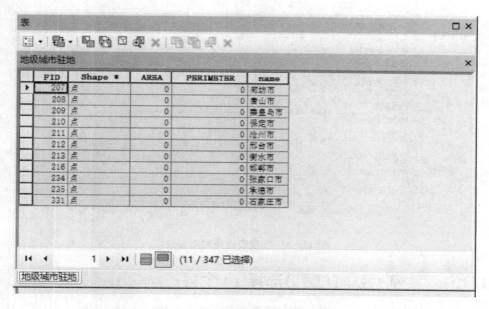

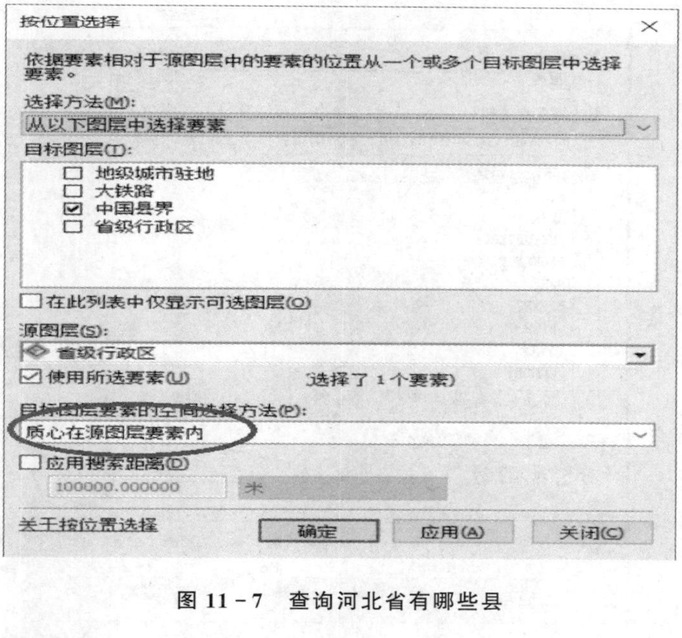

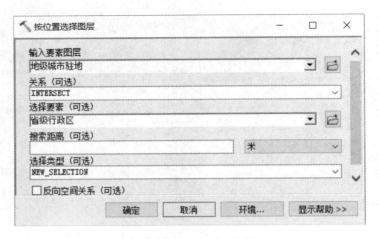

图 11－8　按位置选择图层查询

11.1.3　实例：县中(随机)选择 10 个县

（1）先融合(Dissolve)，不选任何字段，其他都使用默认值，如图 11－9 所示。

图 11－9　全国县合并在一起

（2）创建随机点，约束要素类就是上面融合的结果，点数是 10 个，如果不融合，每个县创建 10 个点，如图 11－10 所示。

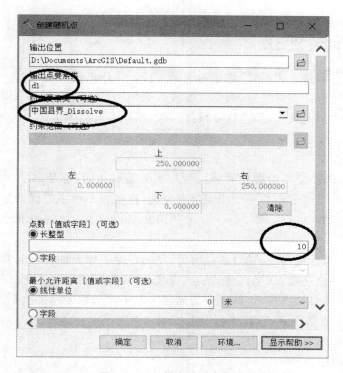

图 11-10　创建随机点界面

(3) 按位置选择，如图 11-11 所示。

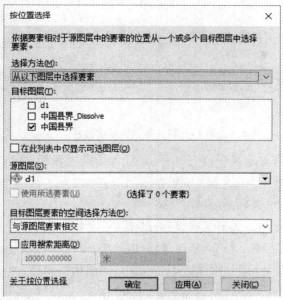

图 11-11　按位置选择随机 10 个县

11.2 矢量连接

矢量连接有两种方式:属性连接和空间连接。属性连接用于多对一或一对多,如从表和主表的对应。支持矢量、栅格数据表和表格,如 excel 等不带图形的表。空间连接一般是两个图形数据,但坐标系最好一致,拓扑没有问题。

11.2.1 属性连接

属性连接条件:字段类型相同,值相同;字段类型相同:都是数字字段或字符串,不能将一个字符串字段和数字字段连接在一起,连接找不到字段就是这个原因;值相同:数值完全相同,如 1.0 和 1 不同,北京和北京市不同,北京和北京后面加空格不同。

属性连接,不生成新表,通过连接字段,把另一个表字段加在当前表后面(两个表之间只能建立一个连接,如果已建立字段连接,需要先删除连接再建属性连接。删除连接后,连接字段自动消失,连接也只能通过一个字段),数据连接就是数据库中视图(View),物理上是两个表,看起来可以做一个表使用。

属性连接操作方法有两种:

(1)右击图层,如图 11-12 所示。

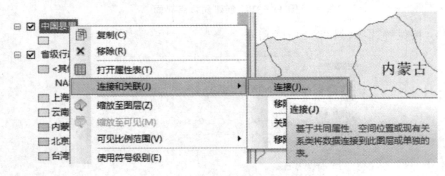

图 11-12 右键连接的操作

(2)使用工具箱的连接字段(JoinField),不是添加连接(AddJoin),因为后者连接字段需要预先建索引。

1. 三调中旧地类转换为新地类

(1)编写旧地类和新地类对照表,可以是 Excel 格式,也可以是 MDB 中数据表,可以是文本文件,对照表:\chp11\连接\新旧地类.xls,如图 11-13 所示。

(2)连接。数据:chp11\连接\dltb.shp,上面的新旧地类.xls 中 dd$ 和这里的 dltb.shp 添加至 ArcMap 中,打开新旧地类.xls 中 dd$,数据表和 excel 中看到的不一样,如图 11-14 所示。

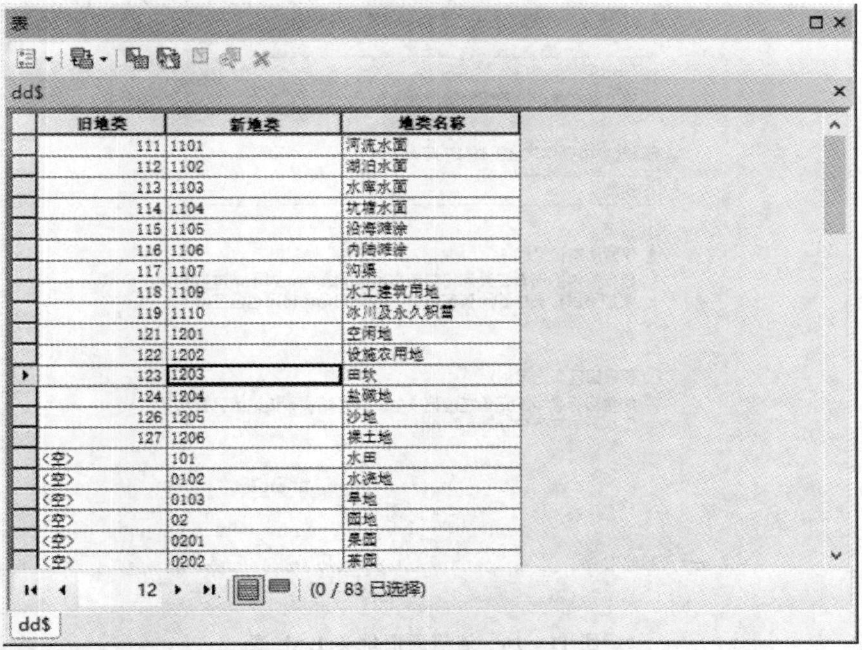

旧地类	新地类	地类名称
	111 1101	河流水面
	112 1102	湖泊水面
	113 1103	水库水面
	114 1104	坑塘水面
	115 1105	沿海滩涂
	116 1106	内陆滩涂
	117 1107	沟渠
	118 1109	水工建筑用地
	119 1110	冰川及永久积雪
	121 1201	空闲地
	122 1202	设施农用地
	123 1203	田坎
	124 1204	盐碱地
	126 1205	沙地
	127 1206	裸土地
011		101 水田
012	0102	水浇地
013	0103	旱地
	02	园地
021	0201	果园
022	0202	茶园
023	0204	其他园地
	03	林地
031	0301	乔木林地
032	0305	灌木林地
033	0307	其他林地
	04	草地
041	0401	天然牧草地
	0402	沼泽草地
043	0404	其他草地
	10	交通运输用地
101	1001	铁路用地
102	1003	公路用地
103	1004	城镇村道路用地

图 11-13　新旧地类对照表

图 11-14　ArcMap 打开新旧地类对照表

图 11-14 中旧地类下面的很多行数据为"空",而在 excel 中不为空,这是 Arc-GIS 使用 Excel 一个常见问题,查看字段类型是双精度,不为文本,如图 11-15 所示。

解决方法:在"旧地类"列中的 111 前面加"'"(半角的单引号,在 excel 里作用是标明该单元格是文本)",具体原因见 11.2.1 小节中 Excel 使用问题,修改成新旧地类 1.xls,连接操作如图 11-16 所示。

这里 dd$ 是新旧地类 1.xls,修改后的 excel 文件,结果如图 11-17 所示。

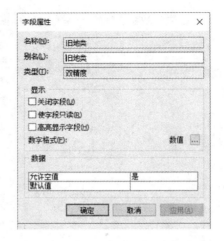

图 11-15　ArcMap 查看旧地类字段类型

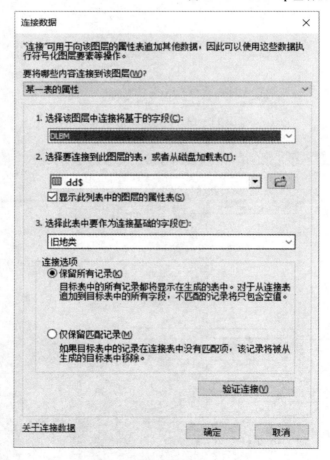

图 11-16　连接新旧地类 1.xls 表

第 11 章 矢量数据的处理

图 11 - 17 连接结果展示

(3) 使用字段计算器更新,如图 11 - 18 所示。

图 11 - 18 字段计算器更新

313

2. 三调中地类图斑只有坐落行政代码没有坐落名称

使用数据：chp11\连接\dltb.shp 和 chp11\连接\行政代码表.xls。

① 把 dltb.shp 和行政代码表.xls 中"行政代码表$"加入到 ArcMap 中。

② 打开行政代码表.xls 中行政代码表$`属性表，如图 11-19 所示。

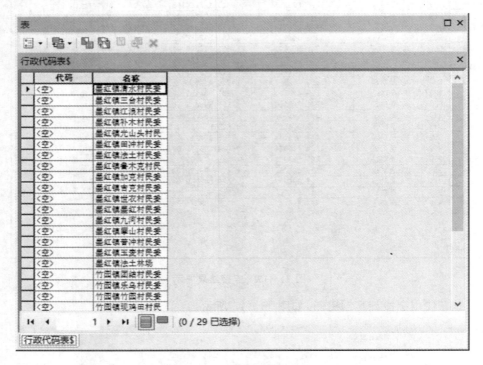

图 11-19　代码内容为空界面

③ 看到代码一列全部为空，由于 Excel 中首行代码中含有空格，打开 excel 删除空格，具体原因见 11.2.1 小节中 Excel 使用问题。

④ 连接，一切正常，如图 11-20 所示。

3. Excel 使用问题

（1）在 ArcGIS 中打开 Excel 工作簿时，Excel 中所有内容均为只读。

（2）字段名称从工作表各列的首行中获取，字段名中不得含有空格或者特殊字符，否则那一列数据内容全部为空，反过来看到一列全部为空，其原因是字段名有空格或其他特殊字符等。

（3）Excel 与标准数据库不一样，不会在输入数据时，强制字段类型。因此，在 Excel 中指定的字段类型对 ArcGIS 中显示的字段类型不起任何决定作用。ArcGIS 中的字段类型是由该字段的头八行（除第一行为字段名外）值扫描决定的。如果在单个字段中扫描到混合数据类型，则该字段将以字符串字段的形式返回，并且其中的值将被

第11章 矢量数据的处理

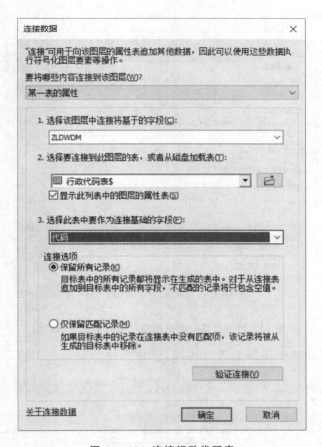

图 11-20 连接行政代码表

转换为字符串。反之,如果看到一列数据很多为空,其原因是字段数据类型不对,解决方法是,在第二行到第九行任意一行前面加半角的单引号,强制变成字符串类型。

(4) 在 ArcGIS 中,数值字段将被转换为双精度数据类型。

(5) Excel 中文本类型字段长度最长是 255,超过 255 自动截断,只取前 255 个字符。解决方法:在 Access 中导入 Excel 表,再连接 MDB 的表。

11.2.2 空间连接

空间连接:根据空间关系将一个要素类的属性连接到另一个要素类的属性。目标要素和来自连接要素的被连接属性写入到输出要素类。

操作:使用工具箱的工具——空间连接(SpatialJoin)。

下面使用数据:chp11\空间连接.gdb 中宗地(ZD),界址点(JZD)。

1. 获得一个宗地有几个界址点

使用空间连接,操作界面如图 11-21 所示。

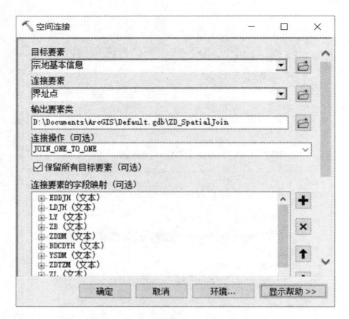

图 11－21　获得一个宗地有几个界址点空间连接

打开 ZD_SpatialJoin 属性表，如图 11－22 所示。

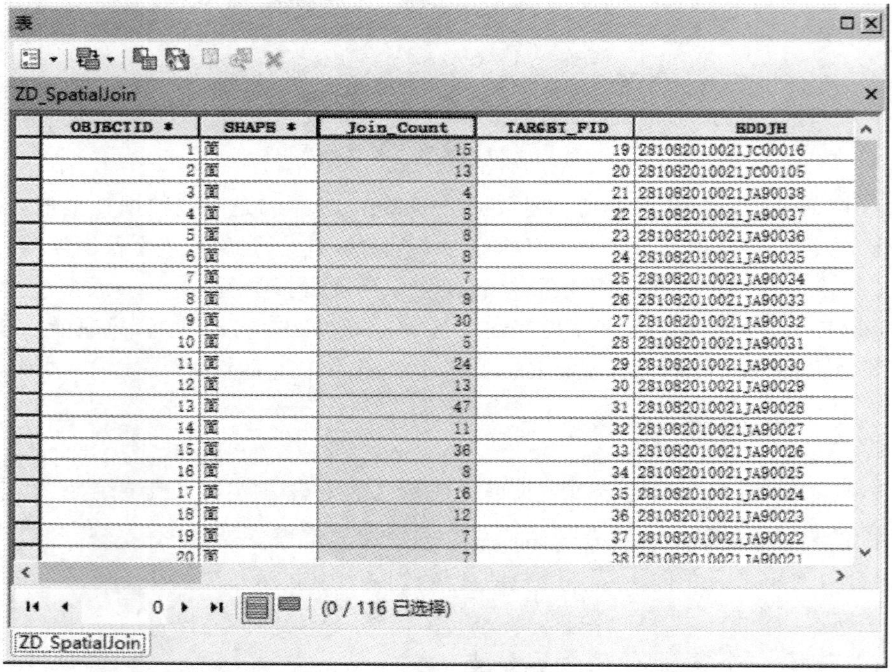

OBJECTID *	SHAPE *	Join_Count	TARGET_FID	EDDJH
1	面	15	19	281082010021JC00016
2	面	13	20	281082010021JC00105
3	面	4	21	281082010021JA90038
4	面	5	22	281082010021JA90037
5	面	8	23	281082010021JA90036
6	面	8	24	281082010021JA90035
7	面	7	25	281082010021JA90034
8	面	8	26	281082010021JA90033
9	面	30	27	281082010021JA90032
10	面	5	28	281082010021JA90031
11	面	24	29	281082010021JA90030
12	面	13	30	281082010021JA90029
13	面	47	31	281082010021JA90028
14	面	11	32	281082010021JA90027
15	面	36	33	281082010021JA90026
16	面	8	34	281082010021JA90025
17	面	16	35	281082010021JA90024
18	面	12	36	281082010021JA90023
19	面	7	37	281082010021JA90022

图 11－22　空间连接结果

其中 Join_Count 就是个数,一般要求一个宗地最少 4 个界址点。

2. 获得一个宗地的所有界址点号

使用空间连接,一定要找到界址点号字段(JZDH),右击→属性,如图 11 - 23 所示。

图 11 - 23　空间连接右键设置

弹出如图 11 - 24 所示的界面。

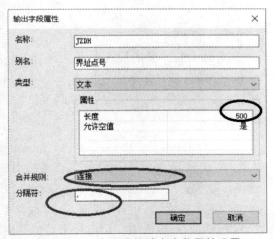

图 11 - 24　空间连接输出字段属性设置

修改字段长度，长度不够则操作失败，合并规则选“连接”，填写分隔符“，”，确定后，打开 ZD_SpatialJoin2 属性表，就可以看到结果了，如图 11－25 所示。

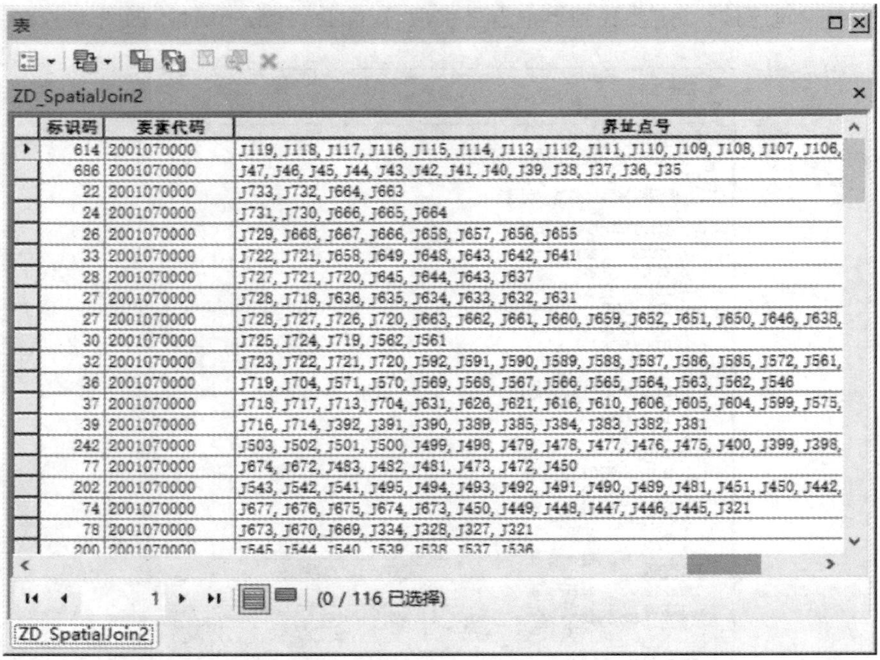

标识码	要素代码	界址点号
614	2001070000	J119, J118, J117, J116, J115, J114, J113, J112, J111, J110, J109, J108, J107, J106,
686	2001070000	J47, J46, J45, J44, J43, J42, J41, J40, J39, J38, J37, J36, J35
22	2001070000	J733, J732, J664, J663
24	2001070000	J731, J730, J666, J665, J664
26	2001070000	J729, J668, J667, J666, J658, J657, J656, J655
33	2001070000	J722, J721, J658, J649, J648, J643, J642, J641
28	2001070000	J727, J721, J720, J645, J644, J643, J637
27	2001070000	J728, J718, J636, J635, J634, J633, J632, J631
27	2001070000	J728, J727, J726, J720, J663, J662, J661, J660, J659, J652, J651, J650, J646, J638,
30	2001070000	J725, J724, J719, J562, J561
32	2001070000	J723, J722, J721, J720, J592, J591, J590, J589, J588, J587, J586, J585, J572, J561,
36	2001070000	J719, J704, J571, J570, J569, J568, J567, J566, J565, J564, J563, J562, J546
37	2001070000	J718, J717, J713, J704, J631, J626, J621, J616, J610, J606, J605, J604, J599, J575,
39	2001070000	J716, J714, J392, J391, J390, J389, J385, J384, J383, J382, J381
242	2001070000	J503, J502, J501, J500, J499, J498, J479, J478, J477, J476, J475, J400, J399, J398,
77	2001070000	J674, J672, J483, J482, J481, J473, J472, J450
202	2001070000	J543, J542, J541, J495, J494, J493, J492, J491, J490, J489, J481, J451, J450, J442,
74	2001070000	J677, J676, J675, J674, J673, J450, J449, J448, J447, J446, J445, J321
78	2001070000	J673, J670, J669, J334, J328, J327, J321
200	2001070000	J545, J544, J540, J539, J538, J537, J536

图 11－25　获得一个宗地的所有界址点号结果

11.3　矢量裁剪

11.3.1　裁　剪

裁剪(Clip)：提取与裁剪要素相重叠的输入要素。裁剪工具在工具箱中，也在地理处理菜单中。两者一模一样，只是在菜单中更好找一些。编辑器下裁剪的区别是：编辑器下裁剪是一个图层内部一个面裁剪另几个面，而工具箱的裁剪是两个图层之间的裁剪。

1. 工作原理

(1) 裁剪要素可以是点、线和面，具体取决于输入要素的类型。

① 当输入要素为面时，裁剪要素也必须为面，不可以是点和线。

② 当输入要素为线时，裁剪要素可以为线或面，不可以是点。用线要素裁剪线要素时，仅将重合的线或线段写入到输出中。用面要素裁剪线要素时，将得到面范围含边界的线写入到输出中。

③ 当输入要素为点时,裁剪要素可以为点、线或面。用点要素裁剪点要素时,仅将重合的点写入到输出中;用线要素裁剪点要素时,仅将与线要素重合的点写入到输出中;用面要素裁剪点要素时,将得到面范围且含边界上的点。

(2) 输出要素类将包含输入要素的所有属性。

总结:裁剪结果属性和输入一致,图形类型也是输入一致,图形范围是重叠输入要素,裁剪图形相当于融合在一起,一条公路跨了几个省,裁剪之后,还是一条公路,不会分割。

2. 具体实例

(1) 获得一个宗地界址点图形数据。

测试数据:chp11\获得一个宗地界址点图形数据.mxd,操作界面如图 11-26 所示。

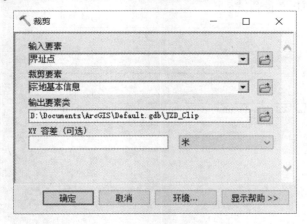

图 11-26　裁剪一个宗地的界址点图形

(2) 获得一个四川省所有县。

测试数据:chp11\获得一个四川省所有县.mxd,省级行政区中先选择四川,如图 11-27 所示。

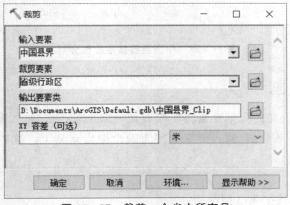

图 11-27　裁剪一个省中所有县

如果输入要素和裁剪要素两者调换,会发现裁剪得到的结果:四川省,裁剪要素中国县界相当于所有的合并在一起裁剪。

11.3.2 按属性分割

按属性分割(SplitByAttributes)是 ArcGIS 10.4 后才有的工具,用于一个数据(表和要素都可以)按某个字段值分割成多个数据,经常用属性相同来分割一个图层,如县级行政区中按 PROVINCE(省级代码)字段分解,一个省的所有县变成一个图层。如果放在数据库中,由于 PROVINCE 值是数字,而在数据库中要素类不能用数字开头,会自动加一个 T(Table 简称),如图 11-28 所示。

目标工作空间是已存在数据库或文件夹,放到数据库就变成数据库格式,放在文件夹中就变成 SHP 文件格式。

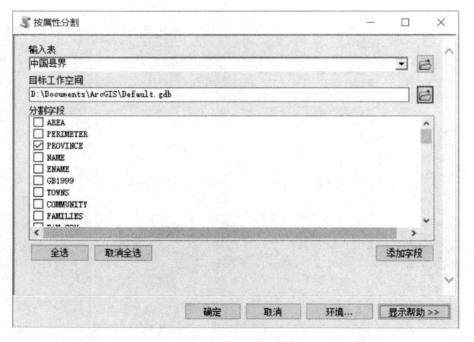

图 11-28 中国县界按字段值分解

11.3.3 分　割

分割(Split):叠加的分割要素将要素剪切成多个较小部分,如图 11-29 所示。

根据叠加的图形分割,输入要素分割为四个输出要素类。这四个分割要素类名称与分割字段值相对应。

原理:

(1)分割要素数据集必须是面。

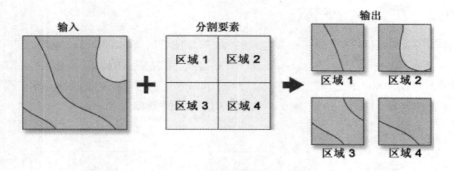

图 11-29　分割工具工作原理图

（2）分割字段数据类型必须是字符。其唯一值生成输出要素类的名称。分割字段的唯一值必须以有效字符开头，不能用数字开头，不能有特殊字符等。

（3）目标工作空间必须已经存在，这和11.3.2 小节的含义一样。

（4）输出要素类的总数等于唯一分割字段值的数量，其范围为输入要素与分割要素的叠加部分。

（5）每个输出要素类的要素属性表所包含的字段与输入要素属性表中的字段相同。

例：将县区按省级区域分割，如图 11-30 所示。

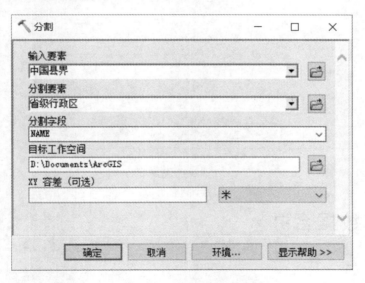

图 11-30　县界按省图形分割

和11.3.2 小节有区别，后者是根据属性分割，这里是根据图形分割。

11.3.4 矢量批量裁剪

使用一个图层批量裁剪多个图层,ArcGIS 本身没有类似的工具,我们可以使用 Python 代码编写一个工具。在:chp11\矢量批量切割.tbx\矢量批量切割,如图 11-31 所示,输入图层可以是多个点、线、面和注记图层,是被裁剪的要素,字段要求是字符串字段,且是唯一值字段,字段值是裁剪后的数据库名字。

图 11-31 我们的批量裁剪工具演示

11.4 数据合并

11.4.1 合 并

数据类型相同的多个输入数据集合并(Merge)为新的单个输出数据集。此工具可以合并点、线或面要素类或表。使用追加工具可将输入数据集合并到现有数据集,合并原理如下:

(1) 使用该工具可将多个类型相同的数据集合并到新的单个输出数据集。所有输入数据集的类型必须相同。例如,点要素类之间可以合并,表之间也可以合并,但线要素类却无法同面要素类合并。二维线层不能和三维线层合并,单点和多点不能合并。

(2) 该工具不会分割或更改来自输入数据集的几何。即使出现要素重叠,输入数据集中的所有要素在输出数据集中也将保持不变。

(3) 合并相当于几个表的数据(行)合并在一起,输入数据集在列表中的顺序,确定输出的结果记录顺序,哪个在前,记录就在前。

(4) 当多个数据合并,相同字段名自动对照,是以先加字段长度为准(如先加字段太短,可能合并就可能失败),不相同字段名全部列出,只有手工对照,不需要的字段可以自己删除。

测试数据:chp11\合并.mdb 下 DK1 和 DK2,将两个数据合并在一起,操作界面如图 11-32 所示。

图 11-32　数据合并

工具箱中合并工具和编辑器中合并的区别:编辑器中合并是一个图层内部几个对象合并在一起,而工具箱中合并工具是几个图层合并成一个图层。

11.4.2 追 加

将多个输入数据集追加(Append)到现有目标数据集。输入数据集可以是点、线、面要素类、表、栅格、注记要素类或尺寸要素类。表的字段有目标数据集确定,输入数据类型必须和目标数据集一致,记录添加到目标数据集后面。追加失败是因为目标数据集字段长度太短,或者输入数据和目标数据字段类型不一致,如目标是双精度,而输入数据是文本,而文本又非数字,追加就失败了。

经常用于非标准数据导出到标准数据库,目标数据字段类型和顺序,作为标准数据库。

11.4.3 融 合

一个要素基于一个或多个指定的属性聚合(合并)要素,就使用融合(Dissolve)工具。

融合字段:指定字段具有相同值组合的要素将聚合(融合)为单个要素,融合字段会被写入输出要素类。不选融合字段,全部合并在一起。

多部分(multipart)要素:融合可能会导致创建出多部分要素。多部分要素是包含不连续元素的单个要素,在属性表中表示为一条记录。

汇总属性:作为融合过程的一部分,聚合要素还可包括输入要素中存在的所有属性的汇总。融合工具是重要的统计工具,对于数字字段可以统计最大值、最小值、平均值和总计,字符串可以是第一个(保留这个字段值方法也是这样方法)、最后一个和个数,不能取总计和平均值。

测试数据:chp11\合并.mdb\dltb。

① 不选融合字段,看到全部合并在一起;

② 按 DLMC 和 ZLDWMC 统计面积,界面如图 11-33 所示。

注意,这个工具在 ArcGIS 10.2 以下的版本操作,一定要放到后台运行,放在后台运行方法看 2.3.5 小节的工具设置前台运行,不然有些机器可能会死机。

总结:融合工具,一个图层自己的合并,不选融合字段,全部图形合并在一起,最后记录只有一条;选字段,值相同的图形合并在一起。融合工具也是一个重要的统计工具。融合工具是图形合并,属性用于统计。统计数据一定要把 ☑创建多部件要素(可选) 选上,不然统计结果是错误的。

11.4.4 消 除

通过将面相邻最大面积或最长公用边界的合并来消除面。消除(Eliminate)通常用于移除小面积图斑,经常用于制图综合(概念见本书附录三),处理小图斑和碎图斑。

原理:要消除的要素由应用于面图层的选择内容决定。必须在之前的步骤中选择要素内容(因为工具箱工具不选择处理所有对象,这里不可能处理所有要素)。

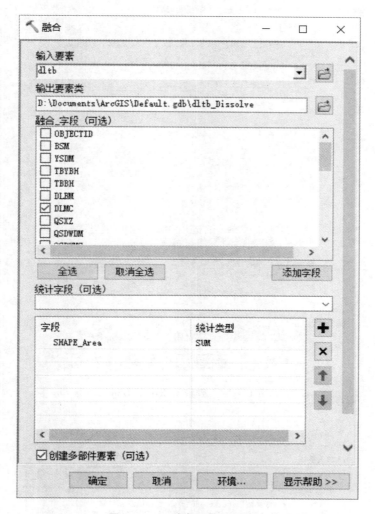

图 11-33　融合工具用于统计

输入图层:面层,必须包含选择内容;否则,消除操作将失败。
按边界消除面:默认按相邻公用边界边长最长合并,不选合并相邻面积最大的。
排除表达式和排除图层不会相互排斥,可将二者结合使用以对要消除的要素进行全面排除。
测试数据:chp11\合并.mdb\dltb。
(1) 使用按属性选择,选择面积小于 1000,如图 11-34 所示。
(2) 消除工具,如图 11-35 所示。
总结:合并是将几个图层合并成一个图层,追加(Append)是将其他数据添加到当前数据后面,融合是一个图层自己合并,不选字段全部合并,选择字段则字段值相同的图形合并在一起,属性用于统计;融合工具也是重要的统计工具;消除工具也是

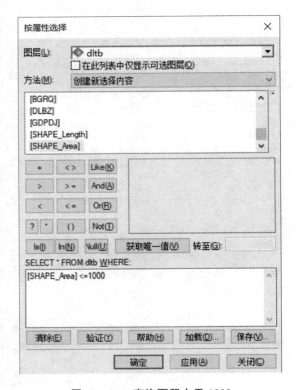

图 11-34 查询面积小于 1000

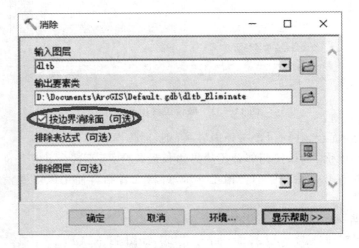

图 11-35 消除(选择对象和相邻公用边最长的合并)

图层合并,是空间关系相邻合并,融合是按字段值相同(按属性)合并。

11.5 数据统计

11.5.1 频 数

读取表和一组字段,并创建一个包含唯一字段值以及各唯一字段值所出现次数的新表,称为频数(Frequency)。

① 输出表将包含字段 Frequency 以及输入所指定的频数字段和汇总字段。

② 输出表将包含所指定频数字段的所有属性值组合的频数计算(结果)。

③ 如果指定了汇总字段,则频数计算结果的唯一属性值将由每个汇总字段的数值型属性值进行汇总。汇总字段只能是数字字段。

频数工具适用于图形表,也适合于非图形表,经常用于查看某个字段值是否唯一,Frequency 字段值是 1 则唯一,大于 1 就有重复。将一个省的县合并在一起,并统计一个省有多少个县,并统计面积,具体操作界面如图 11-36 所示。

图 11-36 按省统计总面积

11.5.2 汇总统计数据

为表中字段计算汇总统计数据(Statistics)。空值将被排除在所有统计计算之外。

原理如下：

（1）输出表将由包含统计运算结果的字段组成。

（2）使用此工具可执行以下统计运算：总和、平均值、最大值、最小值、范围、标准差、计数、第一个和最后一个。可以是数字字段或者字符串字段。

（3）如果已指定案例分组字段，则单独为每个唯一属性值计算统计数据。如果未指定案例分组字段，则输出表中将仅包含一条记录。如果已指定一个案例分组字段，则每个案例分组字段值均有一条对应的记录。

下面实现将一个省的县合并在一起，并统计面积，具体操作界面如图 11 - 37 所示。

图 11 - 37　汇总统计数据工具按省统计总面积

总结：融合工具和汇总统计数据，都可以用于汇总统计，如果只是统计汇总，"汇总统计数据"工具速度快很多，因为融合工具要处理图形合并，图形合并速度慢很多，融合工具必须是图形数据（要素类），汇总统计数据可以是图形数据和表（没有图形）都可以。频数工具统计个数和数字字段总计，不能是最大值等其他数值，最主要的用途是计算个数，频数工具必须选择字段，不能统计所有总量。

第 12 章

矢量数据的空间分析

12.1 缓冲区分析

12.1.1 缓冲区

缓冲区(Buffer):在输入要素周围某一指定距离内创建缓冲区多边形。

各个参数含义:

(1) 输入要素:要进行缓冲的输入点、线或面要素。也可以是注记,注记图层缓冲是注记图形的缓冲。

(2) 输出要素类:包含输出缓冲区的要素类。一定是面要素。

(3) 缓冲距离的描述:可以输入一个固定值或一个数值型字段作为缓冲距离参数。固定值所有要素的缓冲区大小一样,面可以正值也可以是负值,点线只能是正值;字段值每个要素缓冲区大小由字段值确定。做缓冲区数据最好是投影坐标系。

(4) 侧类型(可选):将在输入要素的哪一侧进行缓冲。此可选参数不适用于 Desktop Basic 或 Desktop Standard。FULL:对于线输入要素,将在线两侧生成缓冲区。对于面输入要素,将在面周围生成缓冲区,并且这些缓冲区将包含并叠加输入要素的区域。对于点输入要素,将在点周围生成缓冲区;这是默认设置。LEFT:对于线输入要素,将在线的拓扑左侧生成缓冲区。此选项对于点、面输入要素无效。RIGHT:对于线输入要素,将在线的拓扑右侧生成缓冲区。此选项对于点、面输入要素无效。

(5) OUTSIDE_ONLY:对于面输入要素,仅在输入面的外部生成缓冲区(输入面内部的区域将在输出缓冲区中被擦除)。此选项对于点、线输入要素无效。

(6) 末端类型(可选):线输入要素末端的缓冲区形状。此参数对于点、面输入要素无效。此可选参数不适用于 Desktop Basic 或 Desktop Standard,只有 Desktop

Advcanced 才可以使用。
- ➢ ROUND：缓冲区的末端为圆形，即半圆形，这是默认设置。
- ➢ FLAT：缓冲区的末端很平整或者为方形，并且在输入线要素的端点处终止。

如图 12 - 1 所示，外面的是 ROUND，内部是 FLAT，数据：chp12\缓冲区\FlatRound.mxd。

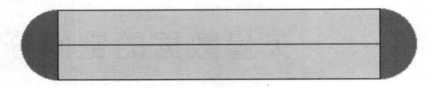

图 12 - 1　Round 和 Flat 缓冲区别

（7）融合类型（可选）指定要执行哪种融合操作以移除缓冲区重叠。
- ➢ NONE：不考虑重叠，均保持每个要素的独立缓冲区，这是默认设置。
- ➢ ALL—将所有缓冲区融合为单个要素，从而移除所有重叠。
- ➢ LIST—融合共享所列字段（传递自输入要素）属性值的所有缓冲区。

融合输出缓冲区所依据的输入要素的字段列表。融合共享所列字段（传递自输入要素）属性值的所有缓冲区。

1. 做一个矩形环

数据在：chp12\缓冲区\矩形环.mxd，界面如图 12 - 2 所示。

图 12 - 2　矩形环的结果界面

操作如下，输入 -500m，点和线不能是负值，面若为负值向内，正值向外。侧类型选 OUTSIDE_ONLY，主要用于地图打印花边，面填充样式，如图 12 - 3 所示。

图 12-3　矩形环缓冲操作界面

2. 获得距离小于 10 米点

测试数据：chp12\缓冲区\qqq.gdb\小于 10 米点。

（1）缓冲区距离输入 5 m，融合类型选 ALL，如图 12-4 所示。

图 12-4　获得距离小于 10 米点缓冲区设置界面

(2) 所有的对象都合并在一起,需要分解,如图 12-5 所示。

图 12-5 分解多部件要素

(3) 找到面积大于单个圆的面积(5*5*3.14),使用选择菜单下按属性选择,也可以使用筛选(Select)工具,如图 12-6 和 12-7 所示。

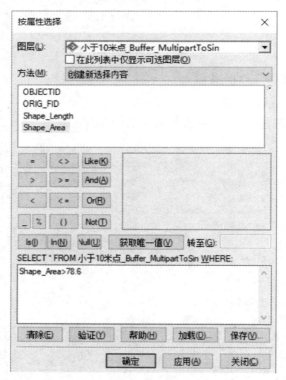

图 12-6 查询大于一个整圆面积的数据

(4) 最后,裁剪(CLIP),如图 12-8 所示。

上述裁剪操作也可以按位置选择菜单实现,也可以用相交工具实现。

模型在:chp12\缓冲区\工具箱.tbx\获得小于 10 米点,如图 12-9 所示。

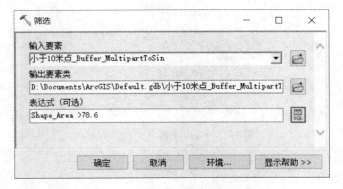

图 12-7 筛选大于一个整圆的数据

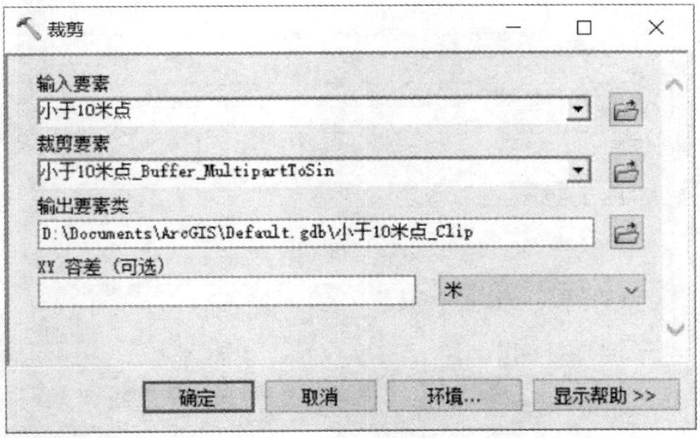

图 12-8 裁剪获得小于 10 米点

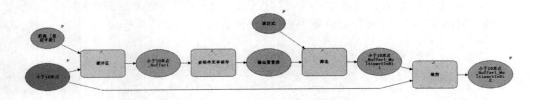

图 12-9 获得小于 10 米点模型

3. 获得面状道路

道路宽度不一样,提供道路中心线和宽度,获得最终的面,类似规划数据获得实际路面,如图 12-10 所示。

测试:数据 chp12\缓冲区\提取道路面\提取到路面.mxd。

(1) 首先加一个字段:KD2,加字段界面如图 12-11 所示。

注意,已加字段 KD2,不能再添加相同字段。

图 12-10 道路宽度不一样的面

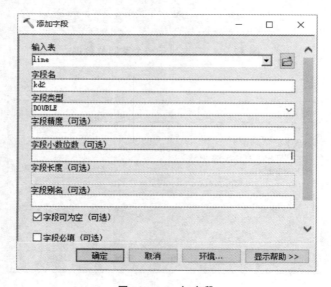

图 12-11 加字段

（2）由于道路是面状道路中心线，计算宽度一半，VB 语法表达式：[kd]/2，[ ]是必须的，如图 12-12 所示。如果是 Python 语法，字段名前后必须加！

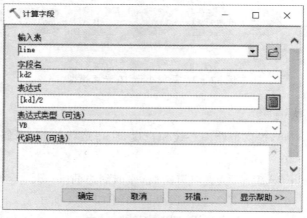

图 12-12 计算宽度一半

(3) 缓冲区中选择字段 KD2,侧类型是 FULL,融合类型选 ALL,如图 12-13 所示。

图 12-13 线的缓冲

结果如图 12-14 所示。

图 12-14 线缓冲的结果

图 12-14 所示相交的中间道路是直角的,没有道路右转弯的圆弧,下一步,需要平滑面,操作界面如图 12-15 所示。

平滑容差越大,圆弧越大,结果如图 12-16 所示。

模型如图 12-17 所示。

图 12-15 平滑面的直角

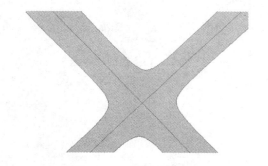

图 12-16 圆角道路结果

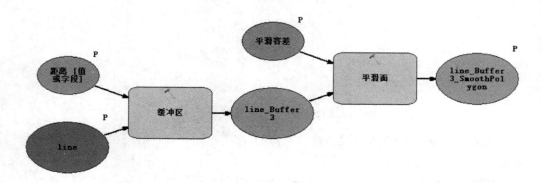

图 12-17 获得面状道路的简单模型

12.1.2 图形缓冲

在输入要素周围某一指定距离内创建缓冲区面 GraphicBuffer。在要素周围生成缓冲区时,多种制图形状对缓冲区末端(端头)和拐角(连接)可用。这个工具也是 ArcGIS 10.4 以后才有的工具。

连接类型(可选),两条线段连接拐角处的形状,该参数仅支持线和面要素。
- MITER:拐角周围的缓冲区为方形或尖角形状。例如,方形输入面要素具有方形缓冲区要素,这是默认设置。
- BEVEL:内拐角为方形,垂直于拐角最远点的外拐角将被切掉。
- ROUND:内拐角为方形,而外拐角则为圆形。和缓冲区(Buffer)工具得到的结果一样。

对于点,生成结果为正方形。

以后这个工具将替代缓冲区(Buffer)工具

测试数据:chp12\缓冲区\qqq.gdb\as\矩形,原始图形如图 12-18 所示。

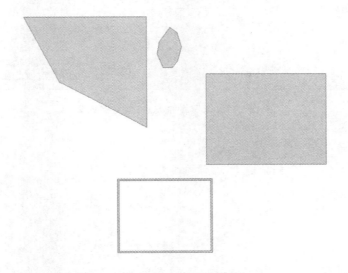

图 12-18 图形缓冲前原始数据

操作界面如图 12-19 所示。
结果如图 12-20 所示。
连接类型选 BEVEL,如图 12-21 所示。
操作结果如图 12-22 所示。

图 12-19　图形缓冲 MITER 方形设置

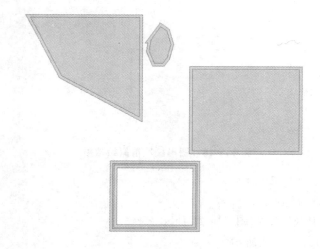

图 12-20　图形缓冲后的结果

图 12-21　图形缓冲 BEVEL 设置

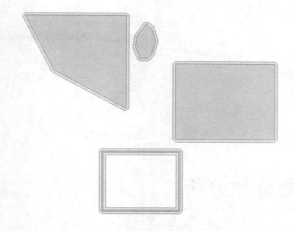

图 12-22　BEVEL 图形缓冲结果

12.1.3　3D 缓冲区 Buffer3D

测试数据：chp12\缓冲区\3d 缓冲.shp，需要 3D 分析扩展模块支持，如图 12-23 所示。

输入要素只能是点和线，不能是面，可以是二维数据，也可以是三维数据，前面两

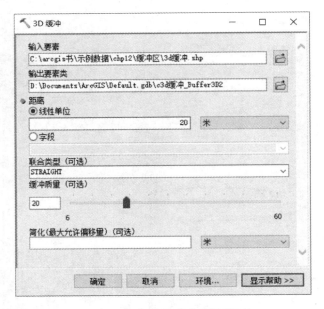

图 12 - 23　3D 缓冲区操作界面

个缓冲工具只能是二维数据，生成的结果是多面体，在三维管道中经常使用，在 ArcScene 中看，如图 12 - 24 所示。

图 12 - 24　3D 结果查看

12.2　矢量叠加分析

12.2.1　相　交

　　计算输入要素的几何交集。所有图层（要素类）中相重叠的要素，要素的各部分将被写入到输出要素类。

　　输入要素列表中指定了多个要素类或图层时，列表中这些条目的顺序并不影响输出要素类型，但是在处理过程中将使用工具对话框列表最顶部图层的空间参考，并将其作为输出空间参考。建议多个数据的坐标系一致，如果不一致，列表第一个的坐标系作为最后输出数据的坐标系。先后顺序确定了输出要素的字段顺序。

输入可以是几何类型(点、多点、线或面)的任意组合。输出几何类型只能是与具有最低维度(点＝0维、线＝1维、面＝2维)几何的输入要素类相同的或维度更低的几何。指定不同的输出类型将生成输入要素类的不同类型的交集。

相交(Intersect)工具可以处理单个输入要素,也可以处理多个输入要素。在单个输入要素的情况下,会查找单个输入中的内部要素之间的交集,使用此工具可以发现面层的重叠要素、线重叠和重复点,线的相交点或面层的公用边。多个图层相交,计算多个图层之间的交集,不再考虑单个图层内部的交集。

1. 示例:面输入

面输入可以是单个,也可以是多个,如果是多个(单个内部就不考虑),有以下三种方式相交:

(1) 两个面层相交,"输出类型"默认值(INPUT)可生成重叠区域,结果如图 12-25 所示。

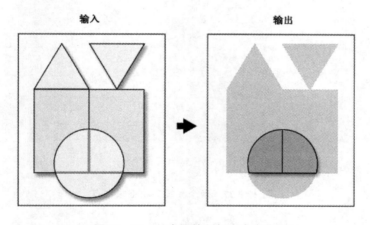

图 12-25　两个面输入相交求交集

(2) 两个面层相交,将"输出类型"指定为"LINE"可生成公共边界,结果如图 12-26 所示。

(3) 两个面层相交,将"输出类型"指定为"POINT"可生成交点,结果如图 12-27 所示。

2. 示例:线输入

如果所有输入均为线要素类,可以单条或多条线,则可使用相交工具确定输入要素类中的要素与点和线在何处叠置和相交。

(1) 线输入和线输出,一个图层找到重复的线;两个图层之间的重复线,一个图层内不再输出,如图 12-28 所示。

(2) 线输入和点输出,如图 12-29 所示。

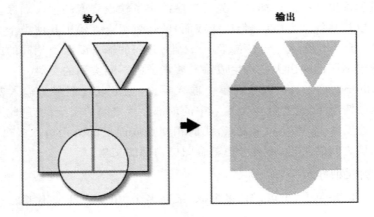

图 12-26　两个面输入相交求交线

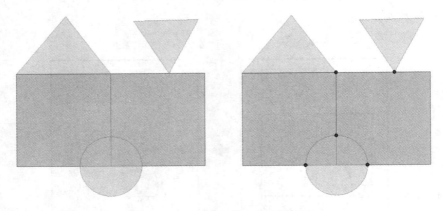

图 12-27　两个面输入相交求交点

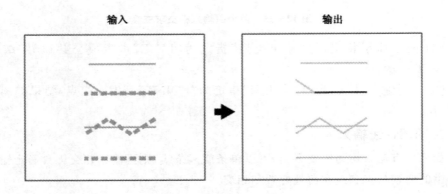

图 12-28　两个线层相交和线输出

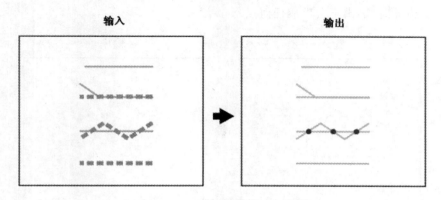

图 12-29 相交线输入和点输出

3. 示例:点输入

如果所有输入均为点要素类,在一个图层内就是找重复点,如果多个图层则找哪些点是所有输入要素类共用的点,本图层内部的不考虑。

4. 示例:混合几何输入

相交工具可用于处理不同几何的要素类。默认的(允许的最高)输出类型与具有最低维度几何的要素类相同。

(1) 面和线输入,输出线。

图 12-30 显示的是输出类型参数设置为"LINE"时,将线要素类与面要素类相交后的结果。输出线要素是面内部的线和面边界上的线。

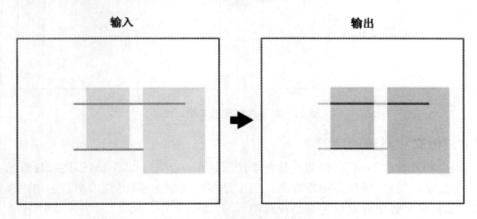

图 12-30 线面相交输出线

(2) 面和线输入相交,输出点。

图 12-31 显示的是输出类型参数设置为"POINT"时,将线要素类和面要素类相交后的结果。输出点要素是线端点与面边界的交点以及线与面边界的交点。当线

恰好是面边界时,输出不会生成任何点。

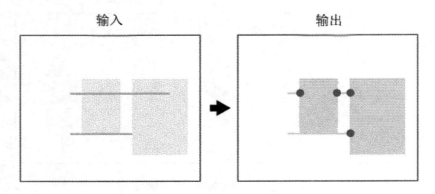

图 12-31　线面相交输出点

(3) 以面、线和点为输入,获得点输出。

图 12-32 显示的是将点要素类、线要素类和面要素类相交的结果,输出只能是点要素类。输出中的每个点同时在线上,在面的范围(含边界)。

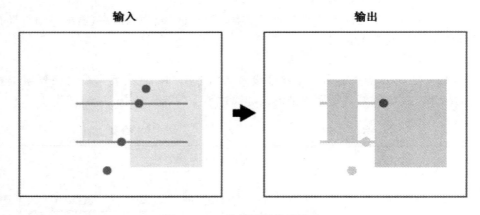

图 12-32　点线面相交输出点

5. 相交和裁剪的比较

相交和裁剪的不同点:裁剪只是两个图层之间,相交可以是多个图层,裁剪的结果永远是输入要素(属性和图形都是),相交是多个图层的字段属性,类型由用户选择决定,相交多个数据的顺序决定字段顺序。

相交和裁剪的相同点:当两个图层范围相同,相交类似于裁剪,当两个图层范围不相同,裁剪类似于相交,裁剪获得重叠的输入要素(裁剪要素融合成一个对象裁剪),相交是分别相交后的结果,记录要多一些。

6. 相交应用

(1) 查找重复点

数据:\chp12\叠加分析\相交\叠加分析.gdb\JZD,如图 12-33 所示。

图 12-33 找重复点相交操作

打开 JZD_Intersect 属性表,有 25 个重复点,可以使用删除相同项处理删除重复点,见 6.3.1 小节。

(2) 查找重复面(含部分重叠)

数据:\chp12\叠加分析\相交\叠加分析.gdb\ZD,如图 12-34 所示。

打开 ZD_Intersect 属性表,有 53 个重复面,有些是部分重叠,有些是完全重叠,同样可以使用删除相同项,处理完全重复面,见 6.3.1 小节。

(3) 检查等高线是否交叉

数据:\chp12\叠加分析\相交\叠加分析.gdb\GDX,可以使用拓扑检查,拓扑规则不能相交,使用相交工具输出类型为 POINT,如图 12-35 所示。

dgx_Intersect 图形,如图 12-36 所示。

左边是交叉点(等高线不能相交),只能手工处理;右边是两条等高线没有接在一起,可以编辑合并在一起。

图 12-34　找重复面相交操作

图 12-35　等高线求交点相交操作

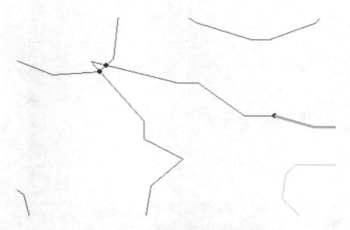

图 12-36　等高线求交点查看结果

（4）查找省级行政区交界点

数据:china\省级行政区.shp。

① 首先,面转线（直接相交求交点,少很多点）,如图 12-37 所示。

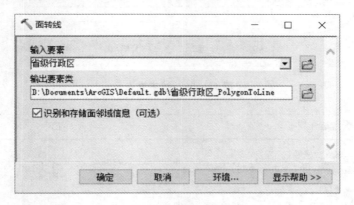

图 12-37　面转线

② 使用线求交点,输出类型选 POINT,如图 12-38 所示。
③ 由于有很多重复点,使用删除相同项,删除重复点,如图 12-39 所示。

处理结果：删除 183 个重复点,前面很多步操作可以做一个模型,模型:chp12\叠加分析\相交\工具箱.tbx\查找省级行政区交界点,如图 12-40 所示。

注意:得到的数据图形类型为"多点",多点要素转点要素,使用"多部件至单部件（MultipartToSinglepart）"工具。

（5）填县所在省的代码和名称

数据在:china\省级行政区.shp 和中国县界.shp,如图 12-41 所示。

347

图 12-38 线求交点

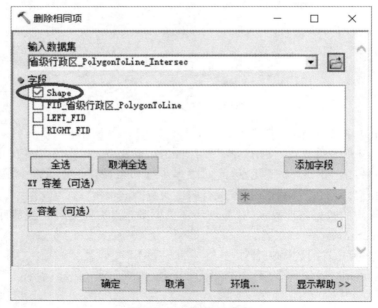

图 12-39 删除重复点

图 12-40　查找省级行政区交界点模型

图 12-41　相交填县所在省的代码和名称

因为县图形不能跨省,相交时跨省图形会自动裁剪,反过来就可以用来检查哪些县跨省了,先使用相交工具,再使用频率工具,操作如图 12-42 所示。

打开中国县界_Intersect_Frequency 属性表,Frequency 大于 1,有 96 个,如图 12-43 所示。

相关操作:地类图斑填行政代码和名称,就和行政区相交,只要不跨行政区,都可以执行类似操作。

图 12 - 42　统计个数找那个县跨省

图 12 - 43　跨省数据

12.2.2 擦　除

通过将输入要素与擦除(Erase)要素相叠加来创建要素类。只将输入要素处于擦除要素外部边界之外的部分,复制到输出要素类,输出数据属性字段和输入要素一样,如图12-44所示。

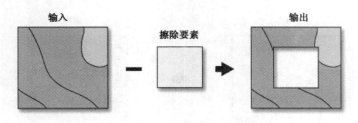

图 12-44　擦除原理图

原理如下:
(1) 将与擦除要素几何重叠部分的输入要素几何擦除。
(2) 擦除要素可以是点、线或面,只要输入要素的要素类型等级与之相同或较低。面擦除要素可用于擦除输入要素中的面、线或点;线擦除要素可用于擦除输入要素中的线或点;点擦除要素仅用于擦除输入要素中的点。
(3) 输出要素:和输入要素一样,图形和属性都是输入要素,和裁剪类似,裁剪是得到共同的部分,擦除是输入要素非共同的部分。

应用案例:找到县中哪些数据超出全国范围,数据:china\省级行政区.shp 和中国县界.shp,操作界面如图12-45所示。

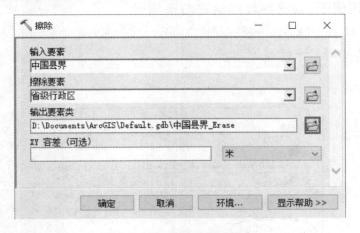

图 12-45　擦除工具操作图

打开结果数据中国县界_Erase,可以看到原始数据有一些问题;反过来,输入是省,擦除要素是县,得到省的数据超出所有县合并后的范围。造成这个问题的主要原因,是数据本身的错误。

12.2.3 标 识

计算输入要素和标识(Identity)要素的几何交集。与标识要素重叠的输入要素或输入要素的一部分将获得这些标识要素的属性。标识原理如图12-46所示。

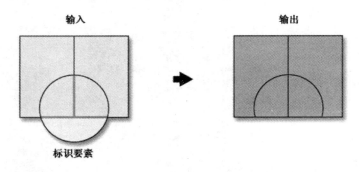

图 12-46 标识原理图

原理:
(1) 输入要素可以是点、多点、线或面。注记要素或网络要素不能作为输入。
(2) 标识要素是面要素,或与输入要素的几何类型相同,必须是两者之一。
(3) 如果输入要素为线而标识要素为面,并且选中了保留关系参数,则输出线要素类将具有两个附加字段 LEFT_poly 和 RIGHT_poly。这些字段用于记录线要素左侧和右侧的标识要素的要素 ID。

1. 应用例子,获得界址线的左右宗地号

测试数据:chp12\叠加分析\标识\获得界址线的左右宗地号.gdb\JZX 和 ZD 两个数据,操作如图 12-47 所示。

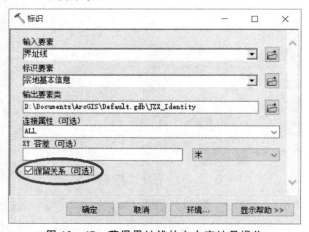

图 12-47 获得界址线的左右宗地号操作

勾选保留关系,结果如图 12-48 所示。

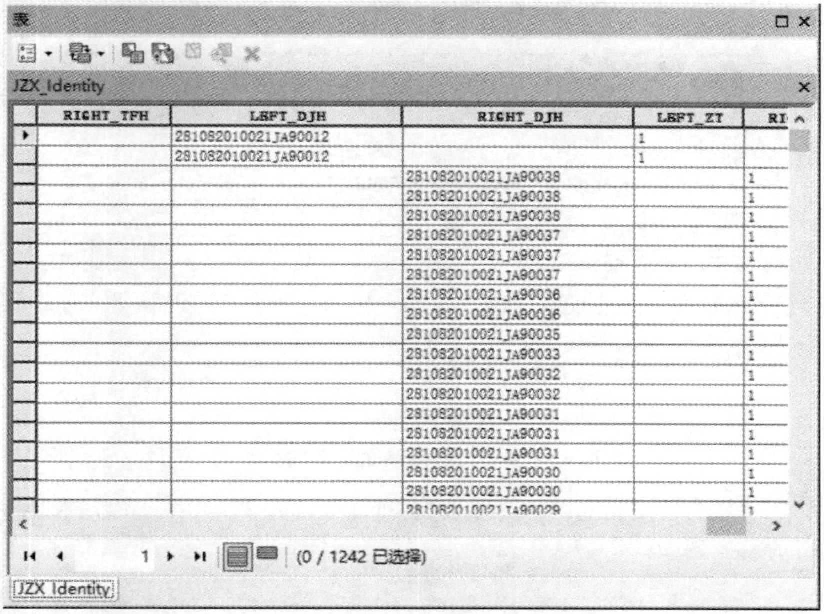

图 12-48 获得界址线的左右宗地号操作结果

LEFT_DJH 为空的就是左边没有,这里左右和线的方向有关。

2. 应用例子,比较去年和今年的地类变化

测试数据:chp12\叠加分析\标识\比较去年和今年的地类变化.gdb,去年 DLTB 和今年 DLTB 标识操作如图 12-49 所示。

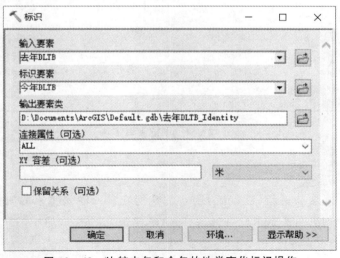

图 12-49 比较去年和今年的地类变化标识操作

下一步使用筛选，比较地类，如图 12－50 所示。

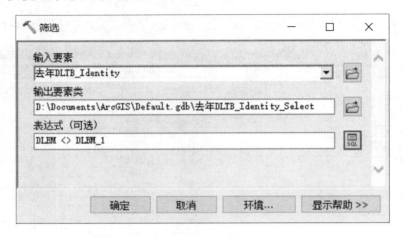

图 12－50　查询地类名称不同的数据

打开去年 DLTB_Identity_Select 属性表，可以看到有 10 个不同之处，如图 12－51 所示。

FID_去年DLTB	地类编码	地类名称	座落单位代码	座落单位名	FID_今年DLTB	地类编码	地类名称	座落单位代码	座
254	043	其他草地	2729271012080000000	新云村民委员	254	031	有林地	2729271012080000000	新云
279	031	有林地	2729271002000002000	兴乐厂村民小	1904	043	其他草地	2729271002000003000	小河
280	031	有林地	2729271002000003000	小河村民小组	1904	043	其他草地	2729271002000003000	小河
548	043	其他草地	2729271012080000000	新云村民委员	548	031	有林地	2729271012080000000	新云
901	033	其他林地	2729271002010003000	向阳村民小组	901	031	有林地	2729271002010003000	向阳
1551	033	其他林地	2729271012080000000	新云村民委员	1551	031	有林地	2729271012080000000	新云
1572	043	其他草地	2729271002010003000	向阳村民小组	1572	031	有林地	2729271002010003000	向阳
1837	033	其他林地	2729271002000002000	兴乐厂村民小	1904	043	其他草地	2729271002000003000	小河
1918	013	旱地	2729271002000004000	毛家箐村民小	868	033	其他林地	2729271002000004000	毛家
2054	033	其他林地	2729271002000003000	小河村民小组	1904	043	其他草地	2729271002000003000	小河

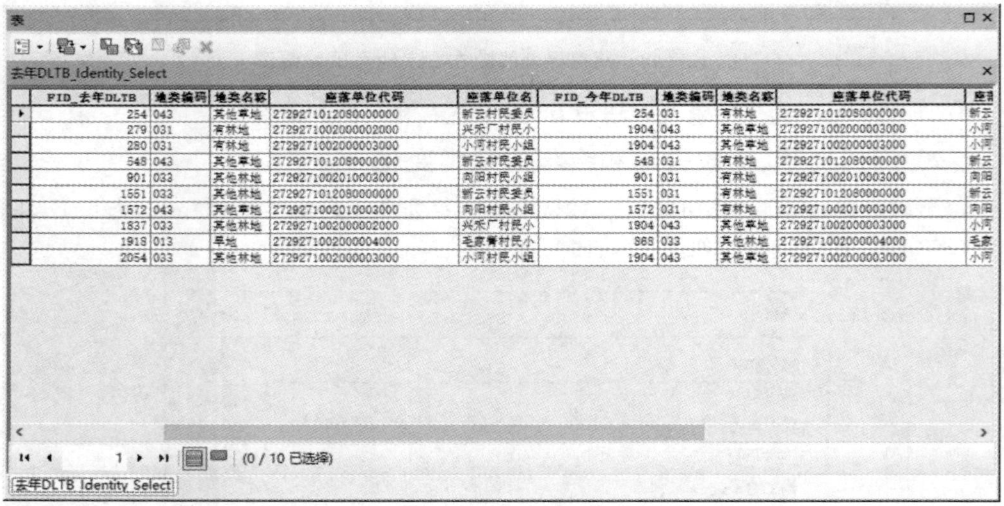

图 12－51　浏览查询结果

12.2.4　更　新

计算输入要素和更新(Update)要素的几何交集。输入要素的属性和几何根据输出要素类中的更新要素来进行更新，更新原理如图 12－52 所示。

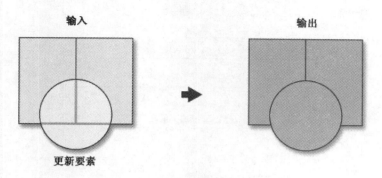

图 12-52　更新原理图

使用注意：
(1) 输入要素和更新要素类型必须是面。
(2) 输入要素类与更新要素类的字段名称须保持一致，如果更新要素类缺少输入要素类中的一个（或多个）字段，则从输出要素类中移除缺失字段的输入要素类字段值。
(3) 图形相当于输入要素被更新要素擦除后，添加更新要素，如果输入要素和更新要素图形相同，相同属性字段将被更新要素属性替换。

获得变更后数据，测试数据：chp12\叠加分析\更新\变更.mxd，如图 12-53 所示。

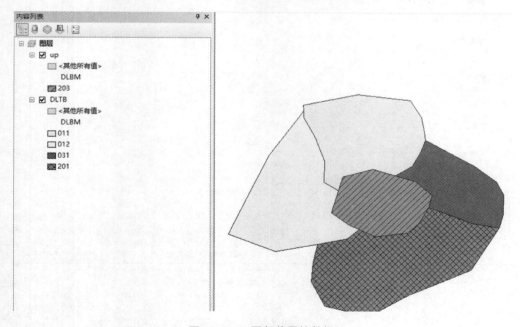

图 12-53　更新前原始数据

执行更新操作，如图 12-54 所示。

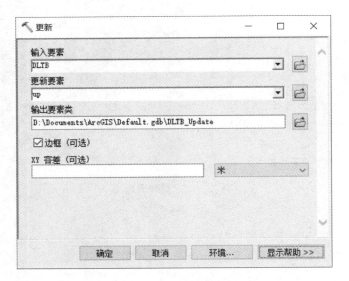

图 12 - 54　更新操作

操作结果如图 12 - 55 所示。

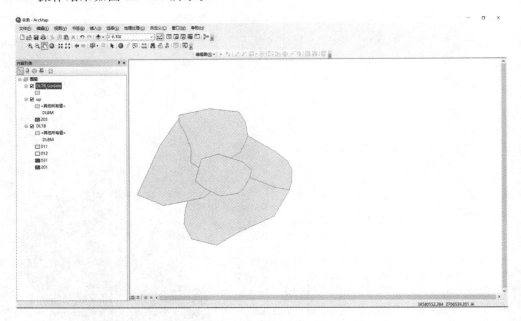

图 12 - 55　更新后结果

第 13 章 DEM 和三维分析

13.1 DEM 的概念

DEM 是"数字高程模型（Digital Elevation Model）"的英文简写，由于高程是以 m 为单位，因此做 DEM 一般要求使用投影坐标系数据，而不是地理坐标系数据，DEM 是三维的基础，做 DEM 一定要勾选 3D 扩展模块。

主菜单自定义→扩展模块，勾选 3D Analyst 模块，建议勾选所有模块，如图 13-1 所示。

图 13-1 选 3D 分析扩展模块

DEM 的广义概念：在一些专题地图上，第三维 Z 不一定代表高程，专题地图的量测值，如气压值、温度、降雨量、PH 和 PM2.5 等，都可以称为 DEM 数据。

DEM 在 ArcGIS 中的表现形式有以下 4 种：

① TIN　　　　　　　不规则三角网
② Terrain　　　　　 TIN 升级（地形）
③ Grid(raster)　　　 栅格
④ LAS 数据集　　　　激光雷达点云数据

TIN 是不规则三角网的英文首字母缩写，一种将地理空间分割为不重叠的相连三角形的类似矢量数据结构。每个三角形的折点都有 x、y 和 z 值的采样数据点。这些采样点通过线相连，从而构成 Delaunay 三角形。TIN 用于存储和显示表面模型。TIN 用于表示一个表面，或者说是连续的数据，而不能表示离散的数据。TIN 通常用于表示大数据应用中的地形表面，而高程点则允许不规则地分布，以容纳表面中具有较大差异的各个区域，并且高程点的值和实际位置将作为结点保留在 TIN 中。

TIN 支持的最大结点数主要取决于计算机上连续的可用内存资源。在 ArcGIS 10.5 中考虑将结点总数限制到 6 百万以下，以保持响应显示性能和总体可用性。三角化网格面超过 6 百万，无法创建 TIN，请使用 Terrain（地形），Terrain（地形）支持海量数据。

由于栅格可以跟其他软件如 MapGIS 和 AutoCAD 交换，所以通常说的 DEM 基本都是栅格格式。栅格是像元（或像素）的矩形阵列，每个栅格都存储了它所覆盖的表面部分的值。一个指定像元包含一个值，因此，表面的详细程度取决于栅格像元的大小。

TIN 和栅格两种模型各有优缺点，相比而言，栅格模型比较简单和高效，TIN 模型比较精确，耗内存大。所以，一般栅格模型多用于区域性的、小比例尺的应用，而 TIN 模型则更常用于精细的、大比例尺的应用。

LAS 数据集存储对磁盘上一个或多个 LAS 文件以及其他表面要素的引用。LAS 文件采用行业标准二进制格式，用于存储机载激光雷达数据。LAS 数据集可以以原生格式方便快捷地检查 LAS 文件，并在 LAS 文件中提供了激光雷达数据的详细统计数据。

LAS 数据集还可存储包含表面约束的要素类的引用。表面约束为隔断线、水域多边形、区域边界或 LAS 数据集中强化的任何其他类型的表面要素。

LAS 文件包含激光雷达点云数据。

13.2 DEM 的创建

13.2.1 TIN 创建和修改

创建 TIN,可以是等值线,也可以采样离散点,也可以点线同时。使用工具是创建 TIN(CreateTin),如图 13-2 所示,如果输入点要素,类型选 Mass_Points(离散点),高度字段必须指定,根据指定高程创建 TIN;如果输入线要素,类型选 Hard_Line(硬线),高度字段必须指定,根据指定高程创建 TIN;默认创建 TIN 范围是输入数据外接多边形范围,可以使用面要素,类型设置为 Hard_Clip(硬裁剪),用于 TIN 的裁剪,高度字段不用指定,如果指定,没有任何作用;如果输出 TIN 不需要那个范围,只能是面要素,类型设置为 Hard_Erase(硬擦除),高度字段不用指定;如果在范围内高程是恒定的,如等值面,类型设置为 Hard_Replace(硬替换),高度字段就是高程值,必须指定。

硬线会强迫性地打断表面的平滑,比如当执行多项式平滑时。软线就不会去破坏表面平滑。

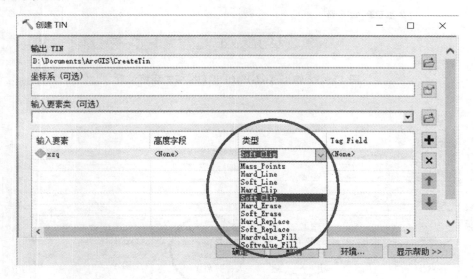

图 13-2 TIN 创建

TIN 是有版本的,ArcGIS10.5 创建 TIN,ArcGIS10.0 是无法打开的,10.1 和 10.5 兼容,在工具的环境中,可以输出 10.0 版本,如图 13-3 所示。

1. 按行政区划创建 TIN

使用数据:\chp13\dem.gdb\ds\DGX 和 XZQ。
操作界面如图 13-4 所示。

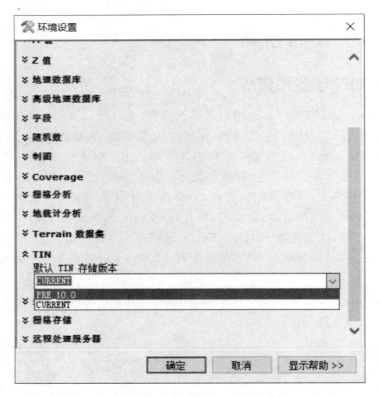

图 13-3 输出 ArcGIS 10.0 TIN 格式环境设置

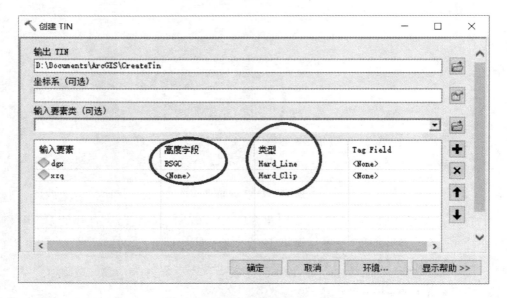

图 13-4 多个数据创建 TIN 设置

dgx(等高线),高程字段选 BSGC(表示高程),类型选 hard_Line,如果认为生成 TIN 有问题,那就是这里的高程值有问题,我们知道,高程不能超过 8848m。

xzq(行政区),高程字段不选(选字段,输出结果在该范围内增加对应的高程),类型选 hard_Clip,操作结果如图 13-5 所示。

图 13-5　TIN 结果展示

2. TIN 编辑

TIN 既不是矢量数据,也不是栅格数据,对 TIN 修改,如裁剪,不能使用矢量数据裁剪,修改 TIN 使用工具箱中"编辑 TIN(EditTin)"工具,编辑 TIN 中类型和创建 TIN 类型,如裁剪 TIN,使用一个面要素,类型为 Hard_Clip。下面使用等值面修改 TIN,如图 13-6 所示。

结果如图 13-7 所示,等值面每个图形范围内所有高程值一样。

TIN 高程值修改,也可以通过如下方法生成原始数据,修改原始数据后再生成 TIN。如果最早是线,使用工具箱中"TIN 线(TinLine)"工具把 TIN 转成原始等高线,高程填写在 Code 中,如图 13-8 所示。

如果生成 TIN 最初的数据是点,TIN 结点获得原始点,如图 13-9 所示。使用 TIN 结点(TinNode)工具,高程填写在"点字段"中,如果不指定字段,则得到的是三维点,可以通过添加 XY 坐标(AddXY)工具获得 Z 值。

图 13-6 TIN 编辑修改

图 13-7 TIN 编辑修改后结果

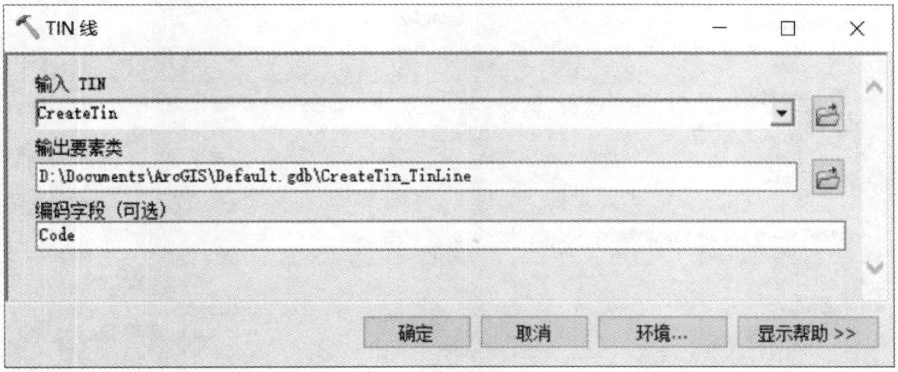

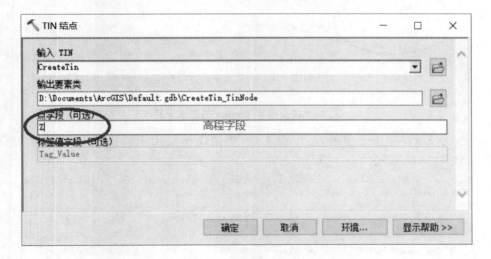

图 13-8　TIN 生成最原始的等值线

图 13-9　TIN 获得结点

13.2.2　Terrain 创建

Terrian 的优点是支持海量大数据,但 Terrain 创建要求也高,必须放在数据集,如果真是大数据,数据库必须是文件数据库(GDB)或者 SDE 数据库,不能是个人数据库(MDB)。TIN 适合小数据,Terrian 适合大数据,TIN 创建比较简单,Terrain 创建比较复杂,一般情况下建议创建 TIN,创建失败的情况下再创建 Terrian。

使用数据:\chp13\dem.gdb\ds\DGX 和 XZQ、等值面,操作方法是右击 ds 数据集,向导式操作,不要使用工具箱的工具,因为有好几个工具。

(1) 右击 ds 数据集→新建→Terrain,一定要 3D 分析扩展支持,如图 13-10 所示。

(2) 近似点间距距离越小,输出 Terrain 数据的精度越高。

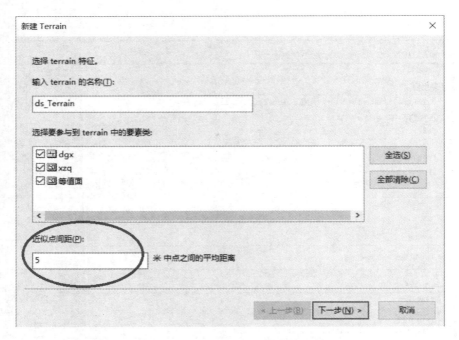

图 13-10 创建 Terrain 的基本设置

（3）XZQ 是用于裁剪的，高度源不选，等值面图层用于替换，高度源字段必须选，如图 13-11 所示。

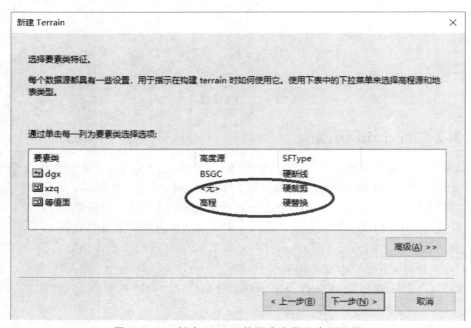

图 13-11 创建 Terrain 的要素字段和类型设置

（4）单击"计算金字塔属性"，如图 13-12 所示。

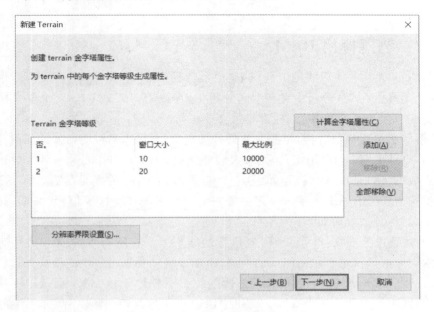

图 13-12　创建 Terrain 金字塔设置

（5）单击完成就可以得到如图 13-13 所示的结果。

图 13-13　创建 Terrain 结果展示

修改 Terrain,使用"向 Terrain 添加要素类(AddFeatureClassToTerrain)"工具,设置和上述一样。

13.2.3 创建栅格 DEM

创建栅格 DEM 使用的是工具箱中"地形转栅格(TopoToRaster)"工具,地形转栅格这个工具既在 3D 分析中又在空间分析中,ArcGIS 10.5 共有 31 个工具同时存在于 3D 分析和空间分析中,这些都是重要的工具。

地形转栅格是插值分析,也是目前最好的插值分析(以前可能最好的插值分析是克里金),创建 DEM 的专用工具,是澳大利亚国立大学的 Hutchinson 等人的研究成果,输入数据可以是点、线或面,如图 13-14 所示的界面,输入是(离散、采样)点数据,类型选 PointElevation,字段一定要选一个数字字段;输入(等值)线数据,类型选 Contour,其他参数说明如下:

(1) 类型选 Stream 时,表示河流位置的线要素类。所有线方向必须是河流流向,要素类中应该仅包含单条组成的河流(不能多目标要素),字段不用输入;

(2) 类型选 Sink 时,表示已知地形凹陷的点要素类。此工具不会试图将任何明确指定为凹陷的点从分析中移除。所用字段应存储了合理凹陷高程;如果字段选择了 NONE,将仅使用凹陷的位置。

(3) 类型选 Boundary 时,用来指定输出栅格范围的面要素。面要素有多条记

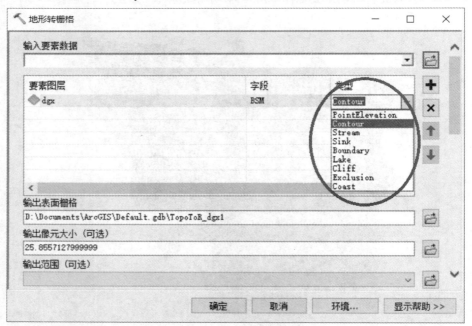

图 13-14 创建栅格 DEM 基本设置

录,自动融合在一起裁剪栅格,不需要选字段。

(4) 类型选 Lake 时,要求是(指定湖泊位置的)面要素类。湖面范围内的高程最小值,相当于等值面,面的高程值取湖面范围内的最小值,此输入不用选字段,可以参考图 13-15。

(5) Cliff:悬崖的线要素类。必须对悬崖线要素进行定向以使线的左侧位于悬崖的低侧,线的右侧位于悬崖的高侧,就是线右侧高程要高一些,左边低一些。此处输入类型没有字段(Field)选项,如图 13-14 所示。

输出栅格位置在默认数据库,也可以修改并输出到一个文件夹中存放为文件格式,文件一定要加扩展名如.tif 和.img 等,因为文件是靠扩展名来区分的,如果放在数据库中时不能加扩展名,因为"."是特殊字符。

输出像元大小,就是输出栅格的分辨率,默认的参考值:栅格范围的宽度或高度除以 250 之后,得到的较小值、默认值都是比较大的,实际操作的值应该小一些,1∶1 万的理论值参考值是 2.5m,1∶2000 理论值是 0.5m,其他比例尺依此类推。实际输入值可以比理论参考值更小一些,这样精度就更高一些。但输入值太小,操作时间比较长,有时操作会出现 010235 错误,解决方法是修改分辨率为较大的值。

使用数据:chp13\dem.gdb\ds\悬崖线、坑洼点、水系、dgx、湖泊、xzq,操作界面如图 13-15 所示。

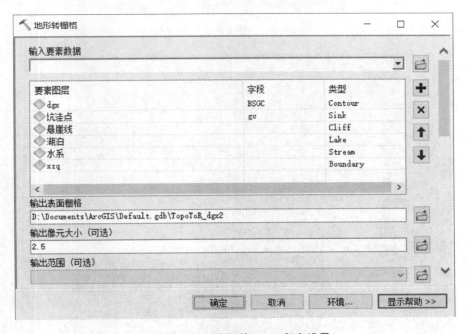

图 13-15　创建栅格 DEM 复杂设置

dgx 字段选 BSGC(标示高程),类型选 Contour;

坑洼点选字段 GC(地形凹陷点高程),类型选 Sink;

悬崖线字段不选,类型选 Cliff,线方向左边高程低,右边高程高,如图 13-16 所示;

湖泊是面要素,字段不选,类型是 Lake;

水系是线要素,字段不选,类型是 Stream,线的方向就是河流方向,如图 13-17 所示;

xzq 是面要素,字段不选,类型是 Boundary,定义输出栅格范围。

图 13-16 悬崖线左边高度低

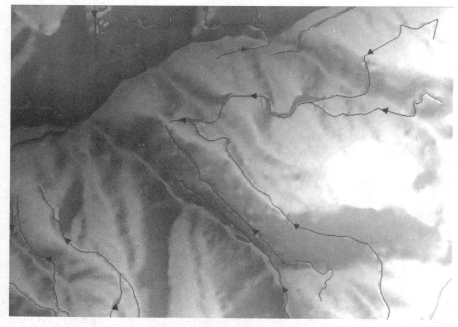

图 13-17 水系要求线的方向就是河流方向

如果运行出现类似错误：ERROR 010168，输出 C:\WINDOWS\system32\zpa44 已存在错误，执行（TopoToRaster）失败，请打开 ArcMap，以管理员的身份运行 ArcMap，以便解决类似问题。

没有足够的可用系统资源。处理期间，地形转栅格中使用的算法将尽可能多地在内存中保存信息（点、等值线、汇、河流和湖泊数据便可同时访问），为了便于处理大型数据集，建议在运行该工具之前关闭不需要的应用程序以释放物理内存。磁盘上最好也具备足够的系统交换区空间。

等值线或点输入对于指定的输出像元大小可能过小。如果一个输出像元覆盖了多个输入等值线或点，则算法将无法为该像元确定一个值。要解决此问题，请尝试执行以下任一操作：

修改像元大小，设置比较大一点值，然后在执行地形转栅格后重采样至较小的像元大小。

使用输出范围和像元间距对输入数据中各较小的组成部分进行栅格化。使用镶嵌工具将生成的各栅格组成部分进行组合。

将输入数据裁剪为多个重叠的部分，然后分别对每部分运行地形转栅格。使用镶嵌工具将生成的各栅格组成部分进行组合。

运行后，DEM 设置选择拉伸，使用山体阴影效果，如图 13-18 所示。

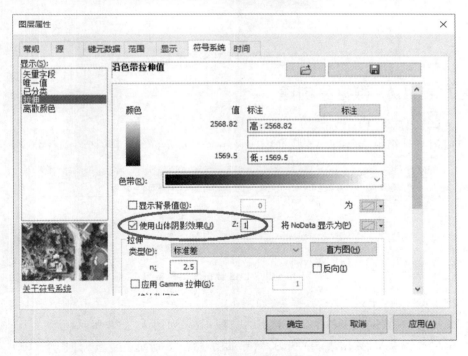

图 13-18　DEM 样式设置

效果如图 13-19 所示。

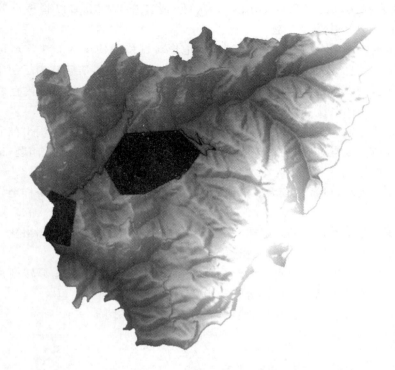

图 13-19　DEM 效果展示

13.2.4　LAS 数据集创建

测试数据：chp13\las\2000_densified10.las。

使用工具箱中"创建 LAS 数据集(CreateLasDataset)"工具，如图 13-20 所示。

图 13-20　LAS 数据集工具条

把 LAS 文件生成 LAS 数据集，如图 13-21 所示。

添加 LAS 数据集工具条，单击 的高程，效果如图 13-22 所示。

单击最后 LAS 数据集 3D 视图，效果如图 13-23 所示。

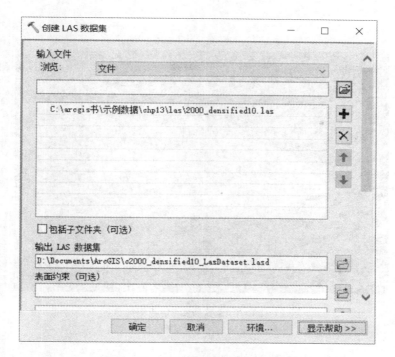

图 13-21　LAS 文件创建 LAS 数据集

图 13-22　LAS 数据集效果图

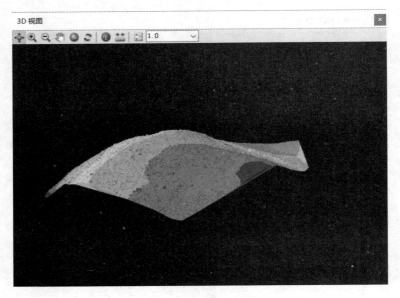

图 13-23　LAS 数据集 3D 视图效果图

13.3　DEM 分析

DEM 分析：使用已有 DEM，可以是 Tin、Terrain 和 Las 数据集，也可以是栅格格式的 DEM，对其做各种分析，如生成等值线、坡度坡向分析、计算体积和可视性分析等。这个操作需要 3D 分析扩展模块支持，一定要把 3D 分析扩展模块选中。

13.3.1　生成等值线

1. 表面等值线工具

如果使用 Tin、Terrain 或 LAS 数据集生成等值线，使用的工具是表面等值线（SurfaceContour），数据在：chp13\dem.gdb\ds\ds_Terrain，操作如图 13-24 所示。

等值线间距可以根据自己的需要输入，如 20。如果是等高线，就生成 20m 等高距的等高线，如果是其他如 PH 分布图，就是 PH 的等值线。

如果原始是等高线，等高距是 20m，此处创建 Tin 或 Terrain，在使用表面等值线工具生成等值线时，输入 5m 或者 2m，都可以实现等高线的加密，如果还是 20m 等高距，比较原始等高线，可以看到很多等高线和原始等高线重复（如果需要完全相同的等高线，使用 TIN 线工具），所以创建 Tin 的精度高。等高线加密（等高距更小）方法：先创建 Tin，再使用 Tin 生成等值线（表面等值线工具）。

如果原来的等高线图形有问题，可以通过相交求交点，当然也可以通过拓扑检查。如果等高线高程属性有问题，可以先生成 Tin，再由 Tin 生成相同等高距的等高

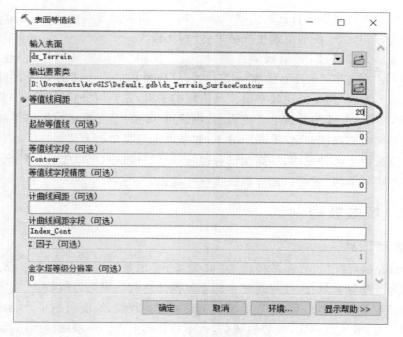

图 13-24　表面等值线操作

线，如果新的等高线图形有交叉，说明高程属性有问题，反之图形没有交叉，不一定高程属性没有问题。

2. 等值线工具

等值线（Contour）工具使用的只能是栅格格式数据，不能是 TIN 等，使用数据：chp13\dem.img，操作如图 13-25 所示。

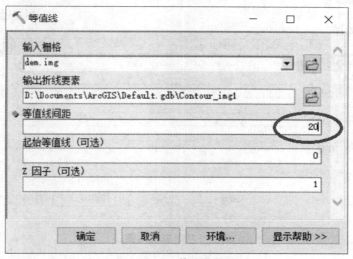

图 13-25　等值线操作

等值线间距可以根据自己的需要输入,如 20。如果是等高线,就生成 20m 等高距的等高线,和上面表面等值线生成结果,差别比较大。

如果最早是等高线,等值线间距是 20m,先使用"地形转栅格"工具生成栅格 DEM,再使用"等值线"工具生成 20m 等高线,可以发现后面生成的等值线很多和原始的等高线不重合,但变的比较平滑。等值线的平滑:先使用"地形转栅格"工具生成 DEM,当然栅格 DEM 的分辨率一定要小,再使用"等值线"工具生成原来等高距的等高线。当然同时等高线加密(等高距减小)和平滑也是类似的方法。

如果原来由于种种原因,等高线没有接好,一段一段的,可以先地形转栅格,再由栅格数据生成等值线,就可以把等高线接在一起。

13.3.2 坡度坡向

1. 坡度工具

坡度(Slope)使用的数据是栅格 DEM 数据,要求数据必须是投影坐标系数据,不要使用地理坐标系数据,使用地理坐标系数据计算的结果是近似值。

坡度是很重要的地形数据,表示地表单元陡缓的程度,坡度值越小,地势越平坦,就容易爬上去;坡度值越大,地势越陡峭,就不容易爬上去。一般用度表示,坡度值的范围为 0~90°。坡度是栅格数据,每个像元周围有 8 个像元,取其相邻的像元方向上值的最大变化率,如果小于 7 像元就没有返回,所以 Slope 的范围比 DEM 数据范围小,周围少一圈。

使用数据:chp13\dem.img,操作界面如图 13-26 所示。

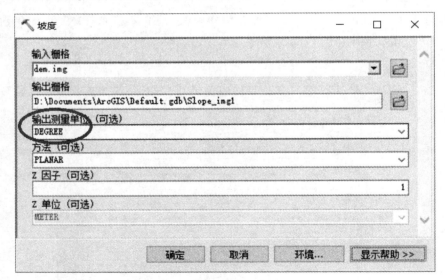

图 13-26 坡度操作

输出测量单位为 DEGREE(度),不要做任何修改。有 DEM 可以生成坡度,有坡度不能生成 DEM,因为坡度是相对的,DEM 是绝对的。

2. 坡向工具

坡向(Aspect)工具可确定下坡坡度所面对的方向。输出栅格中各像元的值可指示出各像元位置处表面所朝向的罗盘方向。将按照顺时针方向进行测量,角度范围介于 0(正北)~360°(仍是正北),即完整的圆。不具有下坡方向的平坦区域将赋值为 −1。

通过坡向工具,可完成以下任务:

(1) 在寻找最适合滑雪的山坡的过程中,查找某座山所有朝北的坡(0~22.5,或者 337.5~360)。

(2) 在统计各地区生物多样性的研究中,计算某区域中各个位置的日照强度,在北半球,就是朝南的区域(角度为 157.5~202.5°)。

(3) 作为判断最先遭受洪流袭击的居住区位置研究的一部分,在某山区中查找所有朝南的山坡,从而判断出雪最先融化的位置。

(4) 识别出地势平坦的区域,以便从中挑选出可供飞机紧急着陆的一块区域。坡向为 −1,大片区域就可以停飞机。

使用数据:chp13\dem.img,操作界面如图 13-27 所示。

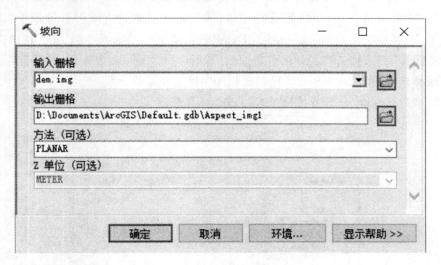

图 13-27 坡向操作

结果如图 13-28 所示。

图 13-28 坡向结果

13.3.3 添加表面信息

添加表面信息（AddSurfaceInformation）工具，输入要素类，可以是点、线或面等，这些数据应该在输入表面范围内，否则得不到对应的值；如果输入要素是点，输入表面是 DEM 高程图，可以得到点的 Z 值；如果输入要素是线或面获得最小、最大和平均 Z 值（就是海拔），如果获得线沿 DEM 的表面长度，如道路，ArcGIS 默认投影长度和实际长度差别比较大；如果获得面沿 DEM 的表面面积，表面面积接近实际面积如坡地和林地，而 ArcGIS 默认投影面积和实际面积差别比较大。

测试数据：chp13\计算实际长度.mxd，计算道路实际长度，如图 13-29 所示。

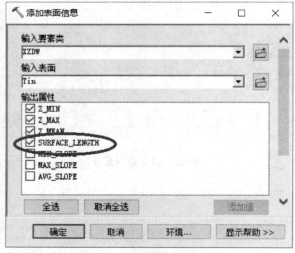

图 13-29 获得道路真实长度

依此类推,如果输入表面是 PH 分布图,就可以得到一个面范围内 PH 最大值、最小值和平均值,输入表面可以是 Tin、Terrain 或栅格,实验得到:栅格数据速度很慢,推荐使用 Tin 和 Terrain,速度快。如果获得的值为空,可能是因为输入数据超出了 TIN。

13.3.4 插值 Shape

插值 Shape(InterpolateShape)工具可通过为表面的输入要素插入 Z 值将 2D 点、折线或面要素类转换为 3D 要素类。输入表面可以是栅格、不规则三角网(TIN)或 terrain 数据集。就是二维按表面转三维,二维的点转三维的点,二维的线转三维的曲线,二维的面转三维的曲面,就更加直观了。输入表面可以是栅格,受栅格分辨率约束,速度较慢,推荐使用 Tin 和 Terrain。

测试数据:chp13\计算实际长度.mxd,二维道路生成三维的道路,如图 13-30 所示。

图 13-30 二维道路生成三维的道路

生成的线是三维线,在 ArcScene 中,如图 13-31 所示。

如果输入要素是面,建议使用"面插值为多面体(InterpolatePolyToPatch)"工具,效果会更好一些。如果没有 DEM,可以使用依据属性实现要素转 3D(FeatureTo3DByAttribute),把二维数据生成三维数据。

图 13-31　ArcScene 看三维道路

13.3.5　计算体积

计算体积,有表面体积(SurfaceVolume)、面体积(PolygonVolume)和填挖方(CutFill)等几个工具,由于体积单位是 m^3,所以使用数据都是投影坐标系的,而不是地理坐标系。表面体积工具只需要一个 DEM(栅格、Tin 或 Terrain)就可以了;面体积需要一个 Tin 或 Terrain 格式 DEM 和面数据;填挖方需要两个栅格 DEM,一个原始的 DEM,一个是最后结果的栅格 DEM。

1. 表面体积

表面体积(SurfaceVolume)工具用于计算表面和参考平面之间区域的面积和体积。使用数据:chp13\dem.img,操作界面如图 13-32 所示。

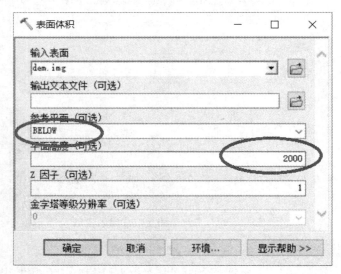

图 13-32　计算 2000 以下表面积和体积

输出文本文件可选,设置一个文本文件就是把结果输出到文本文件中,不设置则输出在运行的提示信息中。参考平面是可选的,ABOVE:体积和面积计算将表示指定平面高度和位于该平面上方的部分表面之间的空间区域,这是默认设置;BELOW:体积和面积计算将表示指定平面高度和位于该平面下方的部分表面之间的空间区域。平面高度是可选的,输入后按输入计算;不输入按目前高程最小值计算。运行信息类似于:完整表面体积:2D 面积＝14671588.635925,3D 面积＝16772914.206227,体积＝1672340389.4611,参考平面为 ABOVE,平面高度是 2000,就是高程高于 2000 的二维投影面积,3D 面积是大于 2000 数据的表面面积,体积大于 2000 形成的三维体积。

2. 面体积

面体积(PolygonVolume):计算面和 terrain 或 TIN 表面之间的体积和表面积。只计算输入面和 TIN 或 terrain 数据集表面的叠置部分。首先,面的各边界将与表面的内插区相交,这会确定两者之间的公共区域。然后,为所有公关重叠区域计算体积和表面积。体积表示表面与面要素上方或下方(根据参考平面参数中的选择)空间之间的区域:

在平面上方 ABOVE 计算:计算平面与表面下侧之间的体积。如果比面范围的最大高程还要大(含等于),获得的体积和表面积就是 0。

在平面下方 BELOW 计算:计算平面与表面上侧之间的体积。此外,还会计算同一表面部分的表面积。如果比面范围的最小高程还要小(含等于),获得体积和表面积就是 0。可以用来计算一个水库的库容量。

体积字段 Volume,表中没有对应字段,ArcGIS 自动增加字段,如果有字段,更新对应字段的值,其他如表面面积字段 SArea 是类似的操作。

使用数据:chp13\面体积.mxd,如图 13-33 所示。

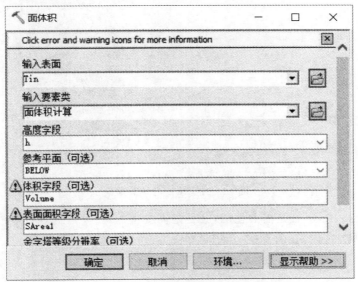

图 13-33　TIN 计算面下体积和表面积

3. 填挖方

填挖方（CutFill）：通过在两个不同时段提取给定位置的栅格表面，计算填多少方，挖多少方。要求两个栅格的坐标系一致，且都是投影坐标系，分辨率一致，范围一致。

使用数据：chp13\DEM.img 和之后.img，操作界面如图 13-34 所示。

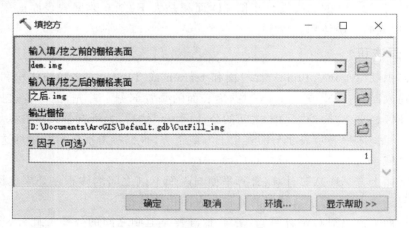

图 13-34 填挖方计算

结果如图 13-35 所示。

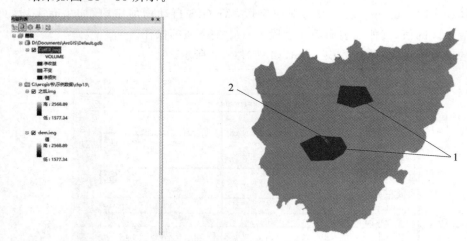

图 13-35 填挖方计算结果

图 13-35 中，①处是需要挖的，②处是需要填的，打开数据表有填挖方的具体体积（VOLUME）字段，正值是挖，负值是填。

第 14 章
三维制作和动画制作

ArcGIS 三维制作有两个软件：ArcGlobe 和 ArcScene，都是 ArcGIS 3D Analyst 扩展模块的组成部分，做三维对计算机要求比较高，尤其对显卡的要求更高。

ArcGlobe 应用程序通常专用于超大型数据集，并允许对栅格和要素数据进行无缝可视化。此应用程序基于地球视图，所有数据均投影到全局立方体投影中，以不同细节层次显示并组织到各个切片中。为获得最佳性能，请对数据进行缓存处理，这样会将源数据组织并复制到切片中；矢量要素通常被栅格化并根据与其关联的位置进行显示，这有助于快速导航和显示；ArcGlobe 适合大范围制作三维。

测试数据：\chp14\其他三维\3d\Maps and GDBs\VirtualCity.3dd，打开如图 14-1 所示。

图 14-1　ArcGlobe 打开测试数据

ArcScene 是一种 3D 查看器，非常适合生成允许导航 3D 要素和栅格数据并与之交互的透视图场景。ArcScene 基于 OpenGL，支持复杂的 3D 线符号系统以及纹理制图，也支持表面创建和 TIN 显示。所有数据均加载到内存，允许相对快速的导航、平移和缩放功能。矢量要素渲染为矢量，栅格数据缩减采样或配置为自己所设置的固定行数/列数。适合小范围制作三维，下面所有操作都是基于 ArcScene 的。

14.1 基于 DEM 地形制作三维

基于 DEM 的制作，必须有 DEM 数据，可以是 Tin、Terrain 和栅格 DEM，使用 Tin、Terrain 速度比较慢，建议使用栅格 DEM，分辨率大，速度快一点，可以看 13 章的相关知识，坐标系建议是投影坐标系，用到多个数据坐标系时坐标系最好一致。

14.1.1 使用 DOM 制作

DOM 是数字正射影像图，可以是卫星影像，也可以从无人机拍摄得到。和 DEM 空间 XY 位置一定要叠加在一起。使用数据：chp14\dem.gdb\DOM 和 DEM，操作如下：

(1) 打开 ArcScene(注意：不是 ArcMap)；
(2) 添加 chp14\dem.gdb\DOM 和 DEM 的数据；
(3) 右击 DOM 数据，设置如图 14-2 所示。

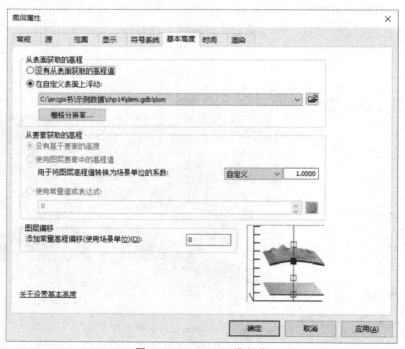

图 14-2　DOM 三维制作

(4) 关闭 DEM 图层,效果如图 14-3 所示。

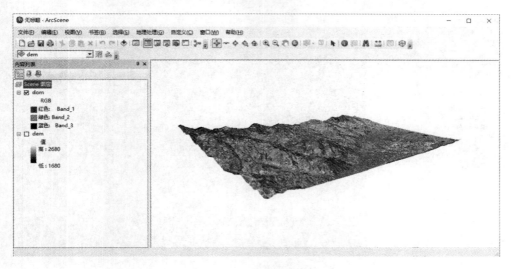

图 14-3　DOM 三维效果

(5) 感觉效果不太明显,可设置场景属性。垂直夸大倍数 2 倍,如果是地理坐标系数据,这里垂直夸大一般都很小,远远小于 1,如 0.0001。场景的坐标系最好和数据的坐标系一致,最好是投影坐标系;如果是地理坐标系,建议使用投影工具转换;同时设置背景色,如图 14-4 所示。

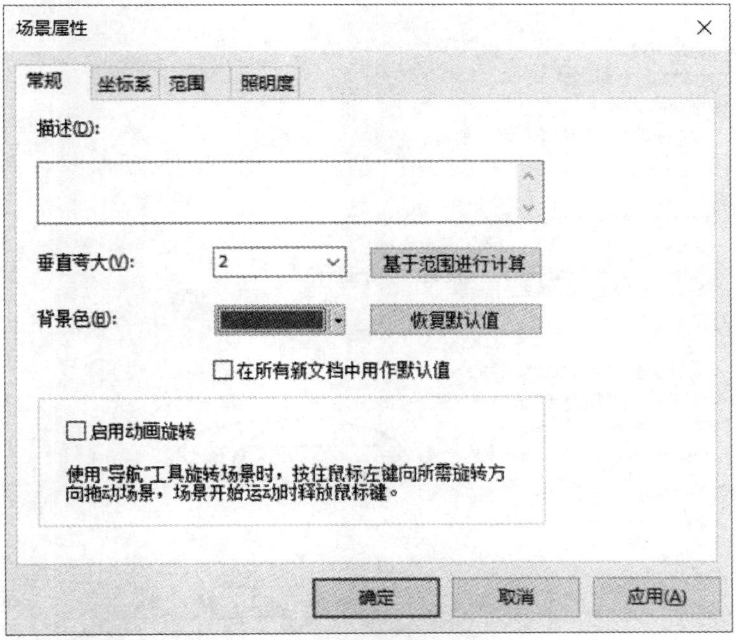

图 14-4　场景属性设置

(6) 效果如图 14-5 所示。

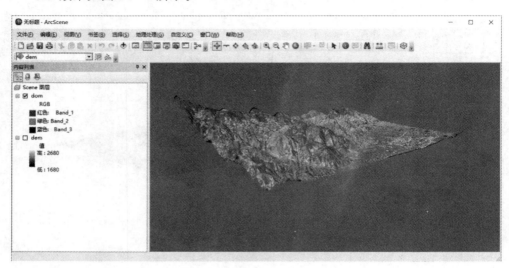

图 14-5　场景属性背景设置

(7) 如果觉得影像不够清晰,右击影像图层,在渲染标签页中设置"栅格影像的质量增强"为最高,如图 14-6 所示。

图 14-6　图层渲染设置

(8) 打开 DEM, 右击→属性设置, 设置图层偏移, 如图 14-7 所示。

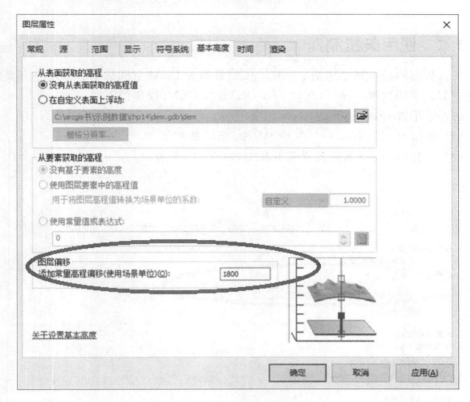

图 14-7 图层偏移设置

(9) 得到结果如图 14-8 所示。

图 14-8 图层偏移设置效果

(10) 如果这个 DEM 是水库的水面高度,就可以看到哪些被淹没,哪些没有被淹没。

14.1.2 使用矢量制作

矢量数据的操作和上述基本一样。矢量数据和 DEM 空间的 XY 位置一定要叠加在一起。使用数据:chp14\dem.gdb\DLTB 和 DEM,操作如下:

(1) 打开 ArcScene(不是 ArcMap 等其他);

(2) 添加 chp14\dem.gdb 中 DOM 和 DEM 数据;

(3) 右击 DLTB→属性设置基本高度,如图 14-9 所示。

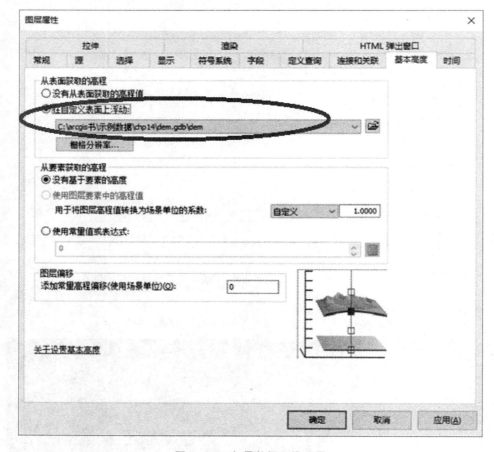

图 14-9 矢量数据三维设置

(4) 设置符号系统,如图 14-10 所示。

(5) 效果如图 14-11 所示。

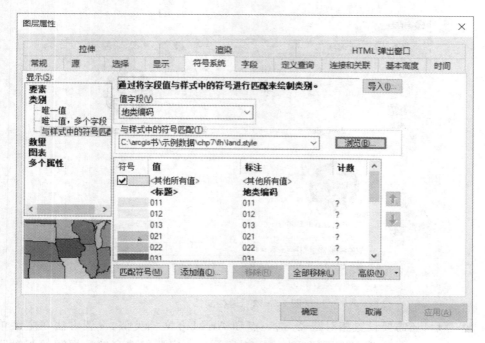

图 14-10 矢量数据样式设置

图 14-11 矢量三维效果查看

14.1.3 保存 ArcScene 文档

使用 14.1.2 小节做好的数据,单击保存,原来没有保存的话可以另存,保存时注意:SXD 文档位置和数据的位置应在同一文件夹中,如图 14-12 所示。

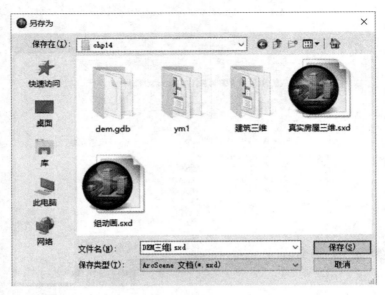

图 14-12 保存文档

保存后,还需要设置相对路径,这一点和 ArcMap 文档类似,设置方法在主菜单文件菜单→Scene 文档属性下,如图 14-13 所示。一定要勾选存储数据源的相对路

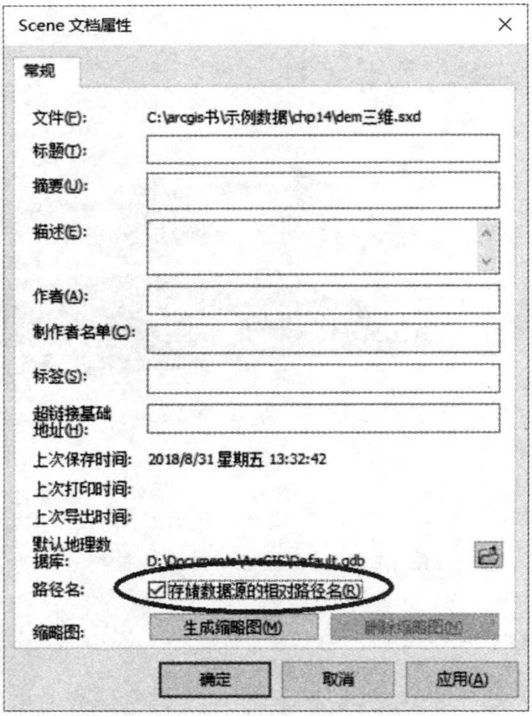

图 14-13 Scene 文档相对路径设置

径名(而不是使用绝对路径,文件夹位置不能变化),把文档拷贝给其他人时,数据会一起拷贝。用到外部模型如 3DS 时,SKP 不需要拷贝,模型自动保存在 SXD 文档中。

对于已保存的 ArcScene 文档,文件菜单"另存为"菜单可以减小 SXD 文件的大小,提高性能。ArcScene 文档有版本问题,10.0 和 10.1 不兼容,10.1 和 10.2 兼容,10.2 和 10.3 不兼容,10.3 和 10.4 不兼容,10.4 和 10.5 兼容,保存副本,如图 14-14 所示,可以保存其他版本。其他对应 ArcScene 软件才可以打开。

图 14-14 转换其他 Scene 版本

14.2 基于地物制作三维

上面三维是基于地形中的地貌,最主要的是需要 DEM 数据,地形中还有一种是地物,如房屋。如果房屋是面,可以通过拉伸来实现,这种三维效果并不好,我们一般使用点数据,点就是房屋中心点(可以通过"要素转点",内部选项不勾上就是中心点),房屋的真实模型使用 3DMAX 的 3DS,或者 Google Sketchup 建模的 SKP 文件,在 ArcScene 中进行符号设置就可以了。

14.2.1 面地物拉伸

使用数据：\chp14\建筑三维\fw.mdb\fw。

（1）在 ArcScene 中加载数据 fw。

（2）右击→属性，设置拉伸值可以输入固定值或者选择字段值，如图 14-15 所示。

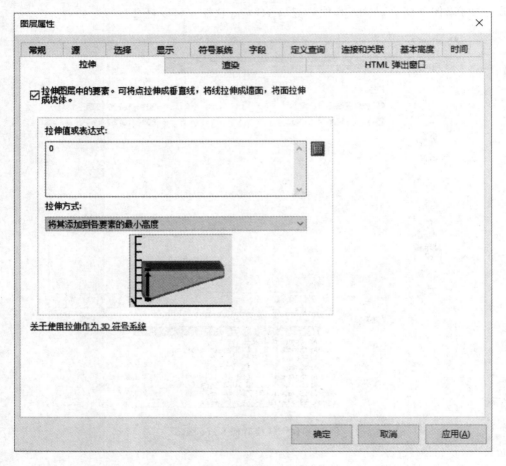

图 14-15 拉伸设置

（3）单击 ■ 选择一个字段 fwcs。

（4）设置样式颜色和垂直夸大倍数为 5，结果如图 14-16 所示。

图和我们真实的房屋三维还相差较远。做真实的三维，采用点数据。

第 14 章　三维制作和动画制作

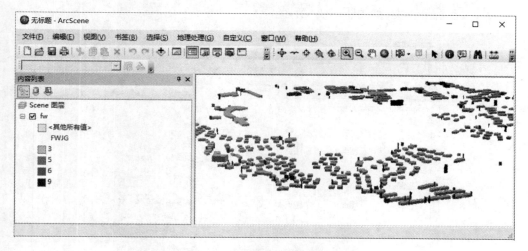

图 14-16　房屋填充颜色拉伸三维

14.2.2　真实房屋三维

数据：chp14\建筑三维\fw.mdb\point。

（1）加载对应数据。

（2）右击数据 Point 图层→属性，在符号系统中设置，选择类别中唯一值，右击合并设置分成两类，如图 14-17 所示。

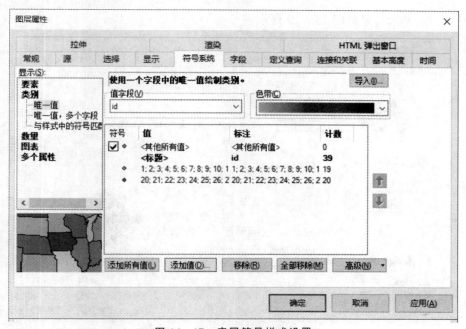

图 14-17　房屋符号样式设置

391

(3) 双击第一类,如图 14-18 所示。

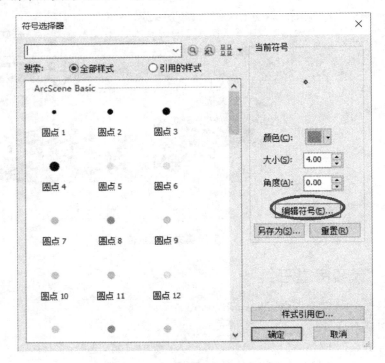

图 14-18　符号选择器编辑符号

(4) 点编辑符号如图 14-19 所示。

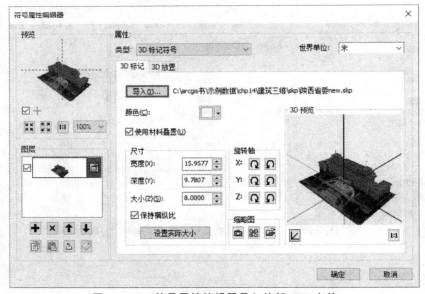

图 14-19　符号属性编辑器导入外部 SKP 文件

选择 3D 标记符号,导入:chp14\建筑三维\skp\陕西省委 new.skp。

（5）依此类推,导入:chp14\建筑三维\skp\陕西省委 new.skp\钟楼.skp。

（6）得到的结果放大如图 14-20 所示。

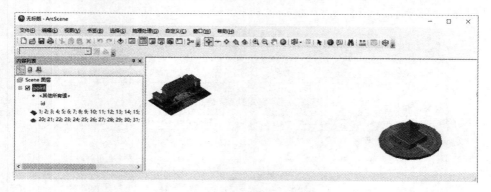

图 14-20　最后房屋显示

（7）发布,保存 SXD 文档,设置相对路径,文件菜单→ArcScened 文档属性,如图 14-21 所示。

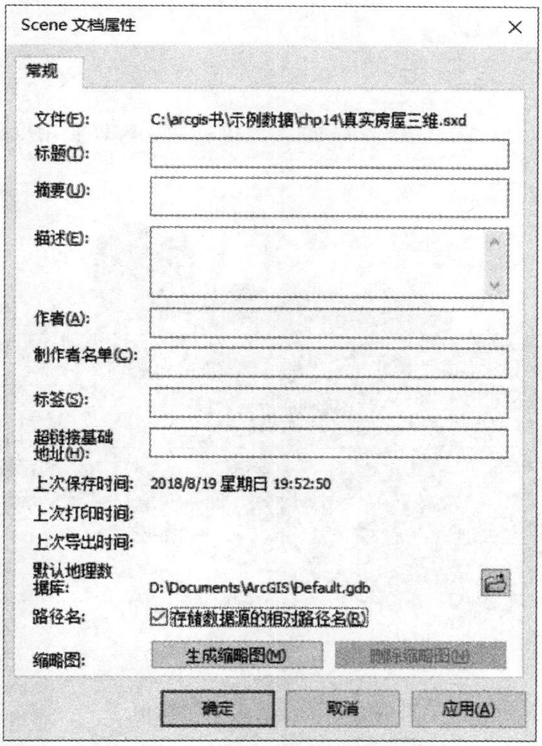

图 14-21　Scene 文档设置相对路径

(8) 按上面的方法拷贝给其他人时，数据和 SXD 文档要拷贝，使用模型文件不需要拷贝，数据和文档保持相对路径不变。

(9) 发布三维数据的最好方法，使用"3D 图层转要素类（Layer3DToFeatureClass）"工具，操作如图 14 – 22 所示。

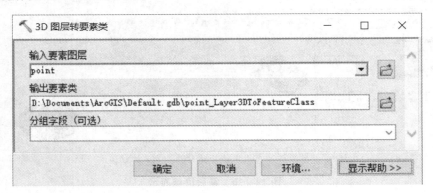

图 14 – 22　三维图层转多面体发布三维

3D 图层转成多面体，以后只要有多面体文件就可以查看三维，不需要文档，也不需要外部模型文件。

14.2.3　查看已有三维

(1) 测试数据：chp14\其他三维\面积三维拉伸.sxd，使用面积拉伸，如图 14 – 23 所示。

图 14 – 23　面积三维拉伸地图

成不成三维，和场景属性中垂直夸大倍数，与图 14 – 4 中的场景属性设置有关，可以让它基于范围进行计算,给出理论参考值,自己设置的值在参考值附近。

(2) 数据:chp14\其他三维\加阴影.sxd,如图 14-24 所示。

图 14-24　地图加阴影

下面的阴影使用拉伸固定值,图 14-15 的拉伸设置,输入为 1000。另一个行政区图层,设置图层偏移,图 14-7 的图层偏移设置,输入为 1001,自动放在上面,三维上下和图层顺序无关,和他自己的物理高度有关。

(3) 虚拟城市三维,数据:chp14\其他三维\虚拟城市.sxd,该数据是 ArcGIS 帮助练习的数据,效果如图 14-25 所示。

图 14-25　真实建模和拉伸三维展示

有一些是拉伸,一些是实际三维建模的结果,三维建模更真实,逼真。

14.3　三维动画制作

三维发布,方式如下:

(1) 使用 3D 图层转要素类,转换成多面体。

(2) 导出 2D 图片,文件菜单→导出场景→2D,可以导出 PDF、PNG、SVG、JPG、

TIF、EMF、EPS 和 GIF 等,如图 14-26 所示。

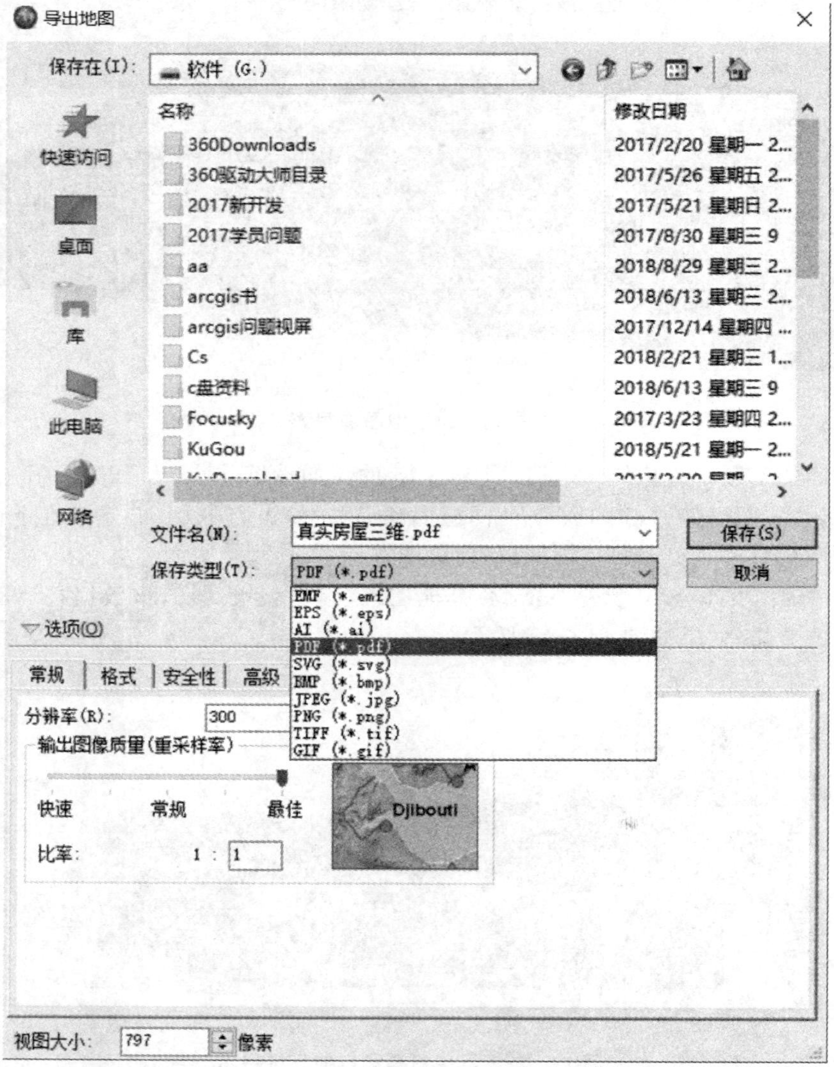

图 14-26 三维导出图片

(3) 导出 3D,文件菜单→导出场景→3D,导出 WRL 格式,可以在有 WRL 插件的浏览器上浏览。

(4) 制作动画,导出 AVI 格式视频,加载动画工具条。

14.3.1 关键帧动画

数据:chp14\真实房屋三维.sxd,调整好视图位置,单击 ,循环多次(最少 2

次)才可以。所有操作记录在动画下拉菜单的动画管理器中,如图 14-27 所示。

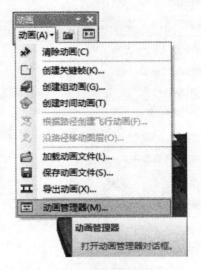

图 14-27 动画管理器位置

单击动画管理器,如图 14-28 所示。

图 14-28 动画管理器内容

总的时间为 1,其他是百分比,可以手动修改,也可以在时间视图中调整。

播放动画:单击动画工具条的最后一个打开动画控制器,打开选项,可以设置总的播放时间,默认总的时间是 10s,可以修改播放方式:正向播放一次、反向播放一次、正向循环或反向循环,可以根据情况选择,如图 14-29 所示。

单击导出动画,可以导出 AVI 格式视频文件。

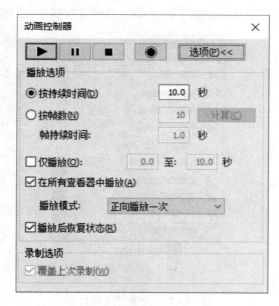

图 14 - 29　动画控制器

14.3.2　组动画

组动画,主要用于洪水淹没分析,数据:chp14\组动画.sxd,打开后如图 14 - 30 所示。

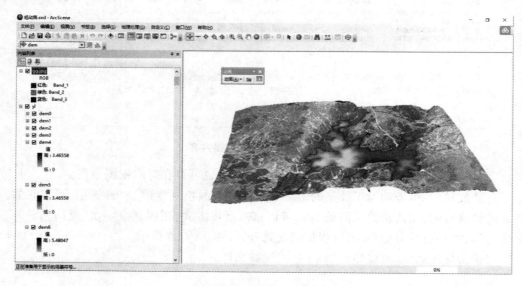

图 14 - 30　组动画数据展示

最主要的是准备数据,做数据步骤如下:先建一个图层组 yl,在 yl 图层组新建很多图层,图层名称分别是 dem0 和 dem1 等,每个图层如 dem12 在基本高度中,如图 14-31 所示,这个图层偏移输入 12m,可以根据你的数据,所有图层依次按照从小到大(或者从大到小)、高程差、平均分配;由于高程不一样,水面大小不一样,后面栅格计算器按高程裁剪水面。

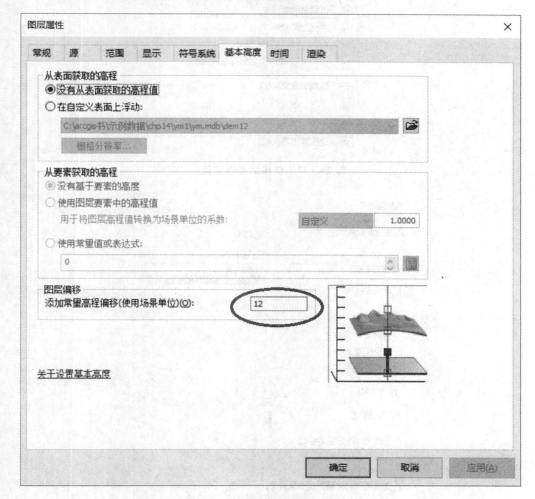

图 14-31 组动画图层偏移设置

组动画操作:
(1) 单击动画工具条→创建组动画,如图 14-32 所示。
(2) 选择图层组 yl,如图 14-33 所示。
(3) 打开动画控制器就可以播放了,正向播放就是洪水慢慢上涨的过程,反向播放就是洪水慢慢退去过程。
(4) 这个动画可以和关键帧结合在一起使用,也可以自己导出动画。

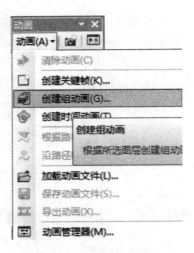

图 14-32 创建组动画位置

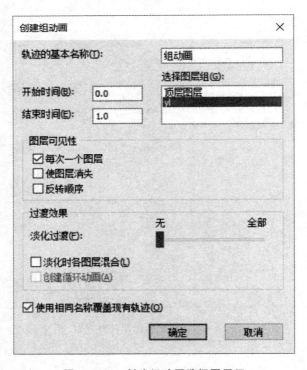

图 14-33 创建组动画选择图层组

14.3.3 时间动画

时间动画:模拟某个时间点出现的位置,模拟物体的移动。使用数据:chp14\时间动画.sxd,打开如图 14-34 所示。

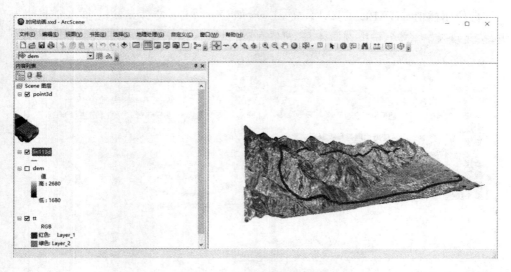

图 14-34　时间动画成果查看

数据准备步骤如下：先找到汽车运行线路（可以人为模拟），数据是一条记录，就是前进路线，使用工具箱中增密（Densify）工具按相同距离增加一个点，要素折点转点，计算每个点到下个点角度，并放在角度字段中，同时增加时间字段，按点顺序设置时间，如使用字段计算器，设置如：Now()+[OBJECTID]-196，按记录顺序，表示共196条记录，最后一条记录对应的时间就是今天的时间，如图14.35所示。

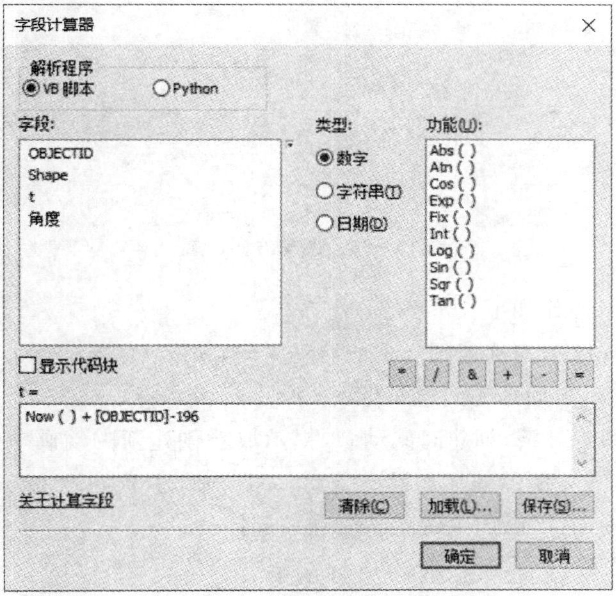

图 14-35　模拟时间设置

再使用插值 SHAPE 工具,2D 转 3D,点的设置如下:符号系统→单一符号→高级,按角度旋转,这个车头方向才是对的,如图 14-36 所示。

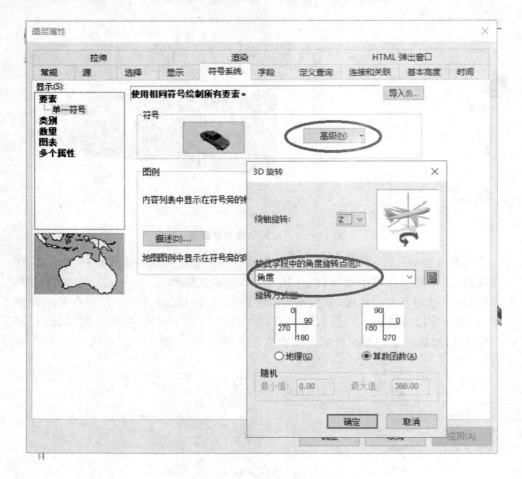

图 14-36 汽车方向设置

时间动画演示操作如下:
(1) 右击 point3D,勾选地图层中的启动时间,如图 14-37 所示。时间步长间隔不影响本动画长度,本动画时间总长见图 14-29。
(2) 单击动画工具条,创建时间动画,提示成功创建新的动画轨迹,如图 14-38 所示。如果图 14-37 所示的界面没有启动时间动画,这里会显示创建失败。
(3) 播放动画,也可以和关键帧结合在一起播放。

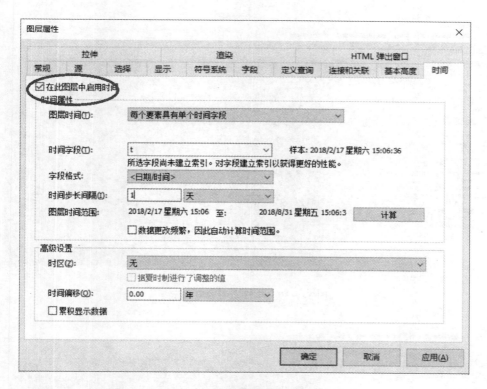

图 14-37 图层启动时间动画

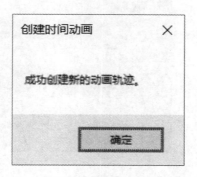

图 14-38 创建时间动画成功

14.3.4 飞行动画

使用数据:chp14\飞行动画.sxd,效果如图 14-39 所示。

把其他图层关闭,如图 14-40 所示。

数据 Domain 是一个三维的线,设置拉伸,3D 数据是"将其用作要素的拉伸数值",如图 14-41 所示。

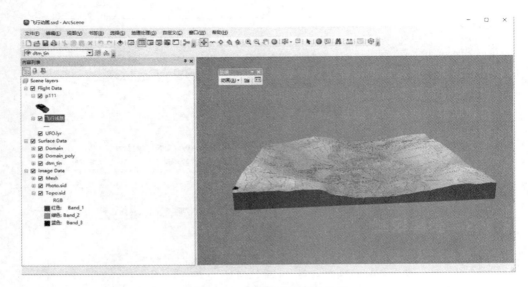

图 14-39　飞行动画成果展示

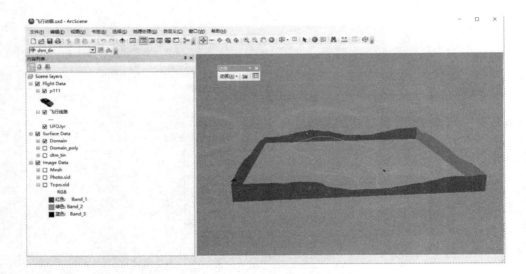

图 14-40　周围框效果

飞行动画有两种,一种是根据路径创建飞行动画,另一种是沿路径移动图层,要激活:必须先选择 3D 的线或者屏幕临时画一个 3D 线,这里选择飞行线路的线数据,激活两个菜单,如图 14-42 所示。

(1) 单击"根据路径创建飞行动画",设置垂直偏移,就可以播放了,可以和关键帧结合在一起使用,如图 14-43 所示。

第14章 三维制作和动画制作

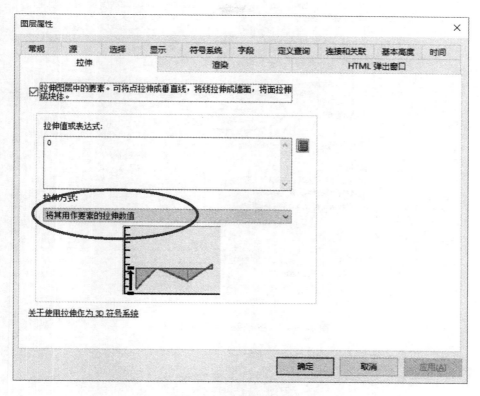

图 14-41 三维线拉伸

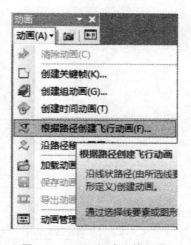

图 14-42 飞行动画的位置

(2) 单击"沿路径移动图层",设置图层(一般是点图层,只有样式设置)和垂直偏移,就可以播放动画了,可以和关键帧结合在一起使用,如图 14-44 所示。

405

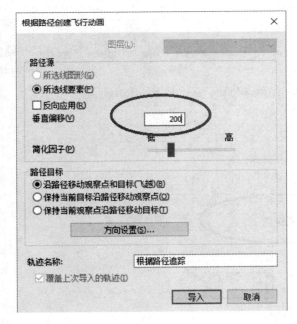

图 14-43　按路径创建飞行动画

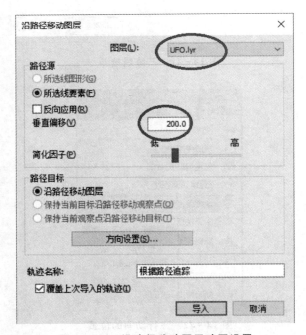

图 14-44　沿路径移动图层动画设置

第 15 章 栅格数据处理和分析

15.1 栅格概念

一个离散的阵列代表一幅连续的图像,最小单位为像元,一个像元的高度和宽度就是分辨率,一个像元有几个值就有几个波段。影像数据可以存在于文件中,如 TIF 和 IMG 等,也可以放在数据库中,在 ArcGIS 中所有栅格数据也称影像数据,一个栅格数据也叫栅格数据集。

15.1.1 波 段

栅格数据由像元组成,在每个像元上有几个值就有几个波段,我们看到的彩色有三个波段:R(红色)、G(绿色)和 B(蓝色)。

有些有 4 个波段,如:chp15\4 个波段.TIF,如图 15-1 所示,RGB 值选不同的波段,显示的效果不同。前面第 13 章的 DEM(数字高程模型),由于只有高程,就是一个波段,一个波段经常用黑白拉伸来表示。

多个波段的数据,只加其中一个波段,就会变成黑白,使用"波段合成(CompositeBands)",就可以保存一个实实在在的栅格数据,测试数据:chp15\test.tif,从 ArcCatalog 中找到那个波段然后拖动,操作界面如图 15-2 所示。

当然这个工具也可以把几个单波段合成一个多波段数据。

15.1.2 空间分辨率

影像空间分辨率是指地面分辨率在不同比例尺的具体影像上的表现。影像分辨率是栅格数据非常重要的指标,同样的面积,像素越多,分辨率也越高。当分辨率为 2.5m 时,一个像元代表地面 2.5m×2.5m 的面积;当分辨率为 1m 时,也就是说,图像上的一个像元相当于地面 1m×1m 的面积,即 $1m^2$。分辨率是用于记录数据的最

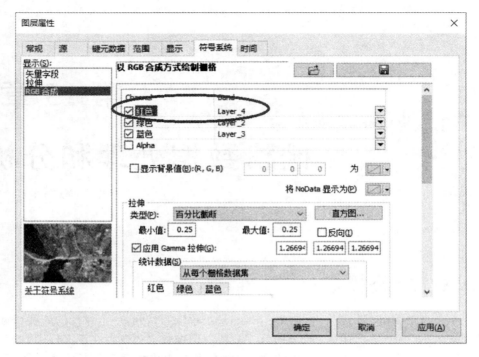

图 15 - 1 提取一个波段数据

图 15 - 2 提取一个波段数据

小度量单位,小于这个尺寸的物体,无法观察。

比例尺(只要分母)和分辨率的转换公式：
> 空间分辨率 = 比例尺×0.0254/96
> 比例尺 = 空间分辨率×96/0.0254

其中 96 是我们肉眼的分辨率：96DPI，一英寸为 96 个像元，一个像元是 96 分之 1 英寸，1 英寸为 25.4mm，就是 0.0254m，我们做一些近似，96≈100，0.0254≈0.025，可以获得 1∶1 万比例尺，2.5m 就是 1∶1 万，1∶2000 是 0.5m，分辨率 0.5m 对应比例尺 1∶2000。改变分辨率使用工具箱中"重采样(Resample)"工具，测试数据：chp15\test.tif，如图 15-3 所示。

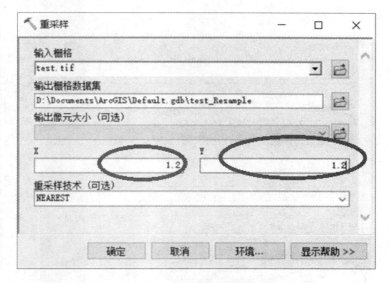

图 15-3　重采样设置栅格数据分辨率

改变分辨率一般是原来的整数倍，X 方向和 Y 方向一致，分辨率建议改大，不建议改小，改小后数据精度并不会提高，但文件却变大了。

15.1.3　影像格式

ArcGIS 影像格式主要有两种：
(1) 文件格式，可以是.TIF 和.IMG 等，放在文件夹中，靠扩展名区分；
(2) 放在数据库，不能加扩展名，因为"."是特殊字符，不能作为数据库中栅格数据集的名称。

影像在数据库中的存储有三种方式：
(1) 栅格数据集：大多数影像数据和栅格数据(例如正射影像或 DEM)均作为栅格数据集提供。栅格数据集是指存储在磁盘或地理数据库中的任何栅格数据模型。文件格式也是这种。
(2) 镶嵌数据集：以目录形式存储并以单个镶嵌影像或单个影像(栅格)的方式

显示或访问的栅格数据集（影像），注意实际的栅格数据并不存在于镶嵌数据集中。

（3）栅格目录：是以表格式定义的栅格数据集的集合，其中每个记录表示目录中的一个栅格数据集。栅格目录可以大到包含数千个影像。栅格目录通常用于显示相邻、完全重叠或部分重叠的栅格数据集，而无需将它们镶嵌为一个较大的栅格数据集。

影像格式转换使用工具箱中的"复制栅格（CopyRaster）"工具，这个工具也可以转换位数，如 16 位转 8 位，这个工作经常需要，如 PhotoShop 这类软件只能打开 8 位彩色 TIF 图像的软件。测试数据：chp15\test.tif，转换成.img，把 16 位转 8 位，操作界面如图 15-4 所示。

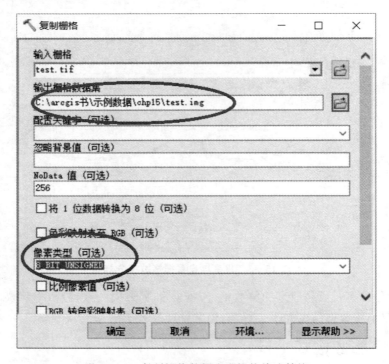

图 15-4 复制栅格数据实现栅格格式转换

选 8_BIT_UNSIGNED：8 位无符号数据类型。支持的值：0~255。

15.2 影像色彩平衡

色彩平衡就是当多个栅格颜色不太一致时，通过色彩平衡把颜色调整成近似或者一致。色彩平衡在日常工作中经常使用。

色彩平衡要求放在地理数据库的镶嵌数据集下，所有影像数据必须有坐标系，坐标的位置必须是正确的位置，就是已地理配准。测试数据：chp15\色彩平衡.mxd，有两副影像,颜色不一致,如图 15-5 所示。

图 15-5　原始有色差两副影像

操作如下：

（1）先建文件地理数据库。

（2）右击地理数据库,新建镶嵌数据集,输入名称 kk,坐标系和这些栅格数据坐标系一致。也可以直接使用工具箱的"创建镶嵌数据集（CreateMosaicDataset）"工具,如图 15-6 所示。

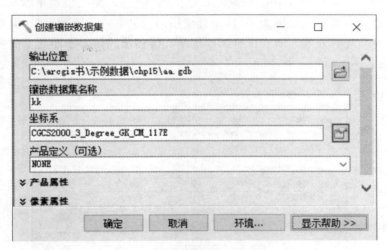

图 15-6　创建镶嵌数据集操作界面

（3）右击镶嵌数据集 kk,添加栅格数据,也可以直接使用"添加栅格至镶嵌数据集（AddRastersToMosaicDataset）"工具,输入数据选 Dataset（数据集）,单击 ,选择对应的两个栅格,确定后导入数据库,原来的数据必须保留,用的就是原来的数据,只

411

是类似索引被关联起来,如图 15-7 所示。

图 15-7　镶嵌数据集添加栅格数据

（4）完成后,右击镶嵌数据集 KK,增强→色彩平衡,也可以直接使用"平衡镶嵌数据集色彩(ColorBalanceMosaicDataset)"工具,颜色表面类型选 FIRST_ORDER,该技术所创建的颜色改变更为平滑,而且使用的辅助表存储空间更少,但可能需要花费更长的时间进行处理。所有像素都根据从二维多项式倾斜平面获取的多个点进行更改,如图 15-8 所示。

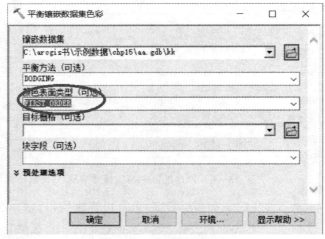

图 15-8　色彩平衡操作

(5) 如果放大或缩小视图有问题,右击镶嵌数据集 KK,优化→构建概视图就可以解决,等同于使用"构建概视图(BuildOverviews)"工具,如图 15-9 所示。

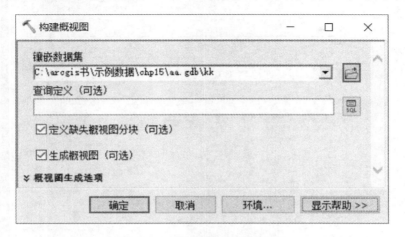

图 15-9　构建镶嵌数据集视图

结果如图 15-10 所示,可以看到颜色比较接近了。

图 15-10　镶嵌数据集色彩平衡后结果

15.3　栅格重分类

重分类(Reclassify):将栅格图层的数值进行重新分类组织或者解释,重分类的关键是确定原数据到新数据之间的对应关系,重分类只能从详细到粗略,不能逆操作。使用 ArcGIS 扩展模块,请选择 3D 分析或空间分析扩展模块。

重分类只能处理一个波段数据,对多波段影像按第一个波段处理。

测试数据:chp15\Slope,TIF,分成 0—2°、2—6°、6—15°、15—25°和 25°以上,分

成 5 级,操作步骤如下:

(1) 找到重分类工具,运行界面如图 15-11 所示。

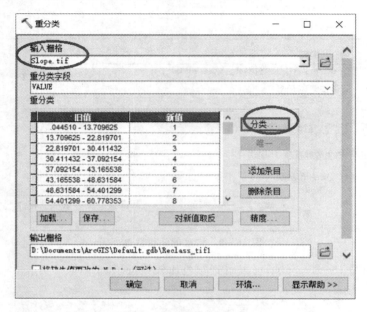

图 15-11 栅格数据重分类

(2) 单击分类,类别选择 5,右下边输入中断值,如图 15-12 所示。

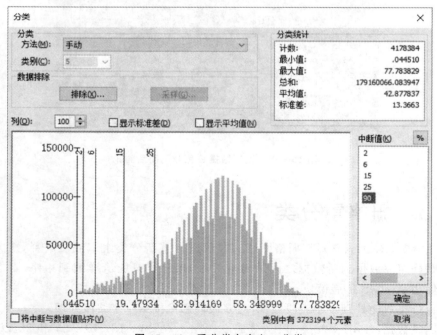

图 15-12 重分类自定义 5 分类

(3) 确定后,最小值修改成 0,如图 15-13 所示。

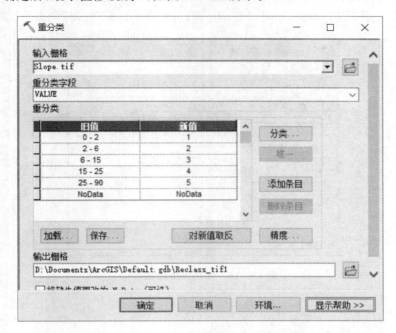

图 15-13 重分类结果界面

0-2,坡度数据大于等于 0,同时小于等于 2°,同时"-"前后有一个空格,这是必须的,不然确定后就出错了;而 2-6 是大于 2°小于等于 6°,依此类推;最后一个大于 25°,小于等于 90°。

(4) 确定后,结果如图 15-14 所示。

图 15-14 栅格分类结果

(5) 打开属性表，后面的 Count 就是像元个数，可以通过分辨率计算面积，我们分类的目的主要用于统计数据，也可以栅格转面，再融合统计面积，如图 15-15 所示。

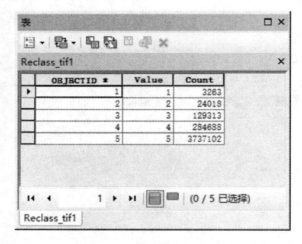

图 15-15　栅格分类属性表

15.4　栅格计算器

栅格计算器（RasterCalculator）是栅格数据计算的利器，是栅格数据空间分析中数据处理和分析时最常用的方法，应用非常广泛，能够解决各种类型的问题，尤其是建立复杂的应用数学模型的基本模块。使用的栅格数据必须是单个波段，多个波段只对第一个波段运算。输入数据可以是一个栅格，也可以是多个栅格；用到多个栅格数据，要求坐标系相同，CELLSIZE 大小（分辨率）相同，栅格范围一致，范围不同取交集。栅格计算器是 ArcGIS 的空间分析模块，一定要勾选空间分析扩展模块。

ArcGIS 提供了非常友好的图形化栅格计算器界面，计算原理就是对每个像元数值进行计算，不仅可以方便地完成基于数学运算符（加、减、乘、除等）的栅格运算、逻辑运算符（大于、小于、等于），以及基于数学函数的栅格运算，而且它还支持直接调用 ArcGIS 自带的栅格数据空间分析函数和工具，并且可以方便地实现同时输入和运行多条语句，如计算坡度，可以直接使用 Slope 函数，工具箱中关于输出栅格有关的工具都可以使用，函数名就是工具名称，而不是看到的标签（平时看到的工具汉字就是标签）。

栅格计算器使用 Python 语法，使用函数严格区分大小写，大小写是有规律的，每一个单词首字母大写，其他小写，如 Con 工具，请确保将其输入为 Con，而不是 con 或 CON。栅格图层名称必须包含在半角双引号内。引号总结：在查询写 SQL 时是单引号，其他都是双引号。

使用测试数据：chp15\dem.tif，先把数据加入到 ArcMap 中。

例1:算数运算:"dem.tif"/3+500,如图15-16所示。

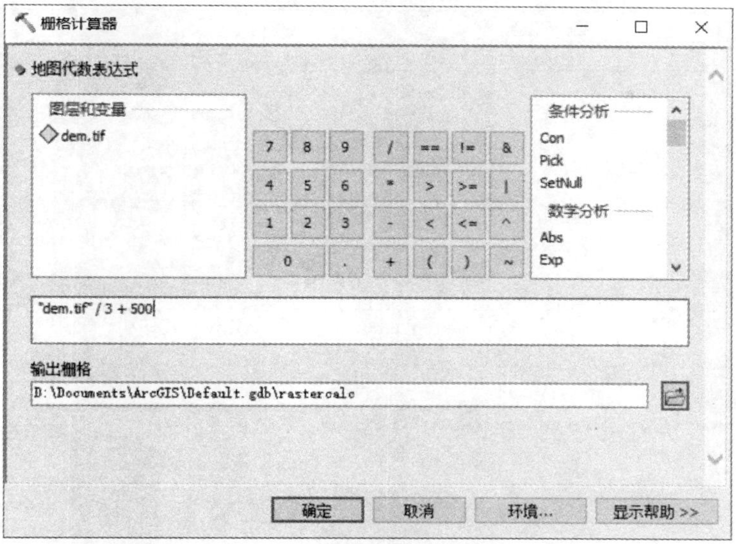

图 15-16 栅格计算器算数运算

该操作可以对栅格加密,公式可以自己写,别人不会知道公式,就不能还原最早的栅格数据。

例2:算数运算:9000-"dem.tif",可以发现高的地方变低,低的地方变高,也就是平时讲的反地形,海洋中山脉和陆地的山脉正好相反,在陆地上的山谷线就是海洋的山脊线。

例3:逻辑计算:"dem.tif" < 1000,计算后,满足条件返回1,不满足条件(大于等于1000)则返回0。

15.4.1 空间分析函数调用

测试数据 chp15\dem.tif、dem1.tif、clip.Shp 和 dgx.shp。

例1:计算坡度。栅格表达式:Slope("dem.tif"),如图15-17所示。

例2:重分类。分成两类:2000以下分成1,大于2000分成2,栅格表达式:Reclassify("dem.tif","VALUE","0 2000 1;2000 9000 2"),都是双引号,分类中间使用";"隔开,输出结果就是分类栅格。

例3:裁剪影像。使用面 clip.shp 裁剪 dem.tif,数据确保添加到 ArcMap 中,栅格表达式:ExtractByMask("dem.tif","clip")。

例4:生成 DEM。使用 dgx.shp,高程字段 GC,调用工具地形转栅格(TopoToRaster)工具,输出分辨率10,栅格表达式:TopoToRaster("dgx gc Contour","10")。

图 15-17 栅格计算器函数调用界面

例 5：计算填挖方。CutFill("dem.tif","dem1.tif")。

注意：栅格计算器使用数据都必须加载到 ArcMap 中。

15.4.2 栅格计算器内置函数应用

测试数据 chp15\dem.tif、chp15\dem1.tif。

1. Con 函数

针对输入栅格的每个输入像元执行 if/else 条件评估。语法如下：

Con(in__raster,in_true_raster_or_constant,{in_false_raster_or_constant},{where_clause})

Con 函数的参数说明如表 15-1 所列。

表 15-1 Con 函数的参数说明表

参数	说明	数据类型
in__raster	表示所需条件结果为真或假的输入栅格，可以是整型或浮点型	栅格
in_true_raster_or_constant	条件为真时，其值作为输出像元值的输入，可为整型或浮点型栅格，或为常数值	栅格或数值常量

续表 15-1

参数	说明	数据类型
in_false_raster_or_constant（可选）	条件为假时,其值作为输出像元值的输入;可为整型或浮点型栅格,或为常数值	栅格或数值常量
where_clause（可选）	决定输入像元为真或假的逻辑表达式;表达式遵循 SQL 表达式的一般格式。where_clause 的一个示例为 "VALUE > 100"	SQL 表达式

例如:DEM 值小于 1000,返回 1,大于 1000 的返回 0,Con("dem.tif" < 1000,1,0),也可以为 Con("dem.tif",1,0,"VALUE <1000");如果只返回小于 1000 的范围,表达式:Con("dem.tif" < 1000,1),再使用工具箱中"栅格转面(RasterToPolygon)"工具就可以得到洪水淹没的范围。

2. 空和 0 转换

在栅格数据中,有一种空叫 NoData,数据缺失。NoData 与 0 不同,0 是有效数值。NoData 不能做任何数学运行,我们经常需要把 dem.tif 中的空值转换成 0,表达式:Con(IsNull("dem.tif"),0,"dem.tif"),如果是栅格文件加扩展名,而数据库中的栅格数据,就是数据名称。

有时需要 0 转换成空,如 raster1 数据,表达式为 Con("raster1"!=0,"raster1")或 SetNull("raster1"==0,"raster1"),这里 raster1 是 dem.tif 空转换成 0 的结果。

3. 比较影像的不同

这个影像只能是一个波段,多个波段的各个波段分别比较。

有两种方法,第 1 种是相减,表达式:"dem.tif"-"dem1.tif",为 0 就相同,不为 0 则不同;第 2 种是相同不返回,返回不相同的差值,表达式:Con("dem.tif" != "dem1.tif","dem.tif"-"dem1.tif")。

15.5 地统计和插值分析

地统计学是指,以具有空间分布特点的区域化变量理论为基础,研究自然现象的空间变异与空间结构的学科。它是针对矿产、资源、生物群落、地貌、地球物理、地质、生态、土壤、气象和农业等有着特定地域分布特征而发展的统计学。由于最先在地学领域应用,故称地统计学。地统计学的主要理论是统计学家马特龙创立的,经过不断地完善和改进,目前已成为具有坚实理论基础和实用价值的数学工具。

地统计学的应用范围十分广泛,不仅可以研究空间分布数据的结构性和随机性、空间相关性和依赖性、空间格局与变异,还可以对空间数据进行各种最优内插,以及模拟空间数据的离散性及波动性。地统计学由分析空间变异与结构的变异函数及其参数和空间局部估计的 Kriging(克里格)插值法两个主要部分组成,例如气象领域的应用,主要使用 Kriging 法对降水和温度等要素的最优内插的研究及气候对农业影响方面的研究。

总之:地统计主要是通过插值分析实现的。地统计是 ArcGIS 的一个扩展模块,一定要把扩展模块选中才能操作,见 1.2.5 小节。

15.5.1 地统计

使用地统计找异常值,测试数据:chp15\插值分析\kk.gdb\pnt,分析 Z 字段。

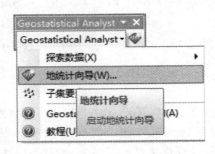

图 15-18 地统计向导菜单位置

(1)打开地统计工具条,地统计分析下拉菜单→地统计向导,如图 15-18 所示。

(2)确定后,选地统计方法→克里金法/协调克里金法,右边源数据集选 pnt,数据字段 Z,如图 15-19 所示。

(3)下一步,单击普通克里金法;左边表面输出类型选"预测"。该向导的每一步,可通过拖动内部面板(窗口)之间的分界线来调整它们的大小,如图 15-20 所示。

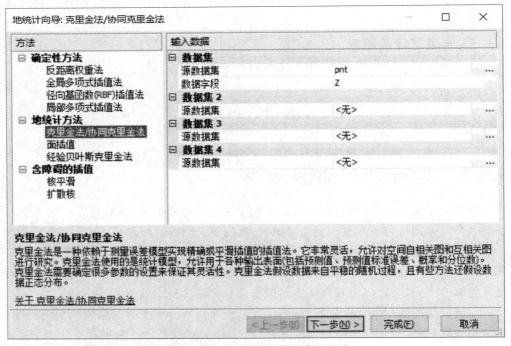

图 15-19 克里金法/协调克里金法

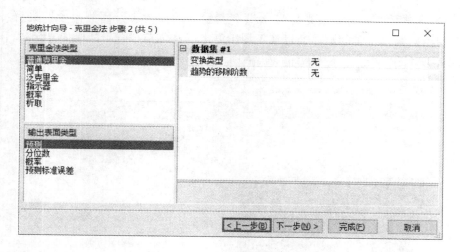

图 15-20 普通克里金法

（4）下一步，将显示半变异函数/协方差模型，这样便可检查测量点之间的空间关系。可假设距离较近的事物比距离较远的事物更相似。通过半变异函数可探索该假设。通过拟合半变异函数模型来获得数据中空间关系的过程被称为变异分析法，如图 15-21 所示。

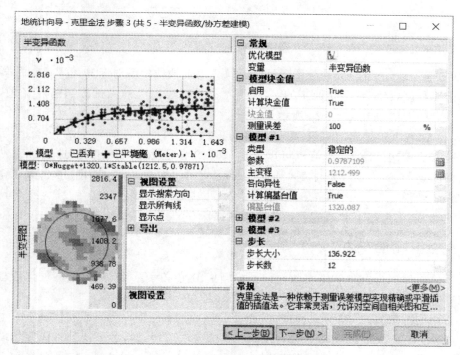

图 15-21 地统计向导半变异函数

421

(5) 单击下一步。十字光标显示没有测量值的位置。要预测出十字光标处的值,可利用已测量位置的值。通过使用周围的点以及之前拟合出的半变异函数/协方差模型,可预测出未测量位置的值,如图 15-22 所示。

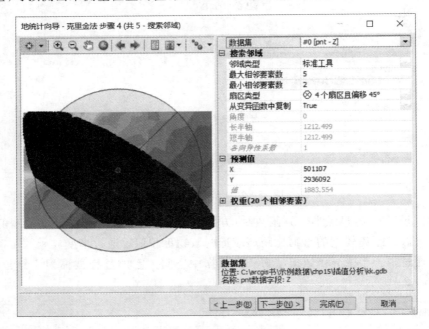

图 15-22 搜索领域

(6) 单击下一步。交叉验证图可以了解克里金插值模型对未知位置的值所做预测的准确程度,已测量值是原来的 Z,已预测值是通过周围的点预测当前点 Z 值,错误是两者的差值,如图 15-23 所示。

(7) 在右下角导出结果表,错误的绝对值大于 10 是可能有问题的(在实际工作中可能需要多次过滤,具体值也可以根据项目的情况设置),使用"筛选(Select)"工具查询小于 10 的记录,条件是"abs(Error)<10",取绝对值使用 abs() 函数,如图 15-24 所示。

注意:该结果是下面插值分析的原始数据。

15.5.2 插值分析

插值可以根据有限的样本数据点预测栅格中的像元值。它可以预测任何地理点数据(如高程、降雨、化学物质浓度和噪声等级等)的未知值。

可用的插值方法如下:

(1) 反距离权重法(Idw)工具:使用的插值方法可通过对各个待处理像元邻域中的样本数据点取平均值来估计像元值。点到要估计的像元的中心越近,则其在平均过程中的影响或权重越大。

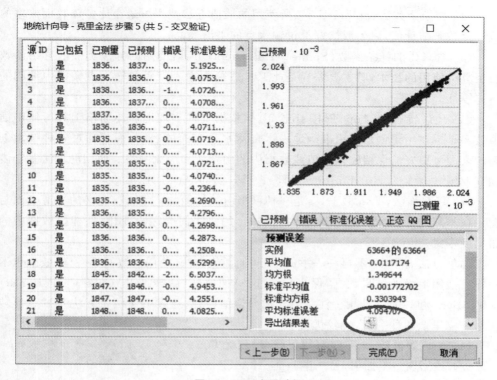

图 15-23　交叉验证

图 15-24　查询 Error 绝对值小于 10 的数据

（2）克里金法（Kriging）工具：通过一组具有 Z 值的分散点生成估计表面的高级地统计过程。与其他插值方法不同，选择用于生成输出表面的最佳估算方法之前应对由 Z 值表示的现象的空间行为进行全面研究。

（3）自然邻域法（NaturalNeighbor）工具：可找到距查询点最近的输入样本子集，并基于区域大小按比例对这些样本应用权重来进行插值。

(4) 样条函数法(Spline)工具:所使用的插值方法使用可最小化整体表面曲率的数学函数来估计值,以生成恰好经过输入点的平滑表面。

(5) 含障碍的样条函数(SplineWithBarriers)工具:使用的方法类似于样条函数法工具中使用的技术,其主要差异是此工具兼顾在输入障碍和输入点数据中编码的不连续性。

(6) 地形转栅格(TopoToRaster)工具:依据文件实现地形转栅格工具所使用插值技术是旨在用于创建可更准确地表示自然水系表面的表面,而且通过这种技术创建的表面可更好的保留输入等值线数据中的山脊线和河流网络。使用的算法基于澳大利亚国立大学的 Hutchinson 等研究人员开发的 ANUDEM。

(7) 趋势面法(Trend)工具:是一种可将由数学函数(多项式)定义的平滑表面与输入样本点进行拟合的全局多项式插值法。趋势表面会逐渐变化,并捕捉数据中的粗尺度模式。

插值方法有很多,不再一一举例,不同的插值方法,使用的数据不一样,效果也不一样。使用上面的结果数据,保存在:chp15\插值分析\kk.gdb\CrossValidationResult_Select,可以直接使用。注意要先把异常值去掉,通过下面两个方法测试地形转栅格和克里金两种插值,比较优劣。

(1) 生成等值线,人工观察等值线,比较优劣。

(2) 数据取一半插值,另一半验证。

先生成点的范围,使用"最小边界几何(MinimumBoundingGeometry)"工具,如图 15-25 所示。

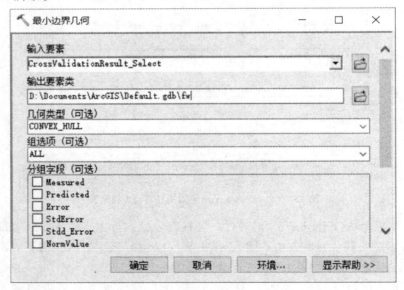

图 15-25 获得点的最小外接多边形

1. 生成等值线比较最后插值数据

（1）使用地形转栅格，操作界面如图 15-26 所示，点数据类型选 PointElevation，fw 类型选 Boundary，用来设置输出栅格范围，像元大小输入 3(m)，实际项目可以给更小的值。

图 15-26　地形转栅格生成 DEM 设置

生成等值线，等值线间距为 10m，如图 15-27 所示。

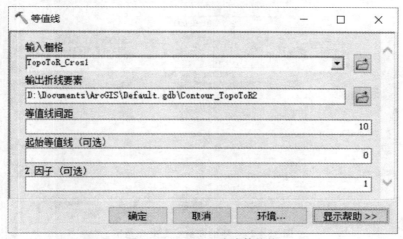

图 15-27　DEM 生成等值线

（2）使用克里金法插值。像元大小也设置成3，界面如图15-28所示。

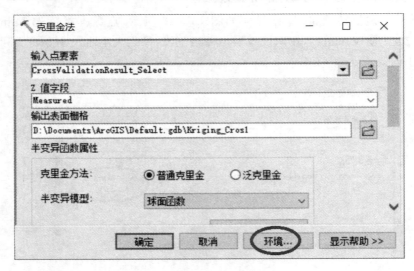

图 15-28　克里金插值

单击环境按钮，设置环境，不设置生成的栅格DEM是点外接矩形，这里需要多边形范围。处理范围选FW，给定最大的矩形范围，如图15-29所示。

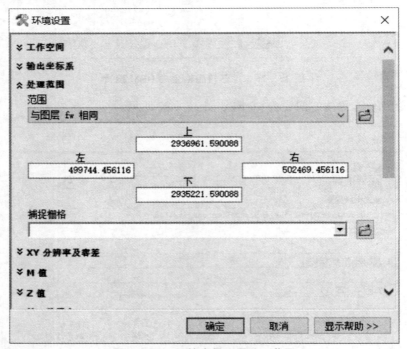

图 15-29　环境变量设置处理范围

环境设置界面如图 15-30 所示,栅格分析→掩膜中选 fw。

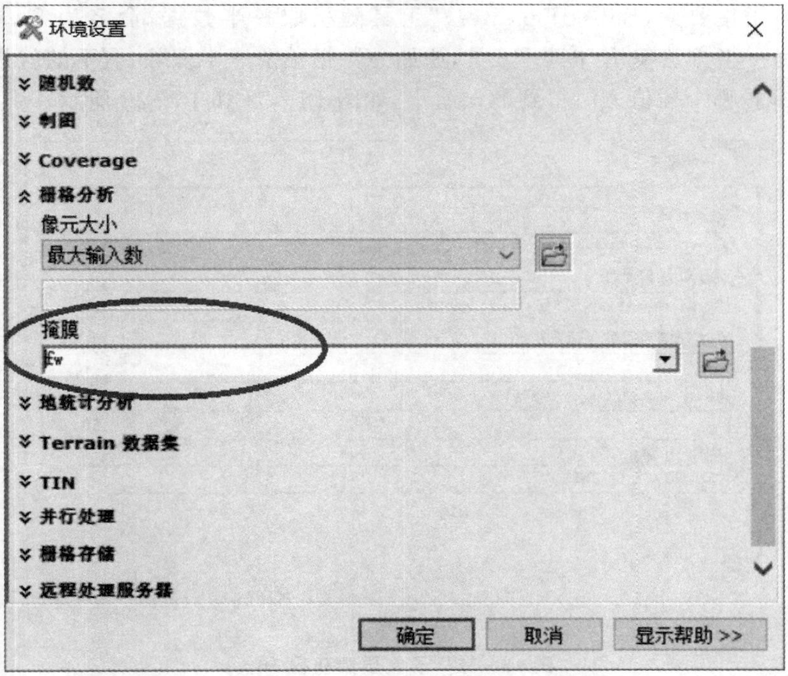

图 15-30 环境变量设置栅格掩膜

下一步,使用"等值线(Contour)"工具,等值线间距也是 10m。

如图 15-31 所示,粗线是地形转栅格,细线是克里金插值,看到地形转栅格效果会好一些。

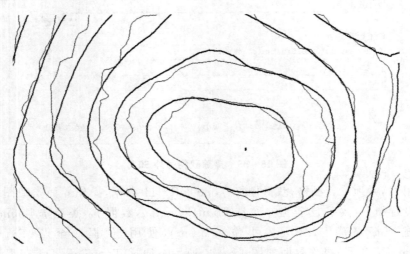

图 15-31 两种插值等值线比较

2. 取半数据验证插值方法

使用"子集要素（SubsetFeatures）"工具随机取一半数据，命名为 f1，验证另一半，得到另一半方法使用"擦除"工具，原始总数据被前一半擦除，剩下的就是另一半，命名为 f2，看哪个插值方法得到的误差小，如图 15－32 和 15－33 所示。

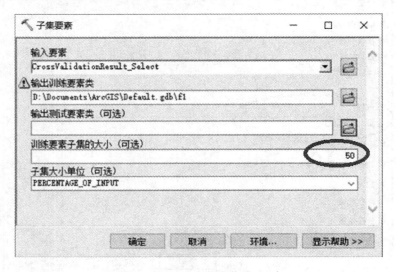

图 15－32　子集要素获得 50%

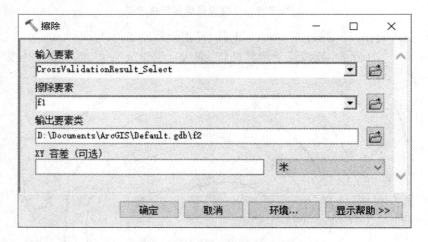

图 15－33　擦除获得另外 50%

使用 f1，做地形转栅格，获得栅格 TopoToR_f11 数据，操作界面类似图 15－26 所示。设置如下：数据 f1 类型一个选 PointElevation，数据 fw 类型选 Boundary，用来设置输出栅格范围，像元大小输入 3（m），使用"值提取至点（ExtractValuesToPoints）"工具，操作界面如图 15－34 所示。通过 TopoToR_f11 获得 f2 的高程,增加字段 d1,计算和原始高程的差值。

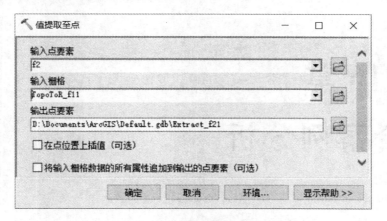

图 15-34　通过 DEM 获得点高程值

使用 f1,做克里金法插值,设置环境,获得栅格 Kriging_f11 数据,操作方法和上述基本一致,像元大小输入 3,使用"值提取至点(ExtractValuesToPoints)"工具,同过 Kriging_f11 获得 f2 的高程,增加字段 d2,计算和原始的高程差。d1 和 d2 统计结果如图 15-35 所示,d2 的标准差大一些,其他两种差不多。

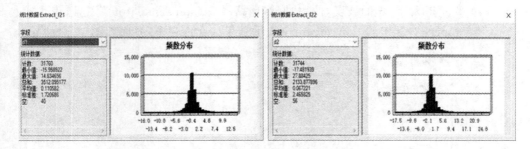

图 15-35　两个插值比较

第 16 章
综合案例分析

16.1 计算坡度大于 25°的耕地面积

测试数据：\chp16\计算坡度.mxd,可以看到有两个数据,一个是坡度图 Slope,一个 DLTB 矢量数据,操作步骤如下：

(1) 要获得大于 25°的坡度,使用"栅格计算器(RasterCalculator)"工具,表达式：Con("%Slope%" > 25,1),in_memory 表示结果放在内存中,界面如图 16-1 所示。

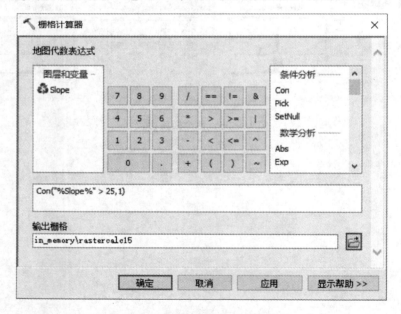

图 16-1 栅格计算器的计算坡度大于 25°

(2) 栅格数据直接计算面积不太方便,用栅格转面数据计算面积,使用"栅格转面(RasterToPolygon)"工具,不勾选"简化面",如图 16-2 所示。

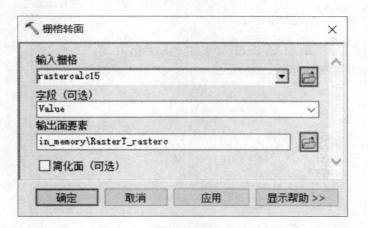

图 16-2 栅格转面

(3) 使用筛选工具获得耕地,表达式:DLBM LIKE '01%',如图 16-3 所示。

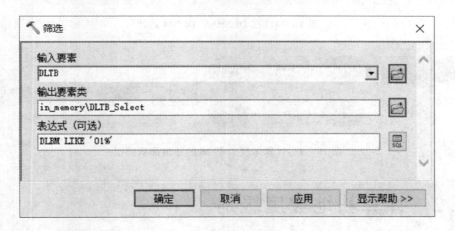

图 16-3 查询耕地

(4) 获得两个图层的共同部分,使用相交工具。
(5) 最后按 DLBM 和 DLMC 汇总在一起,使用融合工具,如图 16-4 所示。
操作步骤看下面的模型:chp16\获得坡度大于 25 的耕地\工具箱.tbx\模型,中间变量建议放在内存中,方法:in_memory\内存中名字。

图 16-4 按 DLMC 和 DLBM 统计

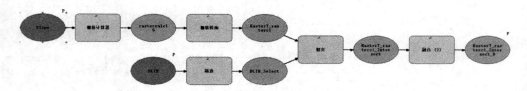

图 16-5 计算坡度大于 25 的耕地面积模型

16.2 计算耕地坡度级别

测试数据：\chp16\计算坡度.mxd。

将坡度分级分成 5 级，如表 16-1 所列。

表 16-1 坡度级别表

代 码	坡度级别	代 码	坡度级别
1	≤2°	4	(15°～25°]
2	(2°～6°]	5	>25°
3	(6°～15°]		

（1）使用栅格"重分类（Reclassify）"工具，对坡度图分级，如图 16-6 所示。

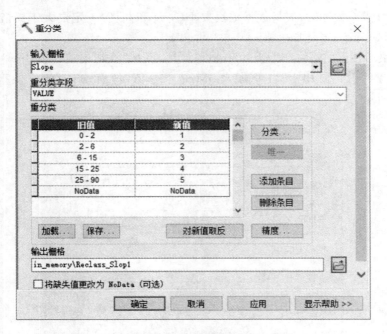

图 16-6 坡度重分类

（2）耕地图斑涉及两个以上坡度级时，取面积最大的坡度级为该耕地图斑的坡度级，使用"以表格显示分区统计（ZonalStatisticsAsTable）"工具，统计方法选 MAJORITY，确定值栅格中与输出像元同属一个区域的所有像元中最常出现的值，就是面积最大时，如图 16-7 所示。注意：使用这个工具，有些数据无法计算，因为使用栅

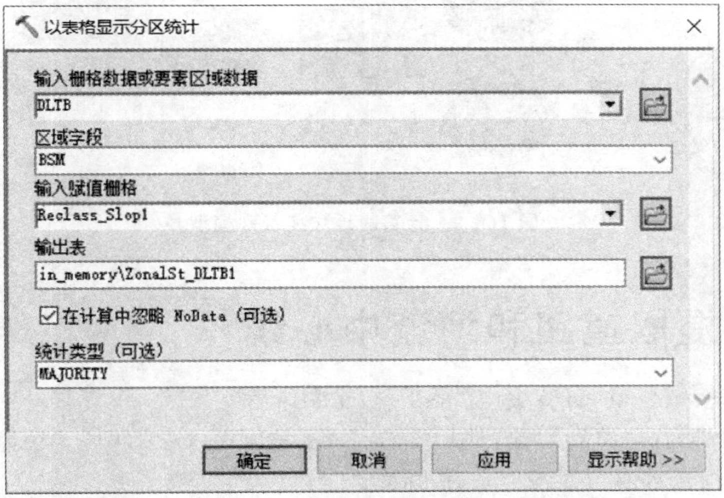

图 16-7 以表格显示分区统计计算 DLTB 坡度级

格数据的分辨率太大时,矢量数据地块大小(宽度和高度)一定要大于栅格数据的分辨率。区域字段一定是唯一值。

(3) 最后使用"连接字段(JoinField)"工具,不是"添加连接(AddJoin)",因为后者需要先建索引。使用 BSM 字段,BSM 是唯一值:所有 BSM 值不能有重复,如图 16-8 所示。

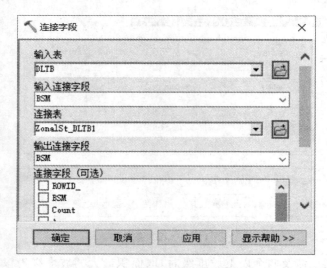

图 16-8 连接原始 DLTB 获得坡度级别

模型在:chp16\工具箱.tbx\计算耕地坡度级别,模型如图 16-9 所示。

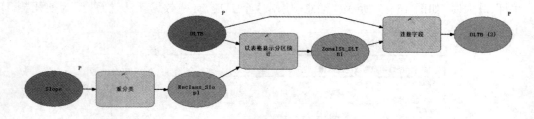

图 16-9 计算耕地坡度级别模型

16.3 提取道路和河流中心线

测试数据:\chp16\计算坡度.mxd 中 DLTB。

(1) 先找面状道路和河流,使用筛选工具,表达式:DLMC = '公路用地' OR DLMC = '河流水面',如图 16-10 所示。

(2) 使用融合工具,融合字段 DLMC:DLMC,如图 16-11 所示。

(3) 使用"要素转线(FeatureToLine)"工具,如图 16-12 所示。

第 16 章　综合案例分析

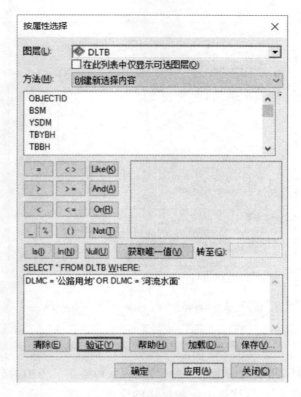

图 16-10　查询公路和河流

图 16-11　公路合并和河流合并在一起

435

图 16－12　面状公路、河流转成线

（4）手动在道路和河流的末端开个口，使用编辑器工具条中的分割工具，每一条记录都需要在末端开口，这是下一步操作的要点。

（5）使用"提取中心线（CollapseDualLinesToCenterline）"工具，给一个最大的宽度，满足条件的最小值，如图 16－13 所示。

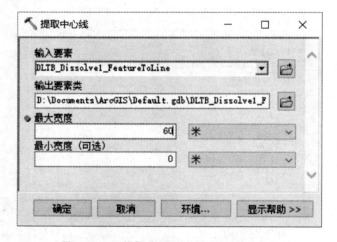

图 16－13　提取末端开口的双线的中心线

16.4 占地分析

测试数据:\chp16\占地分析.mxd,FW 是项目范围,DLTB 是土地利用现状。

(1) 使用相交工具:可以把两个表字段都加在一起,项目跨地块,图形自动分割,属性字段的两个表都加过来,如图 16-14 所示。

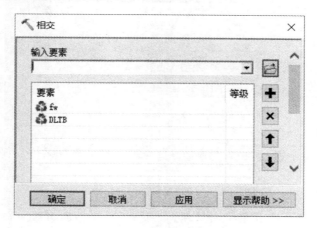

图 16-14 项目范围和土地利用现状相交

(2) 使用融合工具,融合字段,选"项目名称"和"DLMC",如图 16-15 所示。

图 16-15 按 DLMC 和项目名称统计

(3) 表转 Excel(TableToExcel)：把汇总的结果转到 Excel 中，如图 16 - 16 所示。

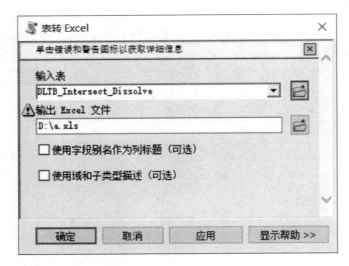

图 16 - 16　统计结果转 Excel 的 XLS 文件

模型在：chp16\工具箱.tbx\计算耕地坡度级别，模型如图 16 - 17 所示。

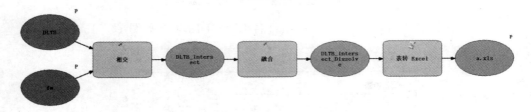

图 16 - 17　占地分析模型

16.5　获得每个省的经纬度范围

测试数据：china\省级行政区.shp，获得一个省的最大和最小经纬度，数据是投影坐标。

(1) 先转地理坐标系，使用投影工具，如图 16 - 18 所示。

(2) 获得外接包络矩形，使用"最小边界几何(MinimumBoundingGeometry)"工具几何类型选 ENVELOPE，操作界面如图 16 - 19 所示。

(3) 获得点，使用"要素折点转点(FeatureVerticesToPoints)"工具，选择点类型为 ALL，如果直接生成原始数据，点太多，速度太慢；包络矩形点会少很多，速度快，如图 16 - 20 所示。

第 16 章 综合案例分析

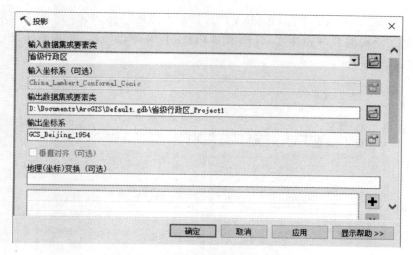

图 16-18 投影坐标系转换为地理坐标

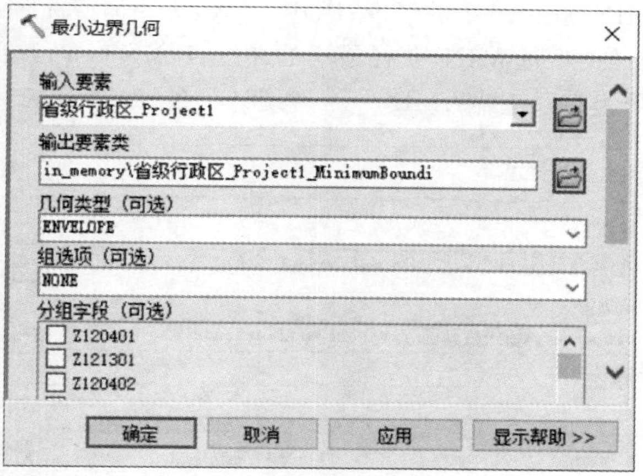

图 16-19 获得包络矩形

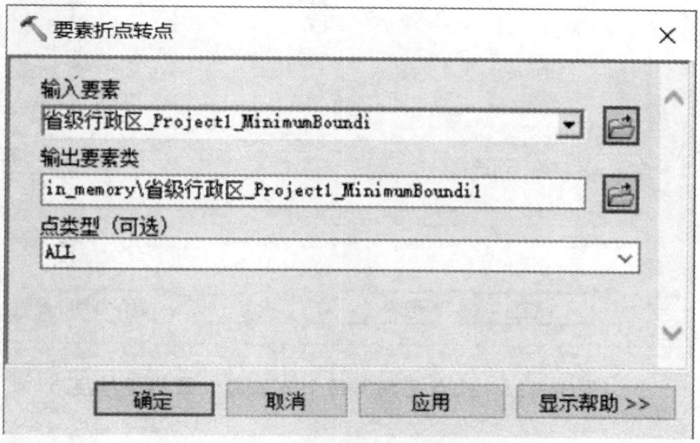

图 16-20 获得包络矩形所有点

(4)使用"添加 XY 坐标(AddXY)"工具获得点的坐标,如图 16-21 所示。如果地理坐标系获得的经纬和纬度,自动增加 POINT_X 字段,对应的是经度;POINT_Y 字段,对应的是纬度。

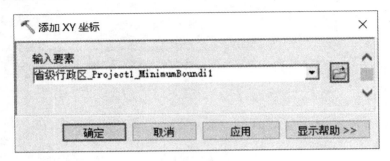

图 16-21　获得的点坐标

(5)使用"汇总统计数据(Statistics)"工具,获得经纬度范围。统计字段 POINT_X,统计类型选 MIN,获得最小的经度;POINT_X,统计类型选 MAX,获得最大的经度;POINT_Y,统计类型选 MIN,获得最小的纬度;POINT_Y,统计类型选 MAX,获得最大的纬度。分组字段选 NAME,一个省统计一条,如图 16-22 所示。

图 16-22　从点层获得每个省的最大最小经纬度

(6) 使用"连接字段(JoinField)"工具,连接到最早的省级行政区,如图 16-23 所示。

图 16-23 连接到最早省级行政区

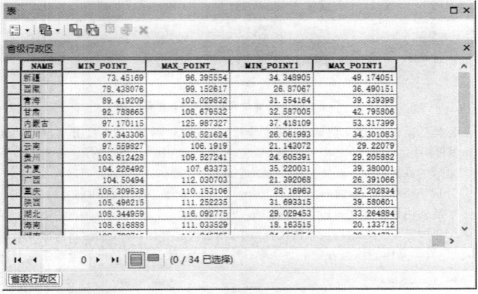

图 16-24 查看结果

(7) 由于 SHP 字段最长是 10 个英文，查看结果如图 16－24 所示，分别是最小的经度、最大的经度、最小的纬度和最大的纬度。

模型在：chp16\工具箱. tbx\获得省的经纬度范围，如图 16－25 所示。

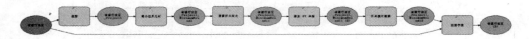

图 16－25　获得每个省的经纬度范围模型

16.6　填挖方计算

测试数据：chp16\填挖方计算\原始高程数据. txt 和之后高程数据. txt，打开原始高程数据. txt，数据如图 16－26 所示。

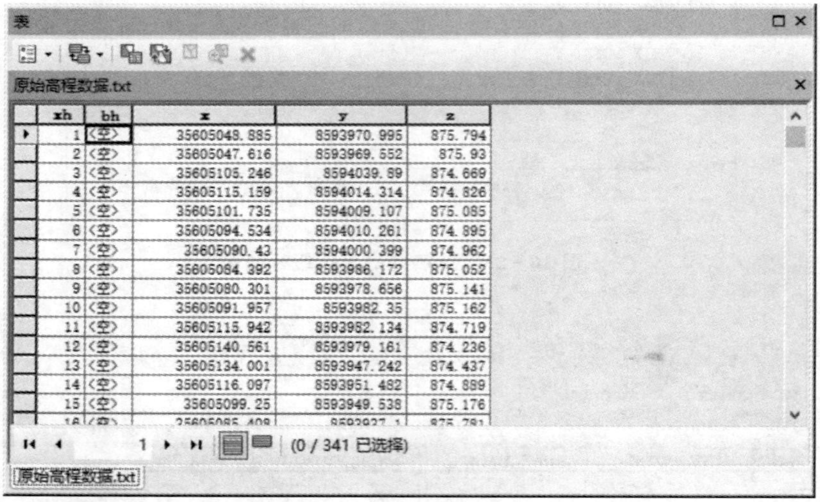

xh	bh	x	y	z
1	<空>	35605048.885	8593970.995	875.794
2	<空>	35605047.616	8593969.552	875.93
3	<空>	35605105.246	8594039.89	874.669
4	<空>	35605115.159	8594014.314	874.826
5	<空>	35605101.735	8594009.107	875.085
6	<空>	35605094.534	8594010.261	874.895
7	<空>	35605090.43	8594000.399	874.962
8	<空>	35605084.392	8593986.172	875.052
9	<空>	35605080.301	8593978.656	875.141
10	<空>	35605091.957	8593982.35	875.162
11	<空>	35605115.942	8593982.134	874.719
12	<空>	35605140.561	8593979.161	874.236
13	<空>	35605134.001	8593947.242	874.437
14	<空>	35605116.097	8593951.482	874.889
15	<空>	35605099.25	8593949.538	875.176

图 16－26　原始文本文件内容查看

X 坐标是 8 位，前 2 位是 35，根据坐标系知识，35 带号，是 3 度分度，使用“创建 XY 事件图层(MakeXYEventLayer)”工具生成点，如图 16－27 所示。

之后的高程数据. txt 按一样的方式生成点。

分别使用“地形转栅格(TopoToRaster)”工具生成 DEM，如图 16－28 所示。

最后使用填挖方(CutFill)，如图 16－29 所示。

结果如图 16－30 所示，深色代表要填，浅色代表要挖，打开上面的输出结果属性表，可以看到具体的填挖方数字。注意：填挖方计算数据必须是投影坐标系数据。

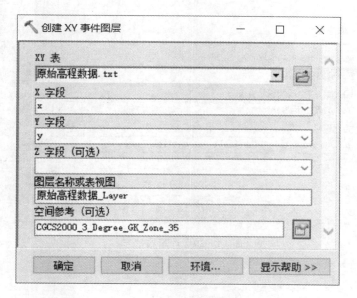

图 16－27　文本文件生成点

图 16－28　点生成 DEM

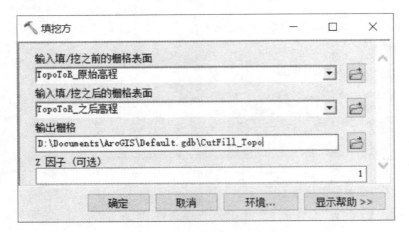

图 16-29 计算填挖方

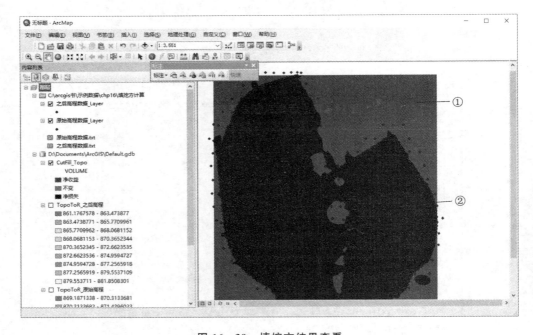

图 16-30 填挖方结果查看

16.7 计算省份的海拔

测试数据：chp16\一些省的 dem\省.mxd，可以看到一个是省份，一个是 DEM。根据 13.3.3 小节，可以用添加表面信息（AddSurfaceInformation）工具，操作后若提示错误，原因有两个：①两个数据坐标系不一致，当然可以转换成一致的，把栅格

DEM 使用投影栅格工具,转换和省.shp 一致的坐标系,转换后操作不失败,但操作时间太久;②添加表面信息工具适合 Tin、Terrain,如果栅格很大,速度太慢。

采用"以表格显示分区统计(ZonalStatisticsAsTable)"工具,操作如图 16-31 所示。

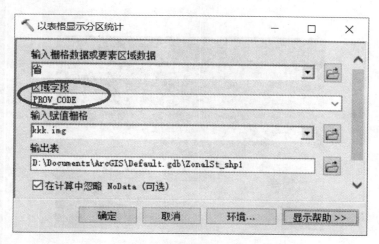

图 16-31 计算省海拔最大最小生成表格

区域字段是唯一值字段,这里选 PROV_CODE 字段,测试发现这个字段值不能是汉字,如选 Name,操作结果错误(湖北省会变成湖北,少一个字,下面无法连接),这个 ArcGIS 的 Bug,在 ArcGIS 各个版本都存在,如图 16-32 所示。

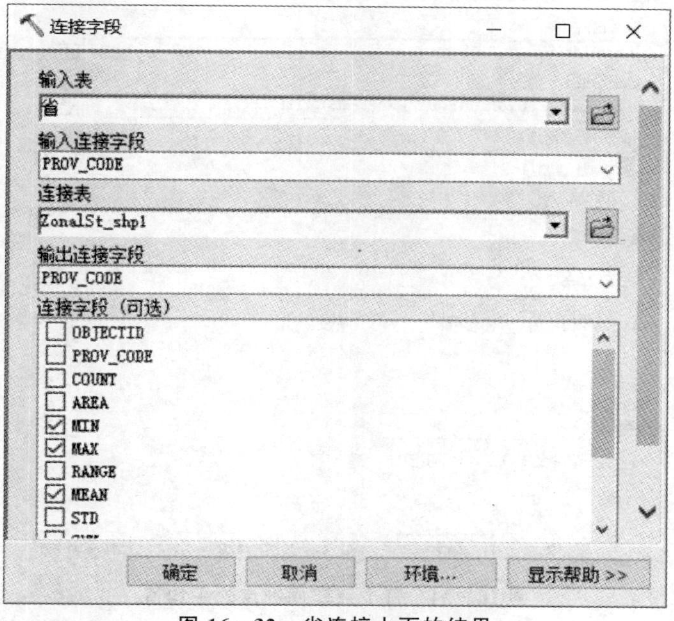

图 16-32 省连接上面的结果

16.8 异常 DEM 处理

测试数据:chp16\异常 dem\demnull.tif,看数据有很多空值,填上合理值即可,如图 16-33 所示。

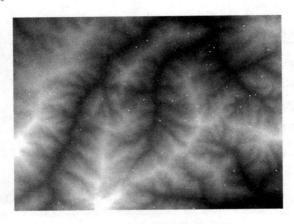

图 16-33 原始有多空值的 DEM

每一个取周围点的平均值,空值也取周围点平均值,使用"焦点统计(FocalStatistics)"工具,如图 16-34 所示。

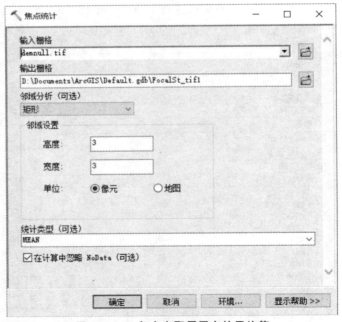

图 16-34 每个点取周围点的平均值

使用栅格计算器表达式：Con(IsNull("demnull.tif")、"FocalSt_tif1"和"demnull.tif")，空值取焦点统计结果，不是取原来的值，如图16-35所法。

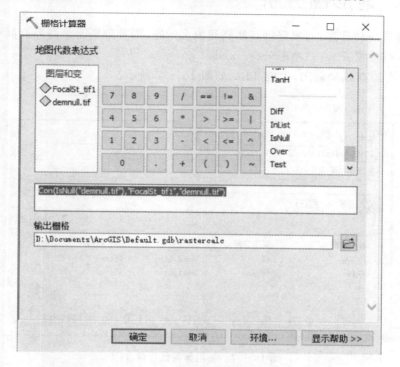

图16-35 使用栅格计算器把空替换成焦点统计的结果

结果如图16-36所示。

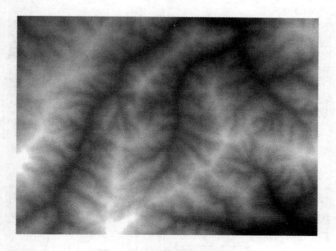

图16-36 最后栅格数据

16.9 地形图分析

有等高线和等高点,假定等高线高程没有问题,需要判断哪个等高点高程可能有问题。测试数据:chp16\地形分析.mxd。

(1) 有等高线和范围,生成 TIN,如图 16-37 所示。

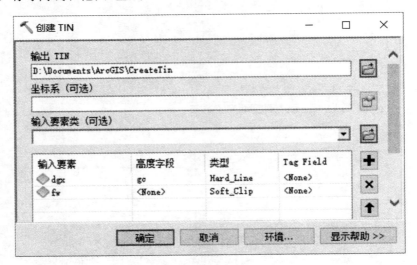

图 16-37 使用等高线生成 TIN

(2) 根据 TIN,填写高程点(gcd)的高程,如图 16-38 所示。

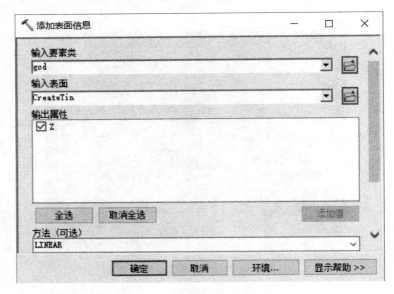

图 16-38 通过 TIN 获得等高点高程

（3）高程点（gcd）增加字段 d。
（4）使用计算字段，计算差值，如图 16-39 所示。

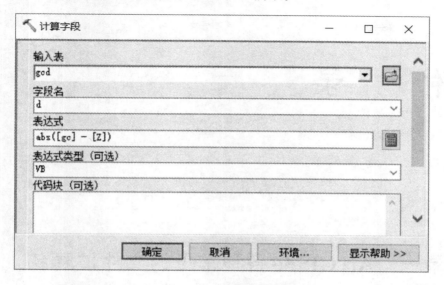

图 16-39　计算绝对值

最早等高线（dgx）的等高距是 1m，d 大于 1 时，可能等高点高程有问题。如图 16-40 所示，线上的标注是等高线高程，等高点高程是线上加粗的数字，在 2538 和 2539 两条等高线之间，而等高点是 2540.48，差值是 1.7，所以是错误的。

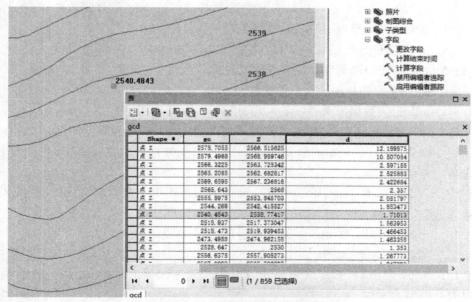

图 16-40　查看属性表分析数据

附　　录

附录一　ArcGIS 中各种常见的文件扩展名

1. .shp Shapefile 文件扩名,目前这种格式 ArcGIS 不建议使用。

2. .mxd ArcMap 文档文件:存储一个文档有几个数据框,每个数据框有哪个几个图层,每个图层的样式、标注,存在版本问题,一定要保存为相对路径。

3. .lyr ArcMap 中一个图层样式文件,存储和设置图层的一些相关属性,比如在 ArcMap 中的的 Layer Properties 里设置的东西都可以存储在图层文件中,像符号化、标注、显示比例尺范围、超链接、表格关联等。有版本问题。

4. .mxt ArcGIS 制图模板文件,其中 Normal.mxt 是 ArcMap 配置文件,删除后 ArcMap 界面可以还原初始化安装时的界面。

5. .prj 用于存储坐标系信息的文件。

6. .mdb 个人数据库文件,Access 可以打开,有版本问题,9.3 和 10.0 不兼容。

7. .gdb 文件地理数据库,文件夹的扩展名,和 mdb 一样有版本问题。

8. .sqlite 是一款轻型的数据库,Android 原生数据库文件,Android 手机等移动设备经常使用。

9. .Geodatabase ArcGIS 手机移动设备访问本地离线数据库文件,矢量格式可以编辑。

10. .tbx ArcGIS 工具箱文件,有版本问题,各个版本不兼容。

11. .tpk ArcMap 地图切片包文件。

12. .mpk 地图包,把数据和 mxd 文档打包一个压缩文件,ArcGIS10.0 以后都可以打开。

13. .gpk 地理处理包,把运行工具或模型和使用数据打包一个压缩文件,可以通过解包后使用。

14．．img 遥感影像的文件格式，也是 ERDAS 软件和 ENVI 软件常用格式。

15．．py ArcGIS Python 源码文件。

16．．xyz XYZ 文件会以浮点值形式存储 x、y 和 z 坐标，是激光点云数据，文件中的每一行表示一个不同的点记录。可以使用"3D ASCII 文件转要素类"生成 ArcGIS 数据。

17．．las LAS 文件采用行业标准二进制格式，用于存储机载激光雷达数据。

18．．sxd ArcSence 文档文件，需要保存为相对路径，有版本问题。

19．．3dd ArcGlobe 文档文件，需要保存为相对路径，有版本问题。

20．．sde ArcSDE 连接文件名称的扩展名

21．．tlb．Net 开发 ArcGIS 插件，可以通过自定义菜单→自定义模式→有文件添加，有版本问题。

22．．esriaddin 是 ArcGIS addin 开发 ArcGIS 插件的扩展名。

23．．rul ArcGIS 的拓扑规则文件，在拓扑中加载规则文件，相同的要素类名可以直接使用。

24．．exp 查询的 sql，查询时保存，下次加载可以直接使用。

25．．lxp 标注的表达式，标注时保存下来，下次可以加载也可以直接使用。

26．．gtf 不同坐标系的转换参数文件。

附录二　ArcGIS 工具箱工具使用列表

序号	工具中文名称	工具英文名称	所属工具大类
1	更改字段	AlterField	数据管理（Data Management）
2	添加字段	AddField	
3	删除字段	DeleteField	
4	数据库碎片整理	Compact	
5	恢复文件地理数据库	RecoverFileGDB	
6	创建个人地理数据库	CreatePersonalGDB	
7	创建文件数据库	CreateFileGDB	
8	投影	Project	
9	投影栅格	ProjectRaster	
10	计算字段	CalculateField	
11	添加几何属性	AddGeometryAttributes	
12	镶嵌至新栅格	MosaicToNewRaster	

续表

序号	工具中文名称	工具英文名称	所属工具大类
13	分割栅格	SplitRaster	
14	导出拓扑错误	ExportTopologyErrors	
15	删除相同的	DeleteIdentical	
16	要素转点	FeatureToPoint	
17	要素转面	FeatureToPolygon	
18	多部件至单部件	MultipartToSinglepart	
19	排序	Sort	
20	创建地图切片包	CreateMapTilePackage	
21	点集转线	PointsToLine	
22	添加 XY 坐标	AddXY	
23	要素折点转点	FeatureVerticesToPoints	
24	面转线	PolygonToLine	
25	要素转线	FeatureToLine	
26	在折点处分割线	SplitLine	
27	在点处分割线	SplitLineAtPoint	数据管理（Data Management）
28	修复几何	RepairGeometry	
29	按属性选择图层	SelectLayerByAttribute	
30	按位置选择图层	SelectLayerByLocation	
31	创建随机点	CreateRandomPoints	
32	融合	Dissolve	
33	消除	Eliminate	
34	创建 LAS 数据集	CreateLasDataset	
35	波段合成	CompositeBands	
36	重采样	Resample	
37	复制栅格	CopyRaster	
38	创建镶嵌数据集	CreateMosaicDataset	
39	添加栅格至镶嵌数据集	AddRastersToMosaicDataset	
40	平衡镶嵌数据集色彩	ColorBalanceMosaicDataset	
41	构建概视图	BuildOverviews	
42	最小边界几何	MinimumBoundingGeometry	
43	创建 XY 事件图层	MakeXYEventLayer	

续表

序号	工具中文名称	工具英文名称	所属工具大类
44	要素类至地理数据库(批量)	FeatureClassToGeodatabase	转换(Conversion)
45	Excel 转表	ExcelToTable	
46	3D ASCII 文件转要素类	ASCII3DToFeatureClass	
47	要素类 Z 转 ASCII	FeatureClassZToASCII	
48	CAD 至地理数据库	CADToGeodatabase	
49	导出为 CAD	ExportCAD	
50	表转 Excel	TableToExcel	
51	栅格转面	RasterToPolygon	
52	联合	Union	分析(Analysis)
53	擦除	Erase	
54	按属性分割	SplitByAttributes	
55	筛选	Select	
56	表选择	TableSelect	
57	空间连接	SpatialJoin	
58	裁剪	Clip	
59	按属性分割	SplitByAttributes	
60	分割	Split	
61	合并	Merge	
62	追加	Append	
63	频数	Frequency	
64	汇总统计数据	Statistics	
65	缓冲区	buffer	
66	图形缓冲	GraphicBuffer	
67	相交	Intersect	
68	标识	Identity	
69	更新	Update	
70	连接字段	JoinField	
71	捕捉	SNAP	编辑(Editing)
72	等值线注记	ContourAnnotation	制图(Cartography)
73	提取中心线	CollapseDualLinesToCenterline	

续表

序号	工具中文名称	工具英文名称	所属工具大类
74	按掩膜提取	ExtractByMask	空间分析（Spatial Analyst）
75	重分类	Reclassify	
76	栅格计算器	RasterCalculator	
77	克里金法	Kriging	
78	值提取至点	ExtractValuesToPoints	
79	以表格显示分区统计	ZonalStatisticsAsTable	
80	焦点统计	FocalStatistics	
81	3D缓冲区	Buffer3D	三维（3D Analyst）
82	创建TIN	CreateTin	
83	编辑TIN	EditTin	
84	TIN线	TinLine	
85	TIN结点	TinNode	
86	地形转栅格	TopoToRaster	
87	表面等值线	SurfaceContour	
88	等值线	Contour	
89	坡度	Slope	
90	坡向	Aspect	
91	添加表面信息	AddSurfaceInformation	
92	插值Shape	InterpolateShape	
93	表面体积	SurfaceVolume	
94	面体积	PolygonVolume	
95	填挖方	CutFill	
96	3D图层转要素类	Layer3DToFeatureClass	
97	子集要素	SubsetFeatures	地统计（Geostatistical）

附录三 ArcGIS中一些基本的概念

1. 要素类：具体的点、线、面和注记数据，也是通常说的矢量数据。

2. 元素：注记的文本，布局的数据框、插入的图片、插入的图例、绘图工具条中画的点、线、面等。

3. 表：就是数据库属性表，是标准二维表格，列是字段，行是记录。

4. 图层：地理数据（矢量、栅格、TIN、拓扑）在ArcMap、ArcGlobe和 ArcScene

中的具体显示表现。

5. 数据精度:由比例尺决定,是以肉眼观察最小距离,0.1mm,乘以对应比例尺,如1∶1万,0.1mm*10000=1m,其他比例尺依次类推,1∶2000,就是0.2m,1∶500就是0.05m,5个cm,我们实际项目要求可能比这个还要高一点。

6. 像元:栅格数据中最小的信息单位。每个像元都代表地球上对应单位区域位置上的某一测量值,也称像素。

7. 影像数据:一个离散的阵列代表一幅连续的图像,最小单位为像元,一个像元的高度和宽度就是分辨率,一个像元有几个值,就有几个波段。影像数据可以存文件如TIF,IMG等,也可以放在数据库中,在ArcGIS中所有影像也称栅格数据,一个栅格数据也叫栅格数据集。

8. 工作空间:英文是Workspace,对于SHP和TIF影像,它所在的文件夹就是它的工作空间,不含子文件夹;数据库的数据,地理数据库就是它的工作空间。工具箱工具参数是工作空间,可以选文件夹,也可以选地理数据库(可以文件数据库GDB或个人数据库MDB)。

9. 数据集:英文是Dataset,是所有数据的统一称呼,可以是要素类,也是要素数据集,也可以栅格数据。

10. 镶嵌数据集:存在地理数据中,可用于管理、显示、提供和分发栅格数据。

11. SQL:结构化查询语言(Structured Query Language)的简称,是一种数据库查询语言,分数据操作语言(DML)和数据定义语言(DDL)。DML包括SELECT,UPDATE,DELETE,INSERT INTO。DDL包括创建、修改、删除所有的数据库、表和索引的操作。

12. 制图综合:由大比例尺地图缩编(修改)成比他的小比例尺地图的过程。

13. 默认数据库:ArcGIS工具箱所有输出默认放在数据库,每个地图文档都有一个默认地理数据库。右击一个文件地理库在其右键菜单中可以设置默认数据库。

14. 默认工作目录:存储地图文档的文件夹位置,在ArcCatalog最上面,添加数据,查看数据很方便。保存地图文档,打开文档时,文档所有位置就是默认工作目录。

15. 锚点:默认是图形的几何中心,可以使用旋转按钮改变锚点,他是图形旋转基点,使用S(Second)快捷键,可以增加第二锚点。

16. XY容差:是坐标之间的最小距离,小于该距离的坐标将捕捉到一起。

17. 拓扑容差:是坐标之间的最小距离,大于拓扑容差检查错误,小于等于拓扑容差检查错误。

18. 参考比例尺:一般都是地图打印比例尺和数据建库的比例尺。

19. LAS数据集:存储对磁盘上一个或多个LAS文件以及其他表面要素的引用。LAS文件采用行业标准二进制格式,用于存储机载激光雷达点云数据。

附录四 视频内容和时长列表

本书共有 160 视频,都是 MP4 格式,电脑和手机都可以看,最长不到 15min,最短 1min,总长 850min。

序号	视频名称	时长
1	1.1 ArcGIS10.5.1 Desktop 的安装.MP4	8min 13s
2	1.2.1 ArcGIS Desktop 产品级别.MP4	2min 1s
3	1.2.1 软件体系.MP4	4min 36s
4	1.2.2 ArcGIS Desktop 产品级别.MP4	3min 0s
5	1.2.3 中英文切换.MP4	1min 35s
6	1.2.4 各个模块的分工.MP4	2min 15s
7	1.2.5 扩展模块.MP4	1min 3s
8	1.3.1 学习方法.MP4	1min 43s
9	1.3.2 主要操作方法.MP4	1min 23s
10	1.3.3 界面定制.MP4	7min 56s
11	2.1.1 界面的基本介绍.MP4	2min 30s
12	2.1.2 数据加载.MP4	3min 53s
13	2.1.3 内容列表的操作.MP4	4min 16s
14	2.1.4 数据表的操作.MP4	6min 7s
15	2.2 ArcCatalog 简单操作.MP4	4min 22s
16	2.3.1 Toolbox 界面的基本介绍.MP4	2min 45s
17	2.3.2 查找工具.MP4	3min 29s
18	2.3.3 工具学习.MP4	3min 31s
19	2.3.4 工具运行和错误解决方法.MP4	1min 59s
20	2.3.5 工具设置前台运行.MP4	1min 13s
21	2.3.6 运行结果的查看.MP4	0min 43s
22	2.4 ArcGIS 矢量数据和存储.MP4	6min 2s
23	2.5 数据建库.MP4	7min 49s
24	2.5.5 修改字段高级方法.MP4	2min 13s
25	2.6.1 数据库的维护.MP4	4min 21s
26	2.6.2 版本的升降级.MP4	2min 51s
27	3.1 基准面和坐标系的分类.MP4	6min 53s
28	3.2 高斯-克吕格投影.MP4	14min 4s

续表

序号	视频名称	时长
29	3.3 ArcGIS 坐标系.MP4	5min 17s
30	3.4 定义坐标系.MP4	8min 54s
31	3.5 动态投影.MP4	6min 51s
32	3.6 相同椭球体坐标变换.MP4	8min 14s
33	3.7.1 不同基准面坐标系的参数法转换.MP4	7min 32s
34	3.7.2 不同基准面坐标系的同名点转换.MP4	9min 30s
35	3.8 坐标系定义错误几种表现.MP4	4min 28s
36	3.9 坐标系总结.MP4	2min 43s
37	4.1.2 捕捉的使用.MP4	2min 33s
38	4.1.3 画点、线、面.MP4	3min 36s
39	4.1.4 编辑器中工具使用.MP4	3min 43s
40	4.1.5 注记要素编辑和修改.MP4	3min 48s
41	4.2 属性编辑.MP4	10min 48s
42	4.3 模板编辑.MP4	3min 4s
43	4.4.1 打断相交线.MP4	4min 33s
44	4.4.3 其他高级编辑.MP4	10min 47s
45	4.5 共享编辑.MP4	4min 45s
46	5.1 影像配准.MP4	9min 7s
47	5.2 影像镶嵌.MP4	3min 24s
48	5.3.1 分割栅格.MP4	6min 48s
49	5.3.2 按掩膜提取.MP4	4min 26s
50	5.3.3 影像批量裁剪.MP4	4min 8s
51	5.4 矢量化.MP4	5min 56s
52	6.2.1 建拓扑.MP4	4min 21s
53	6.2.2 SHP 文件拓扑检查.MP4	6min 5s
54	6.3.1 点、线、面完全重合.MP4	2min 9s
55	6.3.2 线层部分重叠.MP4	1min 21s
56	6.3.3 面层部分重叠.MP4	1min 31s
57	6.3.4 点不是线的端点.MP4	3min 37s
58	6.3.5 面线不重合.MP4	3min 57s
59	7.1.1 一般专题.MP4	13min 35s
60	7.1.2 符号匹配专题.MP4	4min 23s

续表

序号	视频名称	时长
61	7.1.3 两个图层覆盖专题设置.MP4	2min 46s
62	7.1.4 行政区边界线色带制作.MP4	3min 18s
63	7.2 点符号的制作.MP4	5min 0s
64	7.3.2 面符号制作.MP4	7min 26s
65	7.4.1 保存文档.MP4	4min 58s
66	7.4.2 文档 MXD 默认相对路径设置.MP4	2min 46s
67	7.4.3 地图打包.MP4	3min 5s
68	7.4.4 地图切片.MP4	9min 0s
69	7.4.5 MXD 文档维护.MP4	3min 30s
70	7.5.1 标注和转注记.MP4	10min 31s
71	7.5.2 一个图层所有对象都标注.MP4	2min 2s
72	7.5.3 取字段右边 5 位.MP4	4min 5s
73	7.5.4 标注面积为亩,保留一位小数.MP4	4min 21s
74	7.5.5 标注压盖处理.MP4	1min 42s
75	7.6 分式标注.MP4	9min 43s
76	7.7 等高线标注.MP4	8min 50s
77	7.8 Maplex 标注.MP4	5min 26s
78	8.1 布局编辑.MP4	8min 23s
79	8.2 局部打印.MP4	4min 1s
80	8.3 批量打印.MP4	4min 51s
81	8.4 标准分幅打印.MP4	7min 27s
82	8.5 一张图多比例打印.MP4	3min 7s
83	9.1.1 DAT 文件生成点图形.MP4	3min 0s
84	9.1.2 Excel 文件生成面.MP4	4min 50s
85	9.1.3 点云数据操作.MP4	6min 22s
86	9.2.1 高斯正算.MP4	4min 26s
87	9.2.2 高斯反算.MP4	2min 38s
88	9.2.3 验证 ArcGIS 高斯计算精度.MP4	3min 59s
89	9.3.1 面、线转点.MP4	6min 51s
90	9.3.2 面转线.MP4	7min 47s
91	9.3.3 点分割线.MP4	2min 47s
92	9.4 MapGIS 转换成 ArcGIS.MP4	4min 12s
93	9.5.1 CAD 转 ArcGIS.MP4	9min 45s

续表

序号	视频名称	时长
94	9.5.2 ArcGIS 转 CAD.MP4	5min 21s
95	10.1.1 面(线)节点坐标转 Excel 模型.MP4	9min 12s
96	10.1.2 模型发布和共享.MP4	4min 38s
97	10.1.3 行内模型变量使用.MP4	4min 38s
98	10.1.4 前提条件设置.MP4	5min 35s
99	10.2.1 For 循环.MP4	6min 49s
100	10.2.2 迭代要素选择.MP4	5min 40s
101	10.2.3 影像批量裁剪模型.MP4	5min 10s
102	10.2.4 迭代数据集.MP4	6min 32s
103	10.2.5 迭代要素类.MP4	2min 24s
104	10.2.6 迭代栅格数据.MP4	1min 26s
105	10.2.7 迭代工作空间.MP4	5min 49s
106	10.3 模型中仅模型工具介绍.MP4	6min 4s
107	10.4.2 ArcGIS Python 第一个小程序.MP4	7min 26s
108	10.4.3 ArcGIS Python 其他例子.MP4	8min 59s
109	10.4.4 Python 中批量裁剪和合并.MP4	4min 31s
110	11.1.1 属性查询.MP4	5min 40s
111	11.1.2 空间查询.MP4	6min 15s
112	11.2.1 属性连接.MP4	6min 53s
113	11.2.2 空间连接.MP4	2min 29s
114	11.3.1 裁剪.MP4	3min 9s
115	11.3.2 按属性分割.MP4	2min 2s
116	11.3.3 分割.MP4	2min 15s
117	11.3.4 矢量批量裁剪.MP4	2min 23s
118	11.4.1 合并.MP4	4min 6s
119	11.4.3 融合.MP4	4min 21s
120	11.4.4 消除.MP4	3min 22s
121	11.5 数据统计.MP4	3min 11s
122	12.1.1 缓冲区.MP4	8min 50s
123	12.1.2 图形缓冲.MP4	3min 57s
124	12.1.3 3D 缓冲区.MP4	5min 27s
125	12.2.1 相交.MP4	8min 31s
126	12.2.2 擦除.MP4	2min 40s

续表

序号	视频名称	时长
127	12.2.3 标识.MP4	4min 13s
128	12.2.4 更新.MP4	3min 27s
129	13.2.1 TIN 创建和修改.MP4	8min 27s
130	13.2.2 Terrain 创建.MP4	3min 27s
131	13.2.3 栅格 DEM 创建.MP4	9min 55s
132	13.3.1 生成等值线.MP4	4min 42s
133	13.3.2 坡度坡向.MP4	3min 17s
134	13.3.3 添加表面信息.MP4	2min 27s
135	13.3.5 计算体积.MP4	7min 53s
136	14.1.1 使用 DOM 制作.MP4	2min 22s
137	14.1.2 矢量数据三维.MP4	1min 49s
138	14.2.1 面地物拉伸.MP4	1min 57s
139	14.3.1 关键帧动画.MP4	2min 24s
140	14.3.2 组动画.MP4	2min 27s
141	14.3.3 时间动画.MP4	3min 17s
142	14.3.4 飞行动画.MP4	3min 19s
143	15.1 栅格概念.MP4	4min 45s
144	15.2 影像色彩平衡.MP4	3min 30s
145	15.3 栅格重分类.MP4	2min 17s
146	15.4 栅格计算器.MP4	3min 37s
147	15.4.1 空间分析函数调用.MP4	5min 11s
148	15.4.2 栅格计算器内置函数应用.MP4	5min 49s
149	15.5.2.1 生成等值线，比较插值方法.MP4	4min 47s
150	15.5.2.2 取半验证插值方法.MP4	5min 51s
151	16.1 计算坡度大于 25 的耕地面积.MP4	5min 21s
152	16.2 计算耕地坡度级别.MP4	6min 17s
153	16.3 提取道路和河流中心线.MP4	3min 27s
154	16.4 占地分析.MP4	3min 51s
155	16.5 获得每个省的经纬度范围.MP4	5min 51s
156	16.6 填挖方计算.MP4	4min 47s
157	16.7 计算省份的海拔.MP4	3min 43s
158	16.8 异常 DEM 处理.MP4	3min 37s
159	16.9 地形图分析.MP4	4min 10s

参考文献

[1] 陈於立,李少华,史斌,石羽,张宝才. ArcGIS 开发权威指南. 北京:电子工业出版社,2015.

[2] 汤国安,杨昕. 地理信息系统空间分析实验教程. 北京:科学出版社,2010.

[3] 宋小冬. 地理信息系统实习教程. 北京:科学出版社,2009.

[4] 中国人民共和国国土资源行业标准. 土地利用数据库标准. TD/T 1016-2017. 北京:中国标准出版社,2017.

[5] ArcGIS 帮助. http://desktop.arcgis.com/zh-cn/.

[6] ArcGIS 资源库. http://resources.arcgis.com/.

[7] ArcGIS 开发者. https://developers.arcgis.com/.

[8] ArcGIS 在线. https://www.arcgis.com/index.html.

[9] Esri 中国. http://www.esrichina.com.cn/.

[10] gisoracle 博客. https://www.cnblogs.com/gisoracle/.